Schnittpunkt 9

Nordrhein-Westfalen

Training Klassenarbeiten

erarbeitet von
Rainer Pongs

Ernst Klett Verlag
Stuttgart · Leipzig

Bildnachweis:
U1 Fotosearch Stock Photography (BrandXPictures), Waukesha, WI; **17.1** StockFood GmbH, München; **136.1** creativ collection Verlag GmbH, Freiburg; **142.1** FOCUS (SPL, Dr. Tony Brain), Hamburg

Nicht in allen Fällen war es uns möglich, den Rechteinhaber der Abbildungen ausfindig zu machen.
Berechtigte Ansprüche werden selbstverständlich im Rahmen der üblichen Vereinbarungen abgegolten.

1. Auflage 1 5 4 3 2 1 | 2014 13 12 11 10

Alle Drucke dieser Auflage sind unverändert und können im Unterricht nebeneinander verwendet werden.
Die letzte Zahl bezeichnet das Jahr des Druckes.

Autoren: Rainer Pongs, Hürtgenwald
Mitwirkung: Heinz Peisch, Langenbrettach

Redaktion: Annette Thomas, Elke Linzmaier

Illustrationen: Uwe Alfer, Waldbreitbach; media office gmbh, Kornwestheim
Satz: media office gmbh, Kornwestheim
Reproduktion: Meyle + Müller, Medien-Management, Pforzheim
Druck: Medienhaus Plump, Rheinbreitbach

Printed in Germany
ISBN 978-3-12-740490-6

9 783127 404906

Inhalt

Dinge, die wir lernen müssen, bevor wir sie tun können,
lernen wir, indem wir sie tun.

Aristoteles

Liebe Schülerin, lieber Schüler,

diese Sammlung von Mathematik-Arbeiten wird dir helfen, dich zielgerichtet auf bevorstehende Mathematik-Klassenarbeiten vorzubereiten.

Vermutlich hast du dich bisher schon mithilfe deines Mathematikbuches und deines Hefts auf Klassenarbeiten vorbereitet. Das solltest du auch zukünftig tun. Dein neues Trainingsbuch bietet dir weitere Möglichkeiten der Vorbereitung, insbesondere das Üben mit realistisch gestellten Klassenarbeiten.

Willst du für eine bevorstehende Klassenarbeit üben, so suchst du im Inhaltsverzeichnis das entsprechende Kapitel heraus. Zu jedem Thema findest du vier Übungsarbeiten. Anhand der ausführlichen Lösungen kannst du dich kontrollieren und deine Leistung bewerten.
Die drei Jahrgangsarbeiten am Ende des Buches dienen der Überprüfung des Gelernten am Schuljahresende.

Folgende Seiten und Abschnitte helfen dir beim Lösen und Verstehen der Klassenarbeiten:
Pinboard – Jedes Kapitel beginnt mit einer Doppelseite Pinboard. Hier kannst du die wichtigsten mathematischen Sachverhalte nachlesen. Die richtige Anwendung der Inhalte und Regeln wird dir in Beispielen vorgeführt.
Bist du sicher? – Mit den einfachen Aufgaben in Bist du sicher? kannst du ausprobieren, ob du den Stoff des Kapitels verstanden hast. Die Lösungen dazu findest du im Lösungsteil ganz am Ende des Buches. Diesen Kurztest solltest du vor der ersten Klassenarbeit bearbeiten.
Tipps – Die ersten beiden Klassenarbeiten eines Kapitels enthalten Tipps zu den gestellten Aufgaben. Diese Tipps kannst du nutzen, wenn du Probleme hast, die Lösung zu finden.
Lösungen – Im Lösungsteil werden nicht nur die Lösungen angegeben, sondern es wird der komplette Lösungsweg dokumentiert. Außerdem werden in *kursiver Schrift* auch Erklärungen angeboten, Denkanstöße formuliert und alternative Lösungen dargestellt. Wenn du eine Teilaufgabe nicht gelöst hast, kannst du diese kursiven Texte als Lernhilfe nutzen, um nun vielleicht doch noch die Aufgabe selbstständig zu Ende zu führen.

Alle Arbeiten in diesem Buch sind für eine Arbeitszeit von 90 Minuten gedacht.

Bevor du dich an die Arbeit machst, lies bitte in aller Ruhe die nächsten Seiten durch. Dort findest du weitere Hinweise, wie du erfolgreich mit diesem Buch arbeiten kannst.

Wenn du Anregungen und Wünsche hast oder gar Fehler findest, so lass uns dies wissen, damit diese gegebenenfalls in späteren Auflagen berücksichtigt werden können.

Wir wünschen dir beim Arbeiten mit dieser Aufgabensammlung Freude und viel Erfolg!

Es werden mehr Menschen durch Übung tüchtig, als durch Naturanlage.

Demokrit

Sehr geehrte Eltern,

die vorliegende Sammlung von Klassenarbeiten soll Ihrem Kind die Vorbereitung auf Mathematik-Klassenarbeiten erleichtern.

Dieses Trainingsbuch will den oft geäußerten Wunsch nach realistischen Übungsarbeiten bedienen. Die vier zu jedem der sechs Gebiete bereitgestellten Klassenarbeiten sind so konzipiert, dass sie Ihrem Kind angemessenes Trainingsmaterial bieten. Lücken oder Ungenauigkeiten können anhand ausführlicher Musterlösungen festgestellt werden. Damit lässt sich der Leistungsstand Ihres Kindes einschätzen. Erkannte Lücken können auf dieser Basis noch vor der Klassenarbeit geschlossen werden. Wer weiß, was er (noch) nicht weiß bzw. nicht genau genug weiß, hat schon einen großen Lernschritt nach vorne gemacht.

Ermuntern Sie Ihr Kind dazu, regelmäßig zu lernen. Eine gute Vorbereitung beginnt nicht erst wenige Tage vor der Klassenarbeit. Damit Ihr Kind ungestört 90 Minuten lang an einer Übungsarbeit trainieren kann, sollten Sie dafür sorgen, dass ein ruhiger und gut beleuchteter Arbeitsplatz zur Verfügung steht.

Freuen Sie sich mit Ihrem Kind über seine Lernerfolge, sprechen Sie aber auch offen über auftretende Schwierigkeiten. Sie können zusammen mit Ihrem Kind überlegen, welche Arbeits- und Lernmethoden hilfreich sein könnten und ihm dabei helfen, diese auszuprobieren. Weitere Anregungen erhalten Sie auch im Gespräch mit der Lehrerin bzw. dem Lehrer Ihres Kindes. Ermutigen Sie Ihr Kind und loben Sie die Anstrengungen, die es unternimmt, um sich auf eine Klassenarbeit vorzubereiten oder schwierige Gebiete zu erschließen.

Wenn diese Aufgabensammlung als Ergänzung zum Unterricht und Erweiterung des Lehrbuchs konsequent durchgearbeitet wird, dann sollte der Erfolg nicht ausbleiben und die Anstrengung Ihres Kindes wird sich in besseren Noten niederschlagen.

Wie du dich mit diesem Buch auf eine Klassenarbeit vorbereiten kannst!

Vorbereitung

Kläre das Thema der nächsten Klassenarbeit (Lehrerin bzw. Lehrer fragen)!
Welches Lehrbuchkapitel, welche Seitenzahlen, welche Aufgaben?

Lies die Seiten „Pinboard" genau durch.
Teste dich mit den Aufgaben in „Bist du sicher?"

Diese Seiten sind zum Aufwärmen gedacht.
Hier findest du alle wichtigen Informationen für das betreffende Kapitel.
Achte auf die Beispiele!
Nutze die Testaufgaben und deren Lösungen.

War der Test leicht für dich?

Kläre, was dir noch Schwierigkeiten macht.
Frage deine Lehrerin oder deinen Lehrer, wenn du nicht weiter weißt.

Suche dir einen ruhigen und hellen Arbeitsplatz.
Richte alle Arbeitsmaterialien einsatzbereit her.

Klassenarbeit

Du hast 90 Minuten Arbeitszeit.
Lies die ausgewählte Klassenarbeit genau durch und bearbeite diese.
Beachte die Tipps!

Schreibe Uhrzeiten zum Arbeitsbeginn und Arbeitsende oben auf das Blatt. Trage die Lösungen in ein Heft ein. Keine Schmierzettel!
Schreibe sauber und übersichtlich.
Denke auch an Antwortsätze!

Jetzt kannst du eine Pause machen.

Verbesserung

Korrigiere deine Lösung anhand der Lösungsvorschläge.

Schreibe mit roter Farbe „r" oder „f" an die Zwischenergebnisse. Gib dir die entsprechenden Verrechnungspunktezahlen.
Ziehe für Rechenfehler einen Punkt, für Schreibfehler einen halben Punkt ab.
Kontrolliere auch Zwischenschritte, nicht nur Endergebnisse!

Benote deine Leistung.
Fülle den Arbeitsbericht auf Seite 10 bzw. 11 aus.

Versuche bei Unklarheiten, die angegebenen Lösungen zu verstehen.

Achte auch auf die Lerntipps bei manchen Klassenarbeiten oder Lösungen!
Die Lösungen zu jedem Kapitel enthalten kursiv geschrieben zusätzliche Hilfestellungen: Lösungshinweise, Denkanstöße, alternative Lösungen, usw.

Du hast lange gearbeitet. Jetzt hast du eine Belohnung verdient.

Lernen für die Klassenarbeit

Aufwärmen!

In kaum einem anderen Fach kann man seine Erfolge so gut planen wie in Mathematik. Man muss nicht begabt sein, um Mathematikunterricht erfolgreich zu bewältigen. Ein großer Teil der Aufgaben erfordert nämlich lediglich das Anwenden von Routinetechniken. Diese Techniken kann man lernen und einüben, so wie auch der Sportler oder der Musiker seine Bewegungsabläufe immer wieder trainieren und dabei optimieren muss. Der andere Teil der Aufgaben macht es nötig zu erkennen, wo und wie welche Techniken erfolgversprechend angewendet werden können, und diese dann sachgerecht zu nutzen. Dies ist nicht immer ganz einfach, fällt jedoch zunehmend leichter, wenn man über das technische Repertoire sicher verfügt.

Natürlich sollte man (trotz Taschenrechner) schnell und vor allem sicher rechnen können. Die Rechengesetze (Verbindungsgesetz und Vertauschungsgesetz für die Addition bzw. die Multiplikation und das Verteilungsgesetz) kann man einsehen und daher leicht lernen. Überschlagsrechnungen können helfen, grobe Rechenfehler zu entdecken. Wer dann noch die wenigen Rechenregeln für das Rechnen mit Bruchzahlen und Dezimalzahlen, auch mit negativen Zahlen, kennt und anwenden kann, das Dreisatzschema beherrscht und mit Funktionen umgehen kann, der hat schon eine sehr gute Grundlage im rechentechnischen Bereich. Das Lösen einfacher linearer Gleichungen und die Auflösung von Formeln ist dann eine eher leichte Übung.

Die wichtigsten Rechengesetze, Regeln und Formeln, die du bisher kennen gelernt hast, passen auf zwei bis drei Heftseiten. Prüfe dies nach, indem du diese Grundlagen aus der Arithmetik und Algebra mithilfe deiner Schulbücher und Schulhefte für dich zusammenstellst!

Im Bereich der Geometrie ist es nützlich, die üblichen Bezeichnungen für die vorkommenden geometrischen Objekte Punkt, Strecke, Gerade, Winkel, Kreis zu kennen. Wenn du diese Objekte mit Geodreieck und Zirkel sauber zeichnen bzw. konstruieren und Winkel richtig messen und zeichnen kannst, wenn du also auch dein Handwerkszeug im wörtlichen Sinne gut im Griff hast, bist du im technischen Bereich der Geometrie auf dem laufenden.

Die Berechnung von Umfang und Flächeninhalt einiger wichtiger Figuren wie Quadrat, Rechteck, Raute, Parallelogramm, Dreieck und Trapez solltest du ebenfalls so sicher beherrschen wie die Berechnung von Oberfläche und Volumen grundlegender Körper wie Würfel, Quader und Prisma. Stelle dir dazu eine Formelsammlung zusammen. Sie wird auf ein oder zwei Heftseiten Platz haben. Auch die Netze und Schrägbilder dieser Körper solltest du leicht zeichnen können.

Überprüfe dich auch hier selbst, indem du die Zeichnungen bzw. Konstruktionen mit Geodreieck und Zirkel ausführst. Du wirst sehen, dass du nicht viele Heftseiten benötigst.

Und die vielen Lehrsätze der Geometrie, die du bisher kennen gelernt hast und wissen sollst? Sind es wirklich so viele? Denke z. B. an die Lehrsätze über Winkel an Geradenkreuzungen und geschnittenen Parallelen, den Satz vom gleichschenkligen Dreieck, die Sätze von der Winkelsumme im Dreieck bzw. im Viereck und du hast bereits eine ziemlich vollständige Liste der bisher behandelten Lehrsätze.

Stelle alle dir bekannten geometrischen Lehrsätze aus den vergangenen Schuljahren mit geeigneten und sorgfältigen Zeichnungen zusammen und du wirst vermutlich wieder nur zwei bis drei Heftseiten benötigen.

Auf wenigen Seiten hast du damit an einem Wochenende die wesentlichen Inhalte und Techniken zusammengestellt, die in diesem Schuljahr von elementarer Wichtigkeit sein werden. Du wirst diese Fertigkeiten immer wieder brauchen. Deine Sicherheit im Bearbeiten von Mathematikaufgaben wird wachsen und du wirst erleben, dass du dich dann auch an schwierigere Fragestellungen traust und diese erfolgreich bewältigst.

In Kondition bringen!

Arbeite allein, wenn es darum geht, bereits gelernte Inhalte nur zu wiederholen. Auch wenn du einen neuen Stoff anhand eines Lehrbuchtextes erarbeiten willst, ist es meist zweckmäßig, zuerst allein zu lernen. Eher komplizierte Arbeitsschritte oder Denkprozesse, die deine volle Konzentration verlangen, bei denen also die kleinste Ablenkung störend wäre, werden ebenfalls besser in Einzelarbeit erledigt.

Arbeite mit einem Partner oder einer Partnerin zusammen, wenn es z. B. darum geht, Lücken im Stoff zu füllen. Ihr könnt euch dabei gegenseitig kontrollieren und über eure Vorgehensweisen und Lösungswege diskutieren. Dies gelingt umso besser, je gleichwertiger die beiden Partner sind. Allerdings muss das „Betriebsklima" stimmen. Ihr müsst euch insbesondere über eines einig sein: Wenn gelernt wird, wird gelernt. Sonst nichts!

Wenn es darum geht, umfangreichere Inhalte zusammenzufassen oder neu zu strukturieren, kann das Zusammenarbeiten mit mehreren in einer Gruppe hilfreich sein. Vielleicht entwerft ihr euch auch gegenseitig Testaufgaben, wie ihr sie in der Klassenarbeit erwartet. Oder ihr entwickelt eine Mind Map zu den in der Klassenarbeit erwarteten Themen und arbeitet arbeitsteilig die einzelnen Punkte aus. Anschließend erfolgt dann die Diskussion über die erstellten Materialien. Hier könnt ihr ergänzen, präzisieren und euer Verständnis kontrollieren. Der Austausch der erarbeiteten Unterlagen ist selbstverständlich. Die gefundenen Regeln und Formeln, die Bedeutung mathematischer Begriffe und passende Beispiele können auf Karteikarten notiert werden. Diese lassen sich überall hin mitnehmen und wiederholen.

Es ist offenkundig, dass eine hohe Konzentration im Unterricht und eine sorgfältige Erledigung der Hausaufgaben eine gute Vorbereitung auf eine Klassenarbeit darstellen. Achte darauf, dass du mit deiner Heftführung auf dem laufenden bist und deine Hefteintragungen sauber, übersichtlich und gut strukturiert sind, damit du auch wirklich damit lernen kannst. Arbeite die behandelten Beispiele noch einmal gründlich durch. Mache dir die verschiedenen Schritte der Lösung klar. Bearbeite ein ähnliches Beispiel selbstständig. Welches waren deine typischen Fehler? Leichtsinnsfehler? Systematischer Fehler? Noch ist Zeit, etwas dagegen zu tun.

Anwenden!

Die erste Klassenarbeit ist die leichteste und enthält einige Lerntipps. Die zweite Klassenarbeit ist schon etwas schwieriger, enthält aber auch noch Lerntipps. Die dritte Klassenarbeit ist in etwa so schwierig wie die erste, aber du musst schon sicherer sein, da du ohne Lerntipps auskommen musst, und die Krönung ist die vierte Klassenarbeit. Wenn du diese sicher schaffst, bist du fit für die Klassenarbeit in der Schule.

In der Regel sind die ersten Aufgaben der Klassenarbeit die einfachsten. Daher gilt: Fang vorne an! Damit kannst du dich „warmlaufen". Die erfolgreiche Bewältigung der ersten Aufgaben gibt dir Sicherheit.

Arbeite nicht blind drauflos! Mache dir die Aufgabenstellung klar, lies den Text gegebenenfalls auch mehrmals, unterstreiche wichtige Passagen, fertige – wenn möglich oder nötig – eine saubere Zeichnung an.
Tu nur das, was der Aufgabentext von dir verlangt. Achte auf Schlüsselwörter in den Fragestellungen: „Berechne …", „Gib an …", „Überprüfe …", „Beschreibe …", „Beurteile …", „Zeichne …", „Konstruiere …", „Zeige …".

Überlege, ob dir eine ähnliche Fragestellung schon einmal begegnet ist und, wenn dies der Fall sein sollte, wie du damals vorgegangen bist. Dies fällt dir leichter, wenn du wichtige, häufig wiederkehrende Vorgehensweisen stichwortartig gelernt hast. Arbeite zügig, aber nicht hektisch!

Komplexere Fragestellungen lassen sich meist in Einzelschritte zerlegen. Mache einen schriftlichen Plan, welche Schritte du nacheinander erledigen willst. Arbeite die festgelegten Schritte nacheinander ab und prüfe, ob dir klar ist, warum du so vorgehst, welche Rechenregel, welchen Lehrsatz du gerade verwendest und welche Funktion dieser Arbeitsschritt hat. Kontrolliere dabei immer wieder die Richtigkeit der Vorgehensweise (durch das Einsetzen einfacher Zahlen, durch eine Überschlagsrechnung, durch Nachmessen in einer Figur).

Wenn gar nichts mehr geht, hilft eine kleine Pause. Nicht die Nerven verlieren! Vielleicht kommst du mit einer anderen Aufgabe besser klar? Bearbeite zuerst diese und komme später auf die zurückgestellte Aufgabe zurück.

Dein Arbeitsplan

In der untenstehenden Tabelle kannst du eintragen, wann du die jeweilige Klassenarbeit bearbeitet hast, wie viele Verrechnungspunkte du dabei erreichen konntest und welcher Note dies entsprechen würde. Für die Umrechnung von Verrechnungspunkten in eine Note gilt:

VP	0 – 10	11 – 13	14 – 17	18 – 20	21/22	23 – 26	27/28	29/30	31 – 34	35/36	37/38	39 – 42	43/44	45/46	47/48
Note	6	5–	5	5+	4–	4	4+	3–	3	3+	2–	2	2+	1–	1

Bei halben Verrechnungspunkten darfst du auf die nächste volle Punktzahl aufrunden. Wenn du also 38,5 Verrechnungspunkte erreicht hast, gibst du dir die Note 2.

An manchen Aufgaben findest du einen Stern*. Hierbei handelt es sich um Themen, die vom Kernlehrplan nicht eingefordert werden. Deshalb kann es sein, dass dein Lehrer oder deine Lehrerin dieses Thema nicht in der Klasse behandelt hat und du somit diese Aufgabe auch nicht lösen kannst.
In diesem Fall kannst du die Aufgabe weglassen. Um dennoch deine Leistungen mit der Tabelle auf Seite 10 beurteilen zu können, rechnest du die volle Punktzahl dieser Aufgabe zu deiner erreichten Punktzahl hinzu.

Wenn dir nicht alle Lösungen gelungen sind, dann solltest du sorgfältig die Aufgabennummern vermerken, bei denen Unklarheiten aufgetreten sind. Versuche diese Fragen dann mithilfe des Lehrbuchs, deines Heftes oder auch deiner Mitschüler rasch zu klären. In Zweifelsfällen kannst du deine Lehrerin oder deinen Lehrer fragen.

Mit der Tabelle behältst du den Überblick: Wo sind offene Fragen? Welche Arbeiten kannst du noch schreiben? Was ist geklärt und verstanden?

Übungsarbeit	Tag der Bearbeitung	Ergebnis in VP	Note	Unklarheiten bei folgenden Aufgaben	Unklarheiten geklärt?
Beispiel	18.11.10	43	2+	Nr. 3b, Nr. 4a	Ja, 20.11.10
Lineare Gleichungssysteme					
Klassenarbeit 1.1					
Klassenarbeit 1.2					
Klassenarbeit 1.3					
Klassenarbeit 1.4					
Zufall und Wahrscheinlichkeit					
Klassenarbeit 2.1					
Klassenarbeit 2.2					
Klassenarbeit 2.3					
Klassenarbeit 2.4					

Übungsarbeit	Tag der Bearbeitung	Ergebnis in VP	Note	Unklarheiten bei folgenden Aufgaben	Unklarheiten geklärt?
Potenzen und Wurzeln					
Klassenarbeit 3.1					
Klassenarbeit 3.1					
Klassenarbeit 3.1					
Klassenarbeit 3.1					
Ähnlichkeit					
Klassenarbeit 4.1					
Klassenarbeit 4.2					
Klassenarbeit 4.3					
Klassenarbeit 4.4					
Pythagoras					
Klassenarbeit 5.1					
Klassenarbeit 5.2					
Klassenarbeit 5.3					
Klassenarbeit 5.4					
Kreis und Zylinder					
Klassenarbeit 6.1					
Klassenarbeit 6.2					
Klassenarbeit 6.3					
Klassenarbeit 6.4					
Jahrgangsarbeiten					
Jahrgangsarbeit 1					
Jahrgangsarbeit 2					
Jahrgangsarbeit 3					

Pinboard – Lineare Gleichungssysteme

Lineare Gleichungen mit zwei Variablen

Beispiele

Jede **lineare Gleichung mit zwei Variablen** lässt sich durch Äquivalenzumformung in die Form **$y = mx + b$** überführen.

Gleichung: $6x - 4y = 8$
Umgeformte Gleichung: $y = \frac{3}{2}x - 2$

Die Lösungen der linearen Gleichung sind Zahlenpaare.

Die Zahlenpaare (2; 1); (1; −0,5); (0; −2); (4; 4) sind Lösungen der Gleichung $y = \frac{3}{2}x - 3$.
Die Gleichung hat unendlich viele Lösungen.

Die unendlich vielen Lösungen der linearen Gleichung $y = mx + b$ lassen sich als Punkte auf einer Geraden im Koordinatensystem darstellen. Die zugehörige Funktionsgleichung lautet **$f(x) = mx + b$**.

Umgeformte Gleichung: $y = \frac{3}{2}x - 2$
Funktionsgleichung: $f(x) = \frac{3}{2}x - 2$

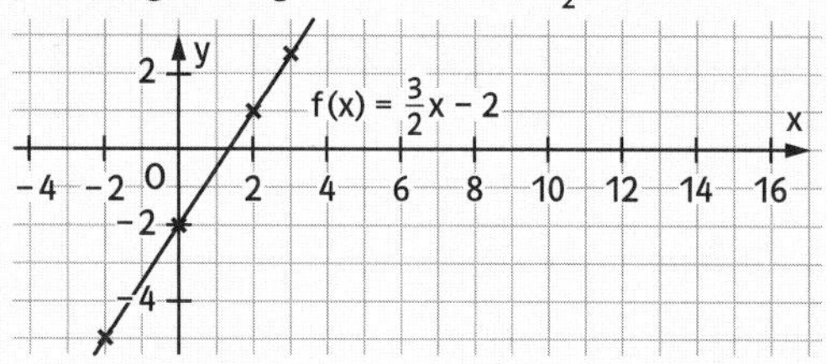

Lineare Gleichungssysteme

Zwei lineare Gleichungen mit zwei Variablen bilden ein **lineares Gleichungssystem**.

Wenn ein Zahlenpaar Lösung jeder der beiden Gleichungen ist, so heißt dieses Zahlenpaar **Lösung des linearen Gleichungssystems**.

(1) $4y - 2x = 8$
(2) $15 - 3x - 2y = y$
Umgeformte Gleichungen:
(1′) $y = \frac{1}{2}x + 2$
(2′) $y = -x + 5$

Das Zahlenpaar (2; 3) ist Lösung des Gleichungssystems.
L = {(2; 3)}
Probe: (1) $4 \cdot 3 - 2 \cdot 2 = 12 - 4 = 8$
(2) $15 - 3 \cdot 2 - 2 \cdot 3 = 15 - 6 - 6 = 3$

Die Lösungen der beiden linearen Gleichungen eines Gleichungssystems lassen sich als zwei Geraden im Koordinatensystem darstellen. Die Koordinaten des Schnittpunktes beider Geraden erfüllen beide Gleichungen und bilden deshalb die **Lösung des Gleichungssystems**.

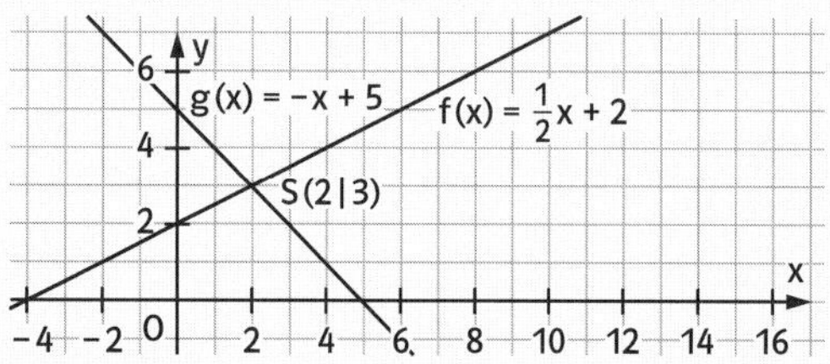

Bemerkung
Es gibt lineare Gleichungssysteme

• mit genau einer Lösung.

Geometrische Bedeutung:
Die beiden Geraden schneiden sich in einem Punkt, $m_1 \neq m_2$.
(1) f(x): $y = x - 2$
(2) g(x): $y = -x + 4$
L = {(3; 1)}

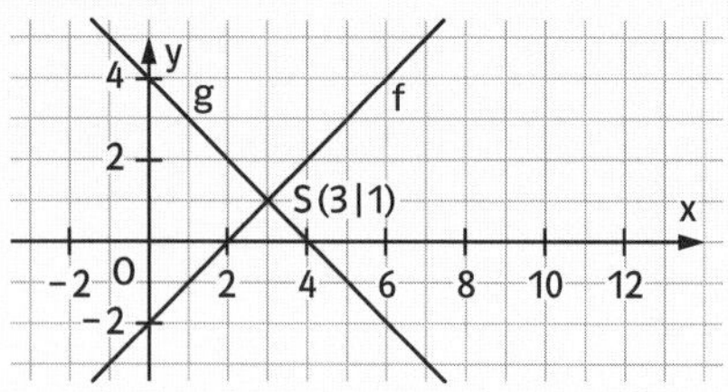

• mit keiner Lösung.

Die beiden Geraden verlaufen parallel, $m_1 = m_2$ und $b_1 \neq b_2$.
(1) f(x): $y = -0{,}5x + 1$
(2) g(x): $y = -0{,}5x + 3$
L= { }

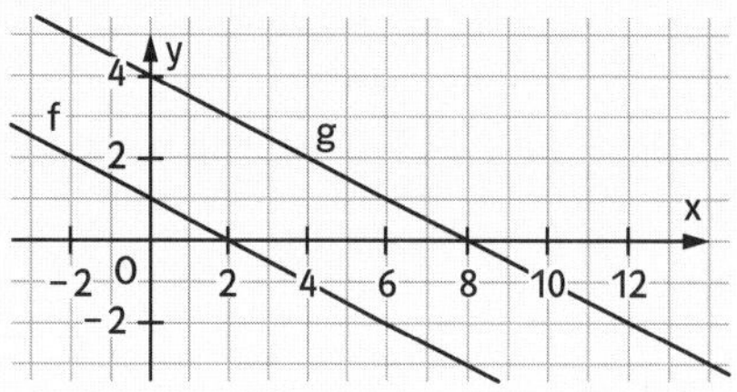

• mit unendlich vielen Lösungen.

Die beiden Geraden sind identisch, $m_1 = m_2$ und $b_1 = b_2$.
(1) f(x): $y = 2x + 1$
(2) g(x): $y = 2x + 1$
Alle Punkte der Geraden erfüllen die beiden Gleichungen.

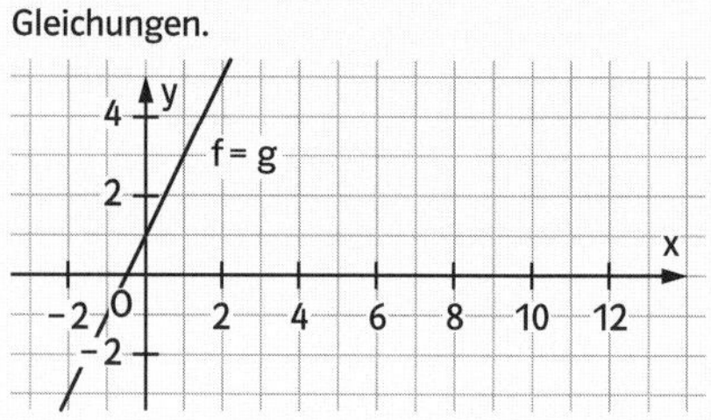

Lösungsverfahren für lineare Gleichungssysteme

Gleichsetzungsverfahren

Man löst beide Gleichungen des Gleichungssystems nach derselben Variablen auf. Durch Gleichsetzen der Terme erhält man eine Gleichung mit nur einer Variablen.
Man löst diese Gleichung und erhält die Lösung der ersten Variablen. Diese Lösung setzt man in eine der beiden Gleichungen ein, um die Lösung der zweiten Variablen zu erhalten.

Beispiele

(1) $3x - y = 7$ (1') $y = 3x - 7$
(2) $x + 4y = -2$ (2') $y = -0{,}25x - 0{,}5$
(1') = (2') $3x - 7 = -0{,}25x - 0{,}5$
$3{,}25x = 6{,}5$
$x = 2$
Einsetzen in (1') $y = 3 \cdot 2 - 7 = -1$
$L = \{(2; -1)\}$

Bemerkung
Die Probe erfolgt immer durch Einsetzen der Lösung in beide Ausgangsgleichungen.

Probe: (1) $3 \cdot 2 - (-1) = 7$; $7 = 7$ (2) $2 + 4 \cdot (-1) = -2$; $-2 = -2$

Additionsverfahren

Man formt beide Gleichungen des Gleichungssystems so um, dass beim Addieren oder Subtrahieren der beiden Gleichungen eine Variable wegfällt. So entsteht eine Gleichung mit nur einer Variablen.
Man löst diese Gleichung und erhält die Lösung der ersten Variablen. Diese Lösung setzt man in eine der beiden Ausgangsgleichungen ein, um die Lösung der zweiten Variablen zu erhalten.

(1) $3x - y = 7$
(2) $x + 4y = -2 \quad | \cdot (-3)$

(1') $3x - y = 7$
(2') $-3x - 12y = 6$
(1') + (2') $-13y = 1$
$y = -1$

Einsetzen in (2) $x + 4 \cdot (-1) = -2$
$x = 2$
$L = \{(2; -1)\}$

Grafisches Lösungsverfahren

Man formt beide Gleichungen des Gleichungssystems nach y um und erhält zwei Funktionsgleichungen f(x) und g(x).
Die Geraden der Funktionsgleichungen werden in ein Koordinatensystem eingetragen. Die Koordinaten des Schnittpunktes sind die Lösungen des Gleichungssystems.

Bemerkung
Dieser Weg ist nur zu empfehlen, wenn die Zeichengenauigkeit ausreicht und keine exakte Lösung erforderlich ist.

(1) $3x - y = 7$
(2) $x + 4y = -2$
(1') $y = 3x - 7$
(2') $y = -0{,}25x - 0{,}5$

$f(x) = 3x - 7$
$g(x) = -0{,}25x - 0{,}5$

$L = \{(2; -1)\}$

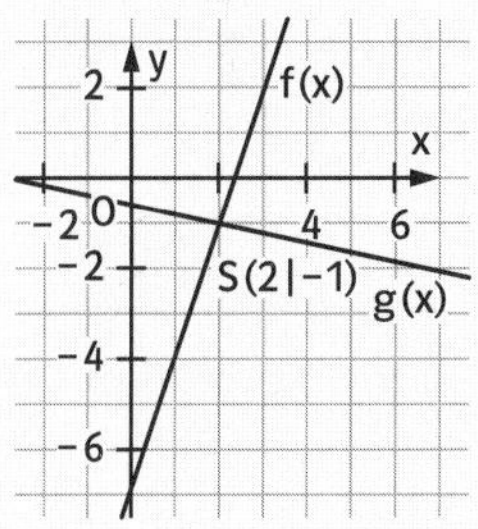

Modellieren mit linearen Gleichungssystemen

Im Alltag gibt es Problemstellungen, die sich mithilfe linearer Gleichungssysteme lösen lassen. Die vorliegende Realsituation wird in diesem Fall **mathematisch modelliert**.
Dies geschieht in vier Stufen.

Mieten einer Ferienwohnung

	Angebot A	Angebot B
Tagespreis	38 €	35 €
Endreinigung	20 €	50 €

übersetzen

Gleichungen der beiden Angebote:
x steht für die Anzahl der Tage.
Angebot A: $y = 38x + 20$
Angebot B: $y = 35x + 50$

lösen

Lösen des Gleichungssystems
(1) $y = 38x + 20$ (1) = (2)
(2) $y = 35x + 50$ $38x + 20 = 35x + 50$
$x = 10$ $y = 400$

interpretieren

Bleibt man 10 Tage, kosten beide Angebote 400 €. Bleibt man länger, ist Angebot A besser, sonst Angebot B.

bewerten

Bist du sicher?

1 Löse die Gleichung durch Rechnung.

a) (1) $y = x - 2$
(2) $y = -\frac{1}{2}x + 1$

b) (1) $y = \frac{1}{4}x - 2$
(2) $y = -x - \frac{1}{3}$

c) (1) $y = 2x + 1$
(2) $2x + y = 3$

d) (1) $3x = 2 - 4y$
(2) $y = -x - 1$

e) (1) $x - y = 5$
(2) $x + 2y = 3$

f) (1) $2x - 6y = 3$
(2) $3x - 9y = 4$

g) (1) $x + y = 2$
(2) $x = -y + 2$

h) (1) $x - 1{,}5y = 2$
(2) $0{,}4x + 0{,}5y = 3$

i) (1) $0{,}8x + y = -0{,}4$
(2) $3x - 0{,}4y = 6{,}8$

2 Bestimme die Lösung durch Zeichnung.
(1) $2y = 3x - 3$ (2) $5x - 4y = 7$

3 Gib jeweils ein lineares Gleichungssystem mit einer Lösung, keiner Lösung und unendlich vielen Lösungen an.

4 Der Umfang eines gleichschenkligen Dreiecks beträgt 30 cm. Die Basis ist 3 cm länger als ein Schenkel.

Anfangszeit: ______ **90 min** **Abgabe:** ______

1 (3 + 3 VP)
a) Wie muss man b wählen, damit der Punkt $P(-3\,|\,-2)$ auf dem Graphen der linearen Funktion $f(x) = -x + b$ liegt?
b) Wie muss man m wählen, damit der Punkt $Q\left(6\,|\,-\frac{9}{2}\right)$ auf dem Graphen der linearen Funktion $g(x) = mx - \frac{1}{2}$ liegt?

2 (2 + 2 + 2 VP)
Stelle eine Gleichung auf und gib mindestens zwei Lösungen an.
a) Der Umfang eines gleichschenkligen Dreiecks beträgt 27 cm.
b) Der Flächeninhalt eines Rechtecks beträgt $120\,cm^2$.
c) Auf einer Waage sollen 54 kg mit 3-kg- und 8-kg-Gewichten zusammengestellt werden.

3 (4 + 4 VP)
Gib für die beiden Gleichungen die zugehörige Funktionsgleichung an und löse das Gleichungssystem zeichnerisch.
a) (1) $2y + 2 = 2x$
(2) $2x + 4y = 20$
b) (1) $2x + 2y - 4 = 0$
(2) $2y - 4x = -5$

4 (3 + 3 VP)
Bestimme die Lösung des Gleichungssystems rechnerisch mit dem Gleichsetzungsverfahren.
a) (1) $y = 2x - 3$
(2) $y = -0{,}5x + 1$
b) (1) $y = \frac{2}{3}x + 4$
(2) $2x + 3 - y = 1$

5 (3 + 3 VP)
Bestimme die Lösung des Gleichungssystems rechnerisch mit dem Additionsverfahren.
a) (1) $6x + y = 15$
(2) $-3x + 5y = 9$
b) (1) $3x + 2y = 9$
(2) $5x - 7y = 46$

6 (6 VP)
Ein Rechteck hat einen Umfang von 22 cm. Wird die kurze Seite des Rechtecks um 2 cm größer und die lange Seite um 1 cm kleiner, so hat das neue Rechteck einen um $5\,cm^2$ größeren Flächeninhalt.

7 (6 VP)
Vergrößert man Zähler und Nenner eines Bruchs um 1, so erhält man den Wert $\frac{4}{7}$. Verkleinert man dagegen Zähler und Nenner um 1, so erhält man den Wert $\frac{1}{2}$.
Welchen Wert hat der Bruch?

8 (4 VP)
Frau Pauls möchte einen Pkw leasen. Sie hat zwei Angebote.

Autoquick	
einmalige Sonderzahlung:	2500 €
Leasingrate pro Monat:	350 €

Car-Rent	
einmalige Sonderzahlung:	3700 €
Leasingrate pro Monat:	320 €

Gib an, für welche Leasingzeit Autoquick bzw. Car-Rent günstiger ist.

Lerntipps

zu Aufgabe 1
Ein Punkt $P(x\,|\,y)$ liegt auf der Geraden $f(x) = mx + b$, wenn die Koordinaten des Punktes die Gleichung erfüllen. Das heißt, werden die Koordinaten des Punktes in die Gleichung eingesetzt, so muss die Gleichung richtig sein.
zu Aufgabe 3
Stelle die Gleichung nach y um. Zeichne den Graphen der zugehörigen Funktionsgleichung.
Die Koordinaten des Schnittpunkts der beiden Geraden bilden die Lösung des Gleichungssystems.
zu Aufgabe 6
Als Variable wähle die Seiten a und b des Rechtecks.
zu Aufgabe 7
Ein Bruch besteht aus dem Zähler z und dem Nenner n.
zu Aufgabe 8
Eine rechnerische Lösung ist einer grafischen Lösung vorzuziehen, da die grafische Lösung schwierig abzulesen ist.

Klassenarbeit 1.2

Anfangszeit: ______________ **90 min** **Abgabe:** ______________

1 (2 + 2 VP)
Ergänze die Zahlenpaare so, dass sie Lösung der Gleichung $y = -2x + 5$ sind.
a) (3; □), (0; □)
b) (□; 4), (□; −9)

2 (3 + 1 + 4 + 2 VP)
Um 9:00 Uhr verlässt ein Regionalexpress den Bahnhof Köln in Richtung Hamm mit einer durchschnittlichen Geschwindigkeit von 75 km/h.
Ein ICE fährt 15 Minuten später ebenfalls nach Hamm. Seine mittlere Geschwindigkeit beträgt 100 km/h.
a) Zeichne ein Zeit-Weg-Schaubild.
b) Lies im Schaubild ab, um wie viel Uhr und in welcher Entfernung vom Kölner Bahnhof der ICE den Regionalexpress überholt.
c) Wie lauten die Funktionsgleichungen für den ICE bzw. den Regionalexpress?
d) Bestimme rechnerisch, nach wie viel Minuten und in welcher Entfernung vom Kölner Bahnhof der ICE den Regionalexpress überholt.

3 (2 + 2 + 2 VP)
Gegeben ist die lineare Gleichung $4x + 3y = 6$
a) Gib ein Lösungspaar mit negativen x-Koordinaten an.
b) Gib eine zweite Gleichung an, sodass das Gleichungssystem aus den beiden Gleichungen keine Lösung hat.
c) Gib eine zweite Gleichung an, sodass das Gleichungssystem unendlich viele Lösungen hat.

4 (2 + 2 + 2 + 2 VP)
Löse das Gleichungssystem rechnerisch.
a) (1) $3x + 3y = 12$
(2) $x = y + 12$
b) (1) $10y = 21 + 3x$
(2) $10y = -2x + 11$
c) (1) $4x - 6y = 8$
(2) $30x + 6y = 162$
d) (1) $\frac{1}{3}x + y + 1 = 0$
(2) $y = -\frac{1}{3}(x - 6)$

5 (4 VP)
Berechne α und β.

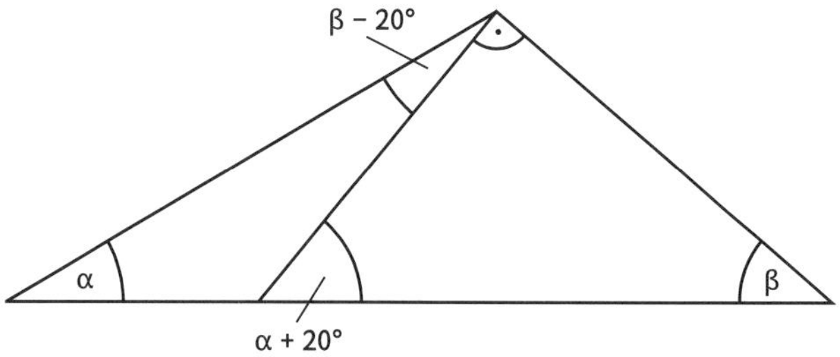

6 (6 VP)
Annika und Mathis gewinnen zusammen 1400 €. Annika legt ihr Geld mit 3 % Zinsen, Mathis mit 4 % Zinsen an. Nach einem Jahr erhalten beide gleich viel Zinsen.
Wie groß ist der Anteil, den jeder angelegt hat?

7 (6 VP)
Ein Teehändler mischt aus zwei Teesorten 40 kg Tee. Die Mischung kostet 22,50 € je Kilogramm. Die eine Einzelsorte kostet 30,00 €, die andere 20,00 € je Kilogramm.
Wie viel Kilogramm Tee jeder Sorte befinden sich wohl in der Mischung?

8 (4 VP)
Herr Trimborn fährt 22-mal im Monat mit dem Pkw zum 24 km entfernten Arbeitsplatz. Die Kosten von 30 ct pro Kilometer erhöhen sich im Laufe der Zeit auf 35 ct pro Kilometer. Er überlegt nun, ob er mit der Bahn fahren soll. Die Monatskarte kostet 285,50 €.
Untersuche den Sachverhalt und fälle eine Entscheidung. Begründe sie auch im Vergleich zu den früheren Kosten.

Lerntipps

zu Aufgabe 1
Setze in der Gleichung den bekannten Wert des Zahlenpaares an der richtigen Stelle ein und löse die Gleichung.

zu Aufgabe 2
a) Trage auf der x-Achse die Uhrzeit mit 2 cm für eine Stunde ein.
c) Die Geschwindigkeit berechnet sich mit $v = \frac{s}{t}$. Damit ist $s = v \cdot t$. Bei konstantem v ist s somit eine Funktion in Abhängigkeit von t. Falls zur Zeit $t = 0$ auch der Weg $s = 0$ ist, der Graph also durch den Ursprung verläuft, gilt $s(t) = v \cdot t$.
Beachte, dass der Graph für den ICE nicht durch den Ursprung verläuft. Die Funktion lautet dann $s(t) = v \cdot t + b$, wobei b der y-Abschnitt ist.
d) Verwende die in Teilaufgabe c) ermittelten Funktionsgleichungen.

zu Aufgabe 3
Halte dir bei deinen Überlegungen die grafische Bedeutung der einzelnen Fälle vor Augen.
a) Stelle die Gleichung nach y um, sodass sie die Form $y = mx + b$ hat.

zu Aufgabe 4
Suche von den drei möglichen rechnerischen Lösungsverfahren (Gleichsetzungs-, Einsetzungs- und Additionsverfahren) das geeignetste aus.

zu Aufgabe 5
Beachte die Winkelsumme im Dreieck.

Klassenarbeit 1.3

Anfangszeit: ____________ **90 min** **Abgabe:** ____________

1 (6 VP)
Prüfe zeichnerisch und rechnerisch, welche Zahlenpaare die Gleichung $4x - y = 12$ erfüllen.
(3; 0) (5; −8) (2; −2) (5; 8)

2 (4 + 4 VP)
a) Zeichne die drei Geraden mit den Funktionsgleichungen $f(x) = -\frac{2}{3}x + 4$; $g(x) = \frac{1}{6}x - 1$ und $h(x) = \frac{5}{3}x + 5$ in ein und dasselbe Koordinatensystem ein und lies die Koordinaten der Schnittpunkte ab.
b) Berechne die Koordinaten der drei Schnittpunkte.

3 (3 + 3 VP)
Bestimme rechnerisch die Lösung des Gleichungssystems.
a) (1) $\frac{3}{4}x - y = -\frac{5}{4}$
(2) $-x + 3y = \frac{5}{2}$
b) (1) $x - \frac{x+1}{8} = y + \frac{9}{2}$
(2) $\frac{1}{4}(x - 1) - 2y - \frac{9}{2} = 0$

4 (3 + 3 VP)
a) Gib zur linearen Gleichung $3x - 2y = 1$ eine zweite lineare Gleichung an, sodass das Gleichungssystem aus diesen beiden Gleichungen nur die Lösung $\left(\frac{2}{3}; 0\right)$ hat.
b) Ein lineares Gleichungssystem mit zwei Gleichungen und zwei Variablen hat nur die Lösung (1; −1). Gib ein solches Gleichungssystem an.

5 (5 VP)
Eine Pauschalreise enthält die Kosten für Hin- und Rückflug sowie die Hotelkosten. Im Katalog wird eine zweiwöchige Reise nach Mallorca für 990 € pro Person angeboten. Die gleiche Reise kostet für drei Wochen 1375 € pro Person.
Wie hoch sind die Flugkosten?

6 (6 VP)
Ein Laborant soll aus 20%iger Säure und 80%iger Säure drei Liter 60%ige Säure mischen.
Wie viel Liter jeder Sorte muss er verwenden?

7 (6 VP)
Die Summe zweier Zahlen ist doppelt so groß wie ihre Differenz. Die doppelte Summe ist so groß wie das Vierfache der Differenz.

8 (5 VP)
Auf verschiedenen Internetseiten werden LED-Lampen angeboten.
Folgende Angebote liegen vor:
Angebot A: Je Lampe 20 ct zuzüglich 2,00 € Versandgebühr.
Angebot B: 10 LED-Lampen für 3,00 €, jede weitere Lampe 30 ct.
Angebot C: 15 LED-Lampen für 3,50 €, jede weitere Lampe 35 ct.
Zeichne in einem einzigen Schaubild die drei Angebote. Gib an, welches Angebot für welche Anzahl von Lampen das günstigste ist.
Hinweis: Zeichne auf der x-Achse die Anzahl der Lampen. Wähle als Einheit 0,5 cm pro Lampe.
Es müssen mindestens 30 Lampen eingetragen werden.
Zeichne auf der y-Achse den Preis. Als Einheit wähle 0,5 cm für 20 ct.
Beachte, dass das Koordinatensystem fast eine DIN-A4-Seite einnimmt.

Anfangszeit: ____________ **90 min** **Abgabe:** ____________

1 (3 + 3 VP)
a) Zeige, dass das Zahlenpaar $\left(-\frac{1}{2}; -\frac{1}{2}\right)$ eine Lösung der Gleichung $3x - 5y = 1$ ist.
Bestimme a so, dass das Zahlenpaar (4; a) Lösung dieser Gleichung ist.
b) Gib eine lineare Gleichung an, welche die beiden Zahlenpaare (0; 1) und (4; 3) als Lösung hat.

2 (3 + 2 + 2 VP)
Tanja und Olga wohnen 25 km voneinander entfernt. Sie wollen sich treffen. Jede startet um 14:00 Uhr von ihrem Wohnsitz aus. Sie fahren sich entgegen. Um 15:00 Uhr treffen sie sich 15 km von Tanjas Wohnort entfernt.
a) Zeichne ein Zeit-Weg-Diagramm.
b) Mit welcher durchschnittlichen Geschwindigkeit fahren Tanja bzw. Olga?
c) Zu welcher Zeit wäre Tanja bei Olga bzw. Olga bei Tanja gewesen, wenn die jeweils andere Freundin zu Hause gewartet hätte?

3 (3 + 3 VP)
Löse rechnerisch.
a) (1) $\frac{1}{2}x + \frac{1}{3}y = 9$
(2) $\frac{3}{4}x - \frac{2}{3}y = 3$
b) (1) $5(x - 1) + 3(y - 2) = 19$
(2) $-3(x + 1) + 5(y + 2) = 23$

4 (4 VP)
Setze $\frac{1}{x} = u$ und $\frac{1}{y} = v$ und löse zunächst das Gleichungssystem mit u und v.
Bestimme dann die Lösungen für x und y.
(1) $\frac{8}{x} + \frac{15}{y} = 7$
(2) $\frac{4}{x} - \frac{15}{y} = 1$

5 (6 VP)
Martin ist fünf Jahre jünger als Jens. Zusammen sind sie halb so alt wie ihre 62-jährige Oma. Wie alt sind Martin bzw. Jens?

6 (6 VP)
Arno und Bernd trainieren auf einer 400 m langen Rundstrecke. Wenn sie sich vom gemeinsamen Startpunkt entgegenlaufen, begegnen sie sich nach 50 s. Wenn sie jedoch vom gemeinsamen Startpunkt in die gleiche Richtung laufen, überholt Arno seinen Freund Bernd nach 200 s. Mit welcher Geschwindigkeit (in $\frac{m}{s}$) laufen Arno bzw. Bernd?
Beachte:
- Aus $v = \frac{s}{t}$ folgt $s = v \cdot t$
- Laufen sich beide Freunde entgegen, so haben sie zusammen 400 m zurückgelegt.
- Laufen beide Freunde in die gleiche Richtung und Arno überholt Bernd, so hat Arno 400 m mehr zurückgelegt als Bernd.

7 (3 + 5 VP)
Die Abbildung zeigt die Telefonkosten bei drei Anbietern in Abhängigkeit von den verbrauchten Telefoneinheiten pro Monat.
a) Beschreibe die Tarife in Worten. Gib insbesondere die Grundgebühren und die Preise pro Einheit an.
b) Berechne, ab wie vielen Einheiten Anbieter B günstiger ist als Anbieter A.

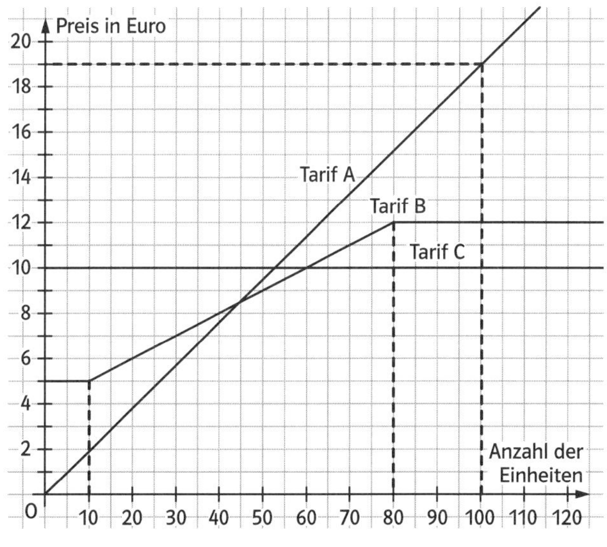

8 (5 VP)
Max Schlaumeier behauptet:
„Ich kann zwei Zahlen u und v so wählen, dass die beiden Geraden mit den Gleichungen $3x + uy = 1$ und $x - 2y = v$ zusammenfallen."
Nimm Stellung dazu. Begründe deine Antwort.

Bemerkung zur Probe und zum Lösen von Textaufgaben.
Um sicherzugehen, dass die gefundene Lösung richtig ist, sollte eine Probe gemacht werden. Dazu setzt man die Lösungen für x und y in beide Ausgangsgleichungen ein. Bei Textaufgaben genügt diese Probe nicht, da schon die aus dem Text entnommenen Terme falsch sein können. Deshalb muss bei Textaufgaben die Probe am Text vorgenommen werden.
In den Musterlösungen wird die Probe an je einer Aufgabe zum Lösen eines Gleichungssystems und zum Lösen einer Textaufgabe exemplarisch gezeigt.
Um Textaufgaben zu lösen, werden zunächst die beiden Variablen festgelegt. Dann werden die benötigten Terme schrittweise aus dem Text entnommen. Ein kurzer Satz hilft zu verstehen, wie der Term entstanden ist. Auf diese Weise erhält man für jede der beiden Gleichungen je zwei wertgleiche Terme. Diese Terme bilden das Gleichungssystem.
Das Gleichungssystem wird, um die Übersicht nicht zu verlieren, in der Regel ohne Einheiten aufgeschrieben. Dabei ist darauf zu achten, dass die Einheiten passend sind. Damit ist gemeint, dass zum Beispiel alle Längen in cm, alle Flächen in cm^2, alle Volumen in cm^3 oder entsprechend in dm, dm^2, dm^3 usw. angegeben werden.

Pinboard – Lineare Gleichungssysteme

1
a) $L = \{(2; 0)\}$ b) $L = \left\{\left(\frac{4}{3}; -\frac{5}{3}\right)\right\}$
c) $L = \left\{\left(\frac{1}{2}; 2\right)\right\}$ d) $L = \{(-6; 5)\}$
e) $L = \left\{\left(\frac{13}{3}; -\frac{2}{3}\right)\right\}$ f) $L = \{\ \}$

g) unendlich viele Lösungen: Alle Zahlenpaare, die die Gleichung $x + y = 2$ erfüllen

h) $L = \{(5; 2)\}$ i) $L = \{(2; -2)\}$

2
$L = \{(-1; -3)\}$

3
Individuelle Lösungen, Beispiele:
unendliche viele Lösungen: (1) $y - 4 = 3x$
(2) $2y = 6x + 8$
keine Lösung: (1) $y + 2x = 1$
(2) $-2y = 4x - 6$
genau eine Lösung: (1) $0{,}5y = x - 0{,}5$
(2) $y - 5 = -3x$
Da jedes Gleichungssystem mit zwei Variablen in der Form (1) $y = mx + b$ und (2) $y = m'x + b'$ geschrieben werden kann, sind die Gleichungssysteme leicht zu finden, wenn man folgende Bedingungen beachtet:
unendlich viele Lösungen: $m = m'$ und $b = b'$
keine Lösung: $m = m'$ und $b \neq b'$
genau eine Lösung: $m \neq m'$

4
Die Schenkellänge beträgt 9 cm, die Basislänge 12 cm.

Klassenarbeit 1.1

1 (3 + 3 VP)
a) *Um zu prüfen, ob ein Punkt auf einer Geraden liegt, werden die Koordinaten des Punktes in die Geradengleichung eingesetzt. Führt dies zu einer wahren Aussage, so befindet sich der Punkt auf der Geraden.*
Einsetzen der Koordinaten des Punktes $P(-3\,|\,-2)$ in die Funktionsgleichung:
$$f(x) = -x + b$$
$$-2 = -(-3) + b$$
$$3 + b = -2 \qquad |-3$$
$$b = -5$$
Die Gleichung der linearen Funktion lautet:
$f(x) = -x - 5$

b) Einsetzen der Koordinaten des Punktes $Q\left(6\,|\,-\frac{9}{2}\right)$ in die Funktionsgleichung:
$$-\frac{9}{2} = m \cdot 6 - \frac{1}{2} \qquad |+\frac{1}{2}$$
$$-\frac{9}{2} + \frac{1}{2} = 6m$$
$$-4 = 6m \qquad |:6$$
$$-\frac{4}{6} = m$$
$$m = -\frac{2}{3}$$

2 (2 + 2 + 2 VP)
a) Der Umfang u eines gleichschenkligen Dreiecks setzt sich zusammen aus der Länge der beiden Schenkel s und der Basis a: $u = 2s + a$
Gleichung: $a + 2s = 27$
mögliche Lösungen: a = 7 cm; s = 10 cm
a = 11 cm; s = 8 cm

b) Der Flächeninhalt A eines Rechtecks ist das Produkt aus der Länge a und der Breite b: $A = a \cdot b$

Gleichung: $a \cdot b = 120$

mögliche Lösungen: $a = 12\,cm$; $b = 10\,cm$

$a = 15\,cm$; $b = 8\,cm$

c) Das Gesamtgewicht $g = 54$ setzt sich zusammen aus m-mal 3-kg-Gewichtsstücken und n-mal 8-kg-Gewichtsstücken.

Gleichung: $3m + 8n = 54$, wobei m, n natürliche Zahlen sein müssen.

Es gibt nur drei mögliche Lösungen:

$m = 2\,kg \quad n = 6\,kg$

$m = 10\,kg \quad n = 3\,kg$

$m = 18\,kg \quad n = 0\,kg$

3 (4 + 4 VP)

a)

$(1)\; 2y + 2 = 2x \qquad | -2$

$(1')\; 2y = 2x - 2 \qquad | :2$

$(1'')\; y = x - 1$

$(2)\; 2x + 4y = 20 \qquad | -2x$

$(2')\; 4y = -2x + 20 \qquad | :4$

$(2'')\; y = -\frac{1}{2}x + 5$

Funktionsgleichungen:

$f(x) = x - 1 \qquad g(x) = -\frac{1}{2}x + 5$

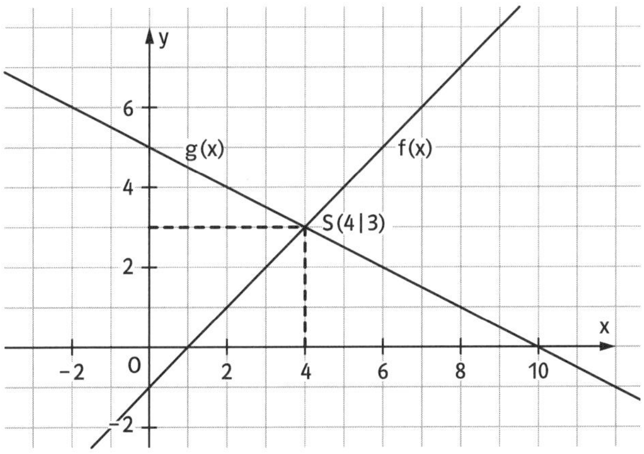

$L = \{(4; 3)\}$

Probe:

$(1)\; 2 \cdot 3 + 2 = 2 \cdot 4$

$6 + 2 = 8$

$8 = 8$

$(2)\; 2 \cdot 4 + 4 \cdot 3 = 20$

$8 + 12 = 20$

$20 = 20$

b) $(1)\; 2x + 2y - 4 = 0 \qquad | -2x + 4$

$(1')\; 2y = -2x + 4 \qquad | :2$

$(1'')\; y = -x + 2$

$(2)\; 2y - 4x = -5 \qquad | +4x$

$(2')\; 2y = 4x - 5 \qquad | :2$

$(2'')\; y = 2x - \frac{5}{2}$

Funktionsgleichungen:

$f(x) = -x + 2 \qquad g(x) = 2x - \frac{5}{2}$

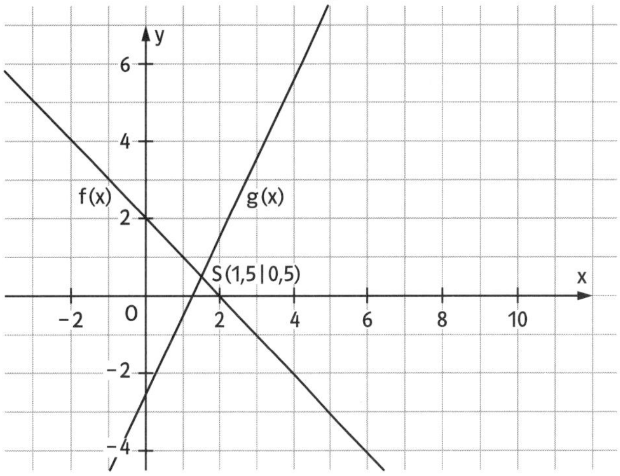

$L = \{(1,5; 0,5)\}$

4 (3 + 3 VP)

a) $(1)\; y = 2x - 3$

$(2)\; y = -0,5x + 1$

$(1) = (2)$

$2x - 3 = -0,5x + 1 \qquad | +0,5x + 3$

$2,5x = 4 \qquad | :2,5$

$x = 1,6$

Einsetzen in (1):

$y = 2 \cdot 1,6 - 3 = 0,2$

$L = \{(1,6; 0,2)\}$

b) $(1)\; y = \frac{2}{3}x + 4$

$(2)\; 2x + 3 - y = 1 \qquad | +y - 1$

$(2')\; y = 2x + 2$

$(1) = (2')$

$\frac{2}{3}x + 4 = 2x + 2 \qquad | -2x \quad | -4$

$-\frac{4}{3}x = -2 \qquad | :\left(-\frac{4}{3}\right)$

$x = \frac{3}{2}$

Einsetzen in (2'):

$y = 2 \cdot \frac{3}{2} + 2 = 3 + 2 = 5$

$L = \left\{\left(\frac{3}{2}; 5\right)\right\}$

5 (3 + 3 VP)

a) $(1)\; 6x + y = 15$

$(2)\; -3x + 5y = 9 \qquad | \cdot 2$

$(1)\; 6x + y = 15$

$(2')\; \underline{-6x + 10y = 18}$

$(1) + (2')\; 11y = 33 \qquad | :11$

$y = 3$

Einsetzen in (1):

$6x + 3 = 15 \quad | -3$

$6x = 12 \quad | :6$

$x = 2$

$L = \{(2; 3)\}$

b) (1) $3x + 2y = 9 \quad | \cdot 5$

(2) $5x - 7y = 46 \quad | \cdot 3$

(1′) $15x + 10y = 45$

(2′) $15x - 21y = 138$

(1′) − (2′) $31y = -93 \quad | :31$

$y = -3$

Einsetzen in (1):

$3x + 2 \cdot (-3) = 9$

$3x - 6 = 9 \quad | +6$

$3x = 15 \quad | :3$

$x = 5$

$L = \{(5; -3)\}$

6 (6 VP)

Variable: kurze Seite: a

lange Seite: b

Terme: Umfang des Rechtecks: $2a + 2b$

Umfang des Rechtecks: 22 cm

(1) $2a + 2b = 22$

kurze Seite um 2 cm länger: $a + 2$

lange Seite um 1 cm kürzer: $b - 1$

Fläche des ursprünglichen Rechtecks:

$a \cdot b$

Fläche des neuen Rechtecks:

$(a + 2) \cdot (b - 1)$

Fläche des neuen Rechtecks: $a \cdot b + 5$

(2) $(a + 2) \cdot (b - 1) = ab + 5$

Rechnung: (1) $2a + 2b = 22$

(2) $(a + 2) \cdot (b - 1) = ab + 5$

(2) $ab + 2b - a - 2 = ab + 5 \quad | -ab + 2$

(2′) $2b - a = 7$

(1) $2a + 2b = 22$

(2′) $-a + 2b = 7$

(1) − (2′) $3a = 15 \quad | :3$

$a = 5$

Einsetzen in (2′):

$-5 + 2b = 7 \quad | +5$

$2b = 12 \quad | :2$

$b = 6$

Probe: Umfang des ursprünglichen Rechtecks:

$2 \cdot 5 + 2 \cdot 6 = 22$

$10 + 12 = 22$

$22 = 22$

Fläche des neuen Rechtecks:

$(5 + 2) \cdot (6 - 1) = 5 \cdot 6 + 5$

$7 \cdot 5 = 30 + 5$

$35 = 35$

Antwort: Die kurze Seite des ursprünglichen Rechtecks ist 5 cm, die lange Seite 6 cm lang.

7 (6 VP)

Variable: Zähler: z

Nenner: n

Terme: ursprünglicher Bruch: $\frac{z}{n}$

Zähler um 1 größer: $z + 1$

Nenner um 1 größer: $n + 1$

erster Bruch: $\frac{z+1}{n+1}$

Wert des ersten Bruchs: $\frac{4}{7}$

(1) $\frac{z+1}{n+1} = \frac{4}{7}$

Zähler um 1 kleiner: $z - 1$

Nenner um 1 kleiner: $n - 1$

zweiter Bruch: $\frac{z-1}{n-1}$

Wert des zweiten Bruchs: $\frac{1}{2}$

(2) $\frac{z-1}{n-1} = \frac{1}{2}$

Rechnung: (1) $\frac{z+1}{n+1} = \frac{4}{7} \quad | \cdot (n+1) \cdot 7$

(2) $\frac{z-1}{n-1} = \frac{1}{2} \quad | \cdot (n-1) \cdot 2$

(1′) $7 \cdot (z + 1) = 4 \cdot (n + 1)$

(2′) $2 \cdot (z - 1) = n - 1$

(1′) $7z + 7 = 4n + 4$

(2′) $2z - 2 = n - 1 \quad | \cdot 4$

(1′) $7z + 7 = 4n + 4$

(2″) $8z - 8 = 4n - 4$

(1′) − (2″) $-z + 15 = 8 \quad | -15$

$-z = -7 \quad | \cdot (-1)$

$z = 7$

$z = 7$ in (2′)

$2 \cdot (7 - 1) = n - 1$

$12 = n - 1 \quad | +1$

$n = 13$

Antwort: Der ursprüngliche Bruch hat den Wert $\frac{7}{13}$.

8 (4 VP)

Variable: Anzahl der Monate: m

Terme: Angebot Autoquick: $350 \cdot m + 2500$

Angebot Car-Rent: $320 \cdot m + 3700$

Offensichtlich ist für $m = 1$ das Angebot von Autoqick günstiger als das von Car-Rent.

Wenn beide Terme für m den gleichen Wert haben, kosten beide Leasingangebote gleich viel. Danach ist das Angebot von Car-Rent günstiger.

Gleichung: $350m + 2500 = 320m + 3700 \quad | -320m$
$30m + 2500 = 3700 \quad | -2500$
$30m = 1200 \quad | :30$
$m = 40$

Antwort: Bis zu 39 Monaten ist das Angebot von Autoquick günstiger. Bei einer Leasingzeit von 40 Monaten sind beide Angebote gleich teuer, ab dem 41. Monat ist das Angebot von Car-Rent günstiger.

Alternative
Die Lösung kann auch grafisch ermittelt werden.
Die Gesamtkosten werden mit y bezeichnet. Dann ergeben sich die beiden Gleichungen $y = 350x + 2500$ *und* $y = 320x + 3700$.
Die zugehörigen Funktionsgleichungen lauten $f(x) = 350x + 2500$ *und* $g(x) = 320x + 3700$
Aus dem Graphen kann abgelesen werden, dass bis 39 Monate das Angebot von Autoquick und ab dem 41. Monat das Angebot von Car-Rent günstiger ist. Der Schnittpunkt der beiden Geraden liegt bei 40 Monaten und 16 500 €.

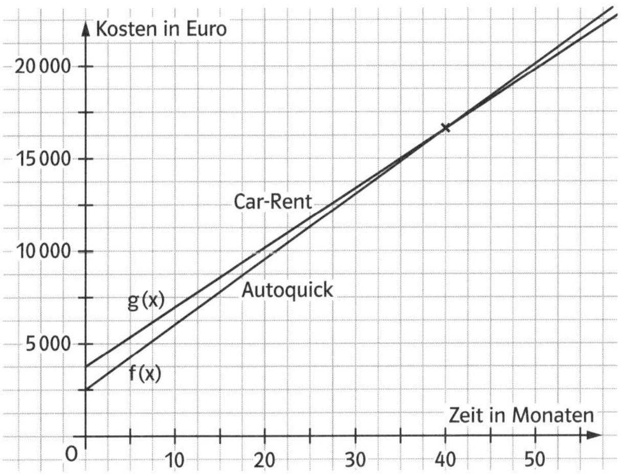

2 (3 + 1 + 4 + 2 VP)
a)

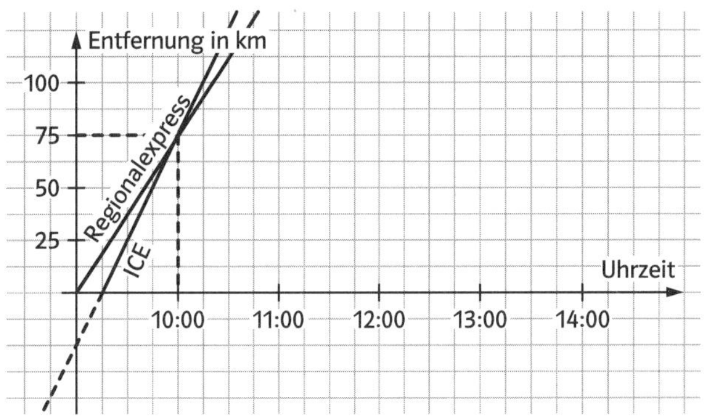

b) Um 10:00 Uhr überholt der ICE den Regionalexpress. Beide Züge sind zu diesem Zeitpunkt 75 km von Köln entfernt.

c) Aus $v = \frac{s}{t}$ folgt $s = v \cdot t$
Zurückgelegte Strecke des Regionalexpresses:
(1) $s(t) = v \cdot t \Rightarrow s(t) = 75 \cdot t$
Zurückgelegte Strecke des ICE:
Da der ICE eine Viertelstunde später abfährt, muss die Strecke, die der ICE in $\frac{1}{4}$*h gefahren wäre, abgezogen werden. (vgl. das Schaubild in a): Diese Srecke entspricht dem y-Abschnitt.*
(2) $s(t) = v \cdot t - v \cdot \frac{1}{4}$
$s(t) = 100t - 100 \cdot \frac{1}{4}$
$s(t) = 100t - 25$

d) Gleichsetzen von (1) und (2):
$75t = 100t - 25 \quad | +25 -75t$
$25t = 25 \quad | :25$
$t = 1$
Einsetzen in (1):
$s = 75 \cdot 1 = 75$
Nach 1 h wird der Regionalexpress 75 km von Köln entfernt überholt.

Klassenarbeit 1.2

1 (2 + 2 VP)
a) Einsetzen des x-Wertes 3 bzw. 0 in die Gleichung.
$y = -2 \cdot 3 + 5 = -6 + 5 = -1$ Lösung: $(3; -1)$
$y = -2 \cdot 0 + 5 = 0 + 5 = 5$ Lösung: $(0; 5)$

b) Einsetzen des y-Wertes 4 bzw. −9 in die Gleichung.
$4 = -2x + 5 \quad | -5$ $\qquad -9 = -2x + 5 \quad | -5$
$-2x = -1 \quad | :(-2)$ $\qquad -2x = -14 \quad | :(-2)$
$x = \frac{1}{2}$ $\qquad x = 7$
Lösung: $\left(\frac{1}{2}; 4\right)$ $\qquad$ Lösung: $(7; -9)$

3 (2 + 2 + 2 VP)
a) Beispiel für eine Lösung:
Mit $x = -1$ folgt:
$4 \cdot (-1) + 3y = 6$
$-4 + 3y = 6 \quad | +4$
$3y = 10 \quad | :3$
$y = \frac{10}{3}$
Ein mögliches Lösungspaar ist $\left(-1; \frac{10}{3}\right)$.

Bemerkung
Man kann jeden beliebigen negativen x-Wert und den zugehörigen y-Wert nehmen.
b) *Zwei Gleichungen haben keine gemeinsame Lösung, wenn die zugehörigen Geraden keinen Schnittpunkt haben. Sie müssen also parallel sein, das heißt $m_1 = m_2$ und $b_1 \neq b_2$. Deshalb liegt jede Gerade, mit gleichen Koeffizienten, bei der nur der absolute Wert ungleich 6 ist, parallel. Es gibt dann auch keine Lösung des Gleichungssystems.*
Eine zweite Gleichung, die zu einem Gleichungssystem ohne Lösung führt, kann z. B. $4x + 3y = 0$ sein.
c) *Unendlich viele Lösungen liegen dann vor, wenn die Geraden der zugehörigen Funktionsgleichungen aufeinanderliegen. Dies ist immer der Fall, wenn sie die gleiche Steigung und den gleichen y-Abschnitt haben. Jedes Vielfache der Ausgangsgleichung hat die gleiche Steigung und den gleichen y-Abschnitt wie die Ausgangsgleichung.*
Eine zweite Gleichung ist z. B. $8x + 6y = 12$.

4 (2 + 2 + 2 + 2 VP)
a) (1) $3x + 3y = 12$
(2) $x = y + 12$
(2) in (1)
$3 \cdot (y + 12) + 3y = 12$
$3y + 36 + 3y = 12$
$6y + 36 = 12 \quad | -36$
$6y = -24 \quad | : 6$
$y = -4$
Einsetzen in (2):
$x = -4 + 12$
$x = 8$
Probe:
(1) $3 \cdot 8 + 3 \cdot (-4) = 12$
$24 - 12 = 12$
$12 = 12$
(2) $8 = -4 + 12$
$8 = 8$
$L = \{(8; -4)\}$

b) (1) $10y = 21 + 3x$
(2) $10y = -2x + 11$
(1) = (2)
$21 + 3x = -2x + 11 \quad | +2x \quad | -21$
$5x = -10 \quad | : 5$
$x = -2$
Einsetzen in (1):
$10y = 21 + 3 \cdot (-2)$
$10y = 21 - 6$
$10y = 15 \quad | : 10$
$y = 1{,}5$
$L = \{(-2; 1{,}5)\}$

c) (1) $4x - 6y = 8$
(2) $\underline{30x + 6y = 162}$
(1) + (2) $34x = 170 \quad | : 34$
$x = 5$
Einsetzen in (1):
$4 \cdot 5 - 6y = 8$
$20 - 6y = 8 \quad | -20$
$-6y = -12 \quad | : (-6)$
$y = 2$
$L = \{(5; 2)\}$

d) (1) $\frac{1}{3}x + y + 1 = 0$
(2) $y = -\frac{1}{3}(x - 6)$
(1) $\frac{1}{3}x + y + 1 = 0$
(2) $y = -\frac{1}{3}x + 2$
Einsetzen in (1):
$\frac{1}{3}x + \left(-\frac{1}{3}x + 2\right) - 1 = 0$
$\frac{1}{3}x - \frac{1}{3}x + 1 = 0$
$1 = 0$
Die Gleichung $1 = 0$ ist falsch. Das Gleichungssystem hat keine Lösung.
$L = \{\ \}$

5 (4 VP)
Winkelsumme im großen Dreieck:
(1) $\alpha + \beta + 90° + (\beta - 20°) = 180° \quad | -70°$
$\alpha + 2\beta = 110°$
Winkelsumme im rechten Teildreieck:
(2) $(\alpha + 20°) + \beta + 90° = 180° \quad | -110°$
$\alpha + \beta = 70°$
Gleichungssystem:
(1) $\alpha + 2\beta = 110°$
(2) $\underline{\alpha + \beta = 70°}$
(1) − (2) $\beta = 40°$
Einsetzen in (2)
$\alpha + 40° = 70° \quad | -40°$
$\alpha = 30°$
Probe:
Winkelsumme im großen Dreieck:
$30° + 40° + 90° + (40° - 20°) = 180°$
$180° = 180°$
Winkelsumme im rechten Teildreieck:
$(30° + 20°) + 40° + 90° = 180°$
$180° = 180°$
Winkelsumme im linken Teildreieck:
$30° + (180° - (30° + 20°)) + (40° - 20°) = 180°$
$30° + 180° - 30° - 20° + 40° - 20° = 180°$
$180° = 180°$
Antwort: Der Winkel α ist 30° und der Winkel β ist 40° groß.

6 (6 VP)

Variable: Anteil Annika: a
Anteil Mathis: m

Terme: beide Anteile zusammen: a + m
beide Anteile zusammen: 1400 €
(1) $a + m = 1400$
Zinsen Annika: $a \cdot \frac{3}{100}$
Zinsen Mathis: $m \cdot \frac{4}{100}$
Beide bekommen gleich viel Zinsen.
(2) $a \cdot \frac{3}{100} = m \cdot \frac{4}{100}$

Rechnung: (1) $a + m = 1400$
(2) $a \cdot \frac{3}{100} = m \cdot \frac{4}{100}$ $\quad | : \frac{3}{100}$
(1) $a + m = 1400$
(2′) $a = m \cdot \frac{4}{3}$
(2′) in (1)
$m \cdot \frac{4}{3} + m = 1400$
$\frac{7}{3}m = 1400$ $\quad | : \frac{7}{3}$
$m = 600$
Einsetzen in (2′):
$a = 600 \cdot \frac{4}{3} = 800$

Antwort: Von dem Gewinn hat Annika 800 € und Mathis 600 € erhalten.

7 (6 VP)

Variable: Masse der teuren Teesorte in kg: x
Masse der billigen Teesorte in kg: y

Terme: beide Teesorten zusammen: 40 kg
beide Teesorten zusammen: x + y
(1) $x + y = 40$
Kosten für die teure Teesorte: 30x
Kosten für die billige Teesorte: 20y
Kosten für die Mischung: 30x + 20y
Kosten für die Mischung: 40 · 22,50 €
(2) $30x + 20y = 40 \cdot 22{,}50$

Rechnung: (1) $x + y = 40$ $\quad | \cdot 20$
(2) $30x + 20y = 40 \cdot 22{,}50$
(1′) $20x + 20y = 800$
(2) $30x + 20y = 900$
(2) − (1′) $10x = 100$ $\quad | : 10$
$x = 10$
Einsetzen in (1):
$10 + y = 40$ $\quad | -10$
$y = 30$

Antwort: Die Mischung enthält 10 kg der teueren Teesorte zu $30\frac{€}{kg}$ und 30 kg der billigen Teesorte zu $20\frac{€}{kg}$.

8 (4 VP)

Wenn der Arbeitsplatz 24 km entfernt liegt, fährt Herr Trimborn täglich 2 · 24 km = 48 km.
Im Monat fährt er also 22 · 48 km = 1056 km.
Früher kostete die Fahrt zu Arbeitsstätte 1056 km · $0{,}30\frac{€}{km}$ = 316,80 €. Jetzt bezahlt er 1056 km · $0{,}35\frac{€}{km}$ = 369,60 €.
In beiden Fällen wäre die Monatskarte zu 285,50 € günstiger gewesen. Früher betrug die Ersparnis mit der Bahnkarte nur 316,80 € − 285,50 € = 31,30 €. Jetzt beträgt sie aber schon 369,60 € − 285,50 € = 84,10 €.
Herr Trimborn sollte jetzt auf jeden Fall auf das Auto verzichten und mit der Bahn fahren. Neben der Kostenersparnis leistet er damit auch einen Beitrag zum Umweltschutz.

Klassenarbeit 1.3

1 (6 VP)

Einsetzen der Werte der Zahlenpaare in die Gleichung $4x - y = 12$.

(3; 0): $4 \cdot 3 - 0 = 12$
$12 = 12$ richtig
Das Zahlenpaar (3; 0) erfüllt die Gleichung.

(5; −8): $4 \cdot 5 - (-8) = 12$
$20 + 8 = 12$
$28 = 12$ falsch
Das Zahlenpaar (5; −8) erfüllt die Gleichung nicht.

(2; −2): $4 \cdot 2 - (-2) = 12$
$8 + 2 = 12$
$10 = 12$ falsch
Das Zahlenpaar (2; −2) erfüllt die Gleichung nicht.

(5; 8): $4 \cdot 5 - 8 = 12$
$20 - 8 = 12$
$12 = 12$ richtig
Das Zahlenpaar (5; 8) erfüllt die Gleichung.

Um zeichnerisch zu prüfen, ob ein Zahlenpaar eine Gleichung erfüllt, wird die Gleichung nach y aufgelöst und die Gerade der zugehörigen Funktion gezeichnet. Alle Punkte, die auf der Geraden liegen, erfüllen die Gleichung, alle anderen nicht.

$$4x - y = 12 \qquad | -4x$$
$$-y = -4x + 12 \qquad | \cdot(-1)$$
$$y = 4x - 12$$
$$f(x) = 4x - 12$$

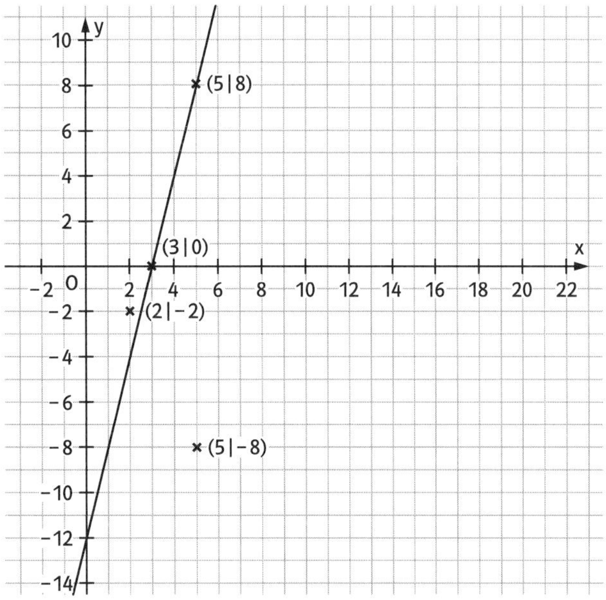

2 (4 + 4 VP)

a) *Der Graph einer linearen Funktion lässt sich immer zeichnen, wenn die Koordinaten zweier Punkte bekannt sind. Bequemerweise wählt man einen Punkt mit der x-Koordinate 0 und einen zweiten Punkt mit einem Vielfachen des Nenners der Steigung m als x-Koordinate.*

$f(x) = -\frac{2}{3}x + 4$ $\quad x_1 = 0;\quad y_1 = f(0) = -\frac{2}{3}\cdot 0 + 4 = 4$

$\quad x_2 = 3;\quad y_2 = f(3) = -\frac{2}{3}\cdot 3 + 4 = 2$

$P_1(0|4)$ und $P_2(3|2)$

$g(x) = \frac{1}{6}x - 1$ $\quad x_1 = 0;\quad y_1 = g(0) = \frac{1}{6}\cdot 0 - 1 = -1$

$\quad x_2 = 6;\quad y_2 = g(6) = \frac{1}{6}\cdot 6 - 1 = 0$

$Q_1(0|-1)$ und $Q_2(6|0)$

$h(x) = \frac{5}{3}x + 5$ $\quad x_1 = 0;\quad y_1 = h(0) = \frac{5}{3}\cdot 0 + 5 = 5$

$\quad x_2 = -3;\quad y_2 = h(-3) = \frac{5}{3}\cdot(-3) + 5 = 0$

$R_1(0|5)$ und $R_2(-3|0)$

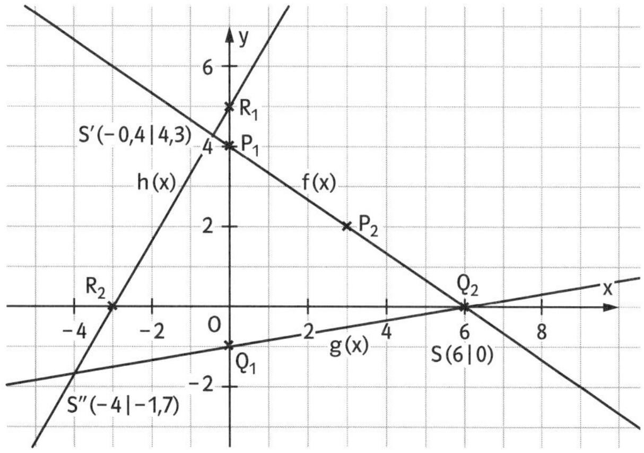

Abgelesene Schnittpunkte:

$f(x)$ mit $g(x)$: $S(0|6)$

$f(x)$ mit $h(x)$: $S'(-0{,}4|4{,}3)$

$g(x)$ mit $h(x)$: $S''(-4|-1{,}7)$

b) *Wenn sich zwei Geraden schneiden, so haben die zugehörigen Funktionsgleichungen f(x) und g(x) einen Wert gemeinsam, das heißt f(x) = g(x). Die Lösung dieser Gleichung liefert die x-Koordinate des Schnittpunkts. Die y-Koordinate wird durch Einsetzen in eine der Funktionsgleichungen f(x) oder g(x) berechnet.*

$f(x) = g(x)$:

$$-\frac{2}{3}x + 4 = \frac{1}{6}x - 1 \qquad | -\frac{1}{6}x \quad | -4$$
$$-\frac{5}{6}x = -5 \qquad | \cdot\left(-\frac{6}{5}\right)$$
$$x = 6$$

Einsetzen in $f(x)$:

$$f(6) = -\frac{2}{3}\cdot(-6) + 4$$
$$= -\frac{12}{3} + 4 = -4 + 4 = 0$$

$S(6|0)$

$f(x) = h(x)$:

$$-\frac{2}{3}x + 4 = \frac{5}{3}x + 5 \qquad | -\frac{5}{3}x \quad | -4$$
$$-\frac{7}{3}x = 1 \qquad | \cdot\left(-\frac{3}{7}\right)$$
$$x = -\frac{3}{7}$$

Einsetzen in $f(x)$:

$$f\left(-\frac{3}{7}\right) = -\frac{2}{3}\cdot\left(-\frac{3}{7}\right) + 4$$
$$= \frac{6}{21} + 4 = \frac{2}{7} + \frac{28}{7} = \frac{30}{7}$$

$S'\left(-\frac{3}{7}\middle|\frac{30}{7}\right)$

$g(x) = h(x)$:

$$\frac{1}{6}x - 1 = \frac{5}{3}x + 5 \qquad | -\frac{5}{3}x \quad | +1$$
$$-\frac{3}{2}x = 6 \qquad | \cdot\left(-\frac{2}{3}\right)$$
$$x = -4$$

Einsetzen in g(x):

$g(-4) = \frac{1}{6} \cdot (-4) - 1$

$= -\frac{4}{6} - 1 = -\frac{10}{6}$

$S''\left(-4 \middle| -\frac{10}{6}\right)$

3 (3 + 3 VP)

a) (1) $\frac{3}{4}x - y = -\frac{5}{4}$ $\quad | \cdot 3$

(2) $-x + 3y = \frac{5}{2}$

(1′) $\frac{9}{4}x - 3y = -\frac{15}{4}$

(2) $-x + 3y = \frac{5}{2}$

(1′) + (2) $\frac{5}{4}x = -\frac{5}{4}$ $\quad | \cdot \frac{4}{5}$

$x = -1$

Einsetzen in (2):

$-(-1) + 3y = \frac{5}{2}$

$1 + 3y = \frac{5}{2}$ $\quad | -1$

$3y = \frac{3}{2}$ $\quad | :3$

$y = \frac{1}{2}$

Probe:

(1) $\frac{3}{4} \cdot (-1) - \frac{1}{2} = -\frac{5}{4}$

$-\frac{3}{4} - \frac{1}{2} = -\frac{5}{4}$

$-\frac{5}{4} = -\frac{5}{4}$

(2) $-(-1) + 3 \cdot \frac{1}{2} = \frac{5}{2}$

$1 + \frac{3}{2} = \frac{5}{2}$

$\frac{5}{2} = \frac{5}{2}$

$L = \left\{\left(-1; \frac{1}{2}\right)\right\}$

b) (1) $x - \frac{x+1}{8} = y + \frac{9}{2}$ $\quad | \cdot 8$

(2) $\frac{1}{4}(x - 1) - 2y - \frac{9}{2} = 0$

(1′) $8x - (x + 1) = 8y + 36$

$7x - 1 = 8y + 36$ $\quad | -36$

$7x - 37 = 8y$

(2) $\frac{1}{4}x - \frac{1}{4} - 2y - \frac{9}{2} = 0$ $\quad | \cdot 4$

(2′) $x - 1 - 8y - 18 = 0$

$x - 8y - 19 = 0$ $\quad | +8y$

$x - 19 = 8y$

(1′) = (2′)

$7x - 37 = x - 19$ $\quad | -x \quad | +37$

$6x = 18$ $\quad | :6$

$x = 3$

Einsetzen in (2′):

$8y = 3 - 19 = -16$ $\quad | :8$

$y = -2$

$L = \{(3; -2)\}$

4 (3 + 3 VP)

a) Mögliche Lösung:

Die gegebene Gleichung $3x - 2y = 1$ hat die Lösung $\left(\frac{2}{3}; 0\right)$, wie man durch Einsetztden der Werte $x = \frac{2}{3}$ und $y = 0$ in die Gleichung sofort erkennt. Eine zweite lineare Gleichung mit dieser Lösung ist z. B. $x + y = \frac{2}{3}$, wie man ebenfalls durch Einsetzen erkennt.

Bemerkung

Man findet eine solche Gleichung durch den Ansatz $ax + by = c$ und Einsetzen der gegebenen Werte von x und y. a, b und c kann man dann geeignet wählen. Beispielsweise wählt man Werte für a und b und berechnet damit den zugehörigen Wert für c.

Beispiel:

$a \cdot \frac{2}{3} + b \cdot 0 = c$

Wähle $a = 3$ und $b = 5$

$3 \cdot \frac{2}{3} + 5 \cdot 0 = c$

$2 + 0 = 2 = c$

Die gefundene Gleichung lautet $3x + y = 2$.

Die Lösung $\left(\frac{2}{3}; 0\right)$ erfüllt die Gleichung.

b) Man findet die passende Gleichung wie in der Teilaufgabe a).

Beispiel:

$a \cdot 1 + b \cdot (-1) = c$

Wähle $a = 3$ und $b = -2$

$3 \cdot 1 + (-2) \cdot (-1) = c$

$5 = c$

Wähle $a = -2$ und $b = 4$

$(-2) \cdot 1 + 4 \cdot (-1) = c$

$-2 - 4 = c$

$-6 = c$

(1) $3x - 2y = 5$

(2) $-2x + 4y = -6$

Das Gleichungssystem hat die Lösung

$L = \{(1; -1)\}$

5 (5 VP)

Variable: Hotelkosten pro Woche: x

Flugkosten: y

Terme: Kosten für zwei Wochen: $2x + y$

Kosten für zwei Wochen: 990 €

(1) $2x + y = 990$

Kosten für drei Wochen: $3x + y$

Kosten für drei Wochen: 1375 €

(2) $3x + y = 1375$

Rechnung: (1) $2x + y = 990$

(2) $3x + y = 1375$

(2) − (1) $x = 385$

Einsetzen in (1):

$2 \cdot 385 + y = 990$

$770 + y = 990$ $\quad | -770$

$y = 220$

Probe: Kosten für zwei Wochen:
$2 \cdot 385 + 220 = 990$
Kosten für drei Wochen:
$3 \cdot 385 + 220 = 1375$
Antwort: Die Flugkosten betragen 220 €.

6 (6 VP)
Variable: Menge der 20%igen Säure: x
Menge der 80%igen Säure: y
Terme: Gesamtmenge: x + y
Gesamtmenge: 3 Liter
(1) $x + y = 3$
Gesamte Säuremenge: $x \cdot 0{,}2 + y \cdot 0{,}8$
Gesamte Säuremenge: 3 Liter · 0,6
(2) $x \cdot 0{,}2 + y \cdot 0{,}8 = 3 \cdot 0{,}6$
Rechnung: (1) $x + y = 3$
(2) $0{,}2x + 0{,}8y = 1{,}8 \quad | \cdot 5$
(1) $x + y = 3$
(2') $\underline{x + 4y = 9}$
(2') − (1) $3y = 6 \quad | : 3$
$y = 2$
Einsetzen in (1):
$x + 2 = 3 \quad | -2$
$x = 1$
Antwort: Der Laborant muss einen Liter 20%ige und zwei Liter 80%ige Säure vermischen, um drei Liter 60%ige Säure zu erhalten.

7 (6 VP)
Variable: erste Zahl: x
zweite Zahl: y
Terme: Summe beider Zahlen: x + y
Differenz beider Zahlen: x − y
Doppelte Differenz: 2(x − y)
(1) $x + y = 2(x - y)$
Doppelte Summe: 2(x + y)
Vierfache Differenz: 4(x − y)
(2) $2(x + y) = 4(x - y)$
Rechnung: (1) $x + y = 2(x - y)$
(2) $2(x + y) = 4(x - y) \quad | : 2$
(1) $x + y = 2(x - y)$
(2') $x + y = 2(x - y)$
Die beiden Gleichungen (1) und (2') sind identisch. Es gibt somit unendlich viele Lösungen.
Aus (1) bzw. (2) folgt $y = \frac{x}{3}$. Alle Zahlenpaare, die der Bedingung $y = \frac{x}{3}$ genügen, sind Lösungen.
Beispiel: (12; 4) ist eine Lösung.
$12 + 4 = 2(12 - 4)$
$16 = 16$
$2(12 + 4) = 4(12 - 4)$
$32 = 32$

8 (5 VP)

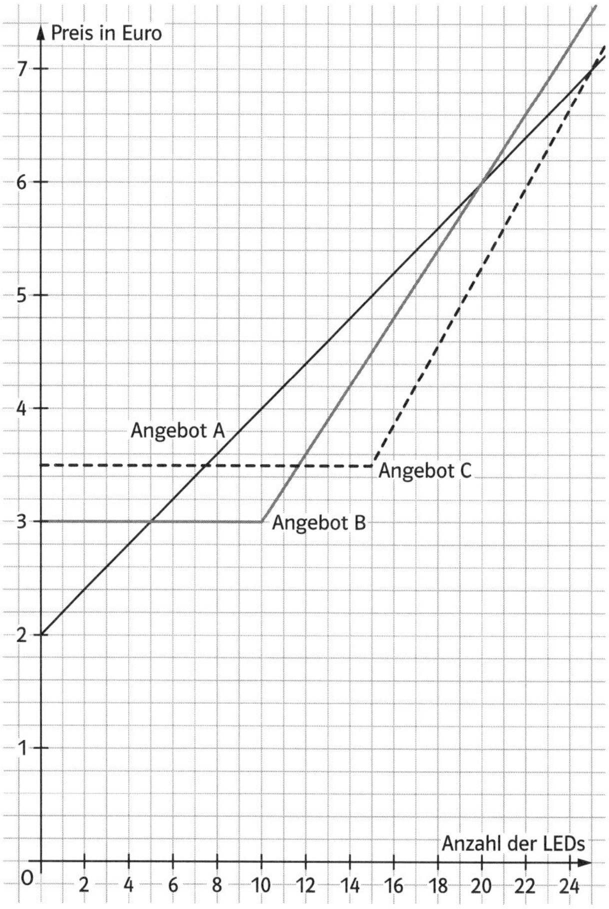

Bis 4 LEDs ist Angebot A am günstigsten.
Bei 5 LEDs sind die beiden Angebote A und B gleich günstig.
Von 6 bis 11 LEDs ist Angebot B am günstigsten.
Von 12 bis 24 LEDs ist Angebot C am günstigsten.
Bei 25 LEDs sind die beiden Angebote A und C gleich günstig.
Ab 26 LEDs ist Angebot A am günstigsten.

Klassenarbeit 1.4

1 (3 + 3 VP)
a) Einsetzen von $x = -\frac{1}{2}$ und $y = -\frac{1}{2}$ in die Gleichung:
$3 \cdot \left(-\frac{1}{2}\right) - 5 \cdot \left(-\frac{1}{2}\right) = 1$
$-\frac{3}{2} + \frac{5}{2} = 1$
$1 = 1$
Das Zahlenpaar $\left(-\frac{1}{2}; -\frac{1}{2}\right)$ ist Lösung der Gleichung.
Um a zu bestimmen, wird für x der Wert 4 in die Gleichung eingesetzt.

Einsetzen von $x = 4$ in die Gleichung:

$3 \cdot 4 - 5y = 1$

$12 - 5y = 1 \quad | -12$

$-5y = -11 \quad | :(-5)$

$y = \frac{11}{5} = 2{,}2$

b) *Eine lineare Gleichung, die die beiden Zahlenpaare (0; 1) und (4; 3) als Lösung hat, kann als Funktionsgleichung $f(x) = mx + b$ einer Geraden durch die Punkte $P(0\,|\,1)$ und $Q(4\,|\,3)$ aufgefasst werden. Somit ergeben sich aus den beiden Punkten zwei Gleichungen.*

(1) $f(0) = m \cdot 0 + b = 1$

(2) $f(4) = m \cdot 4 + b = 3$

Man erhält ein Gleichungssystem.

(1) $m \cdot 0 + b = 1$

(2) $m \cdot 4 + b = 3$

(1) $b = 1$

(2) $4m + b = 3$

Einsetzen in (2):

$4m + 1 = 3 \quad | -1$

$4m = 2 \quad | :4$

$m = \frac{1}{2}$

Die Funktionsgleichung lautet

$f(x) = \frac{1}{2}x + 1$

Die gesuchte lineare Gleichung lautet

$y = \frac{1}{2}x + 1$

Alternative

Die Aufgabe kann auch grafisch gelöst werden. Dazu werden die beiden Punkte $P(0\,|\,1)$ und $Q(4\,|\,3)$ in ein Koordinatensystem eingetragen. Die Steigung m und der Achsenabschnitt b der Geraden, die durch diese beiden Punkte verläuft, werden abgelesen.

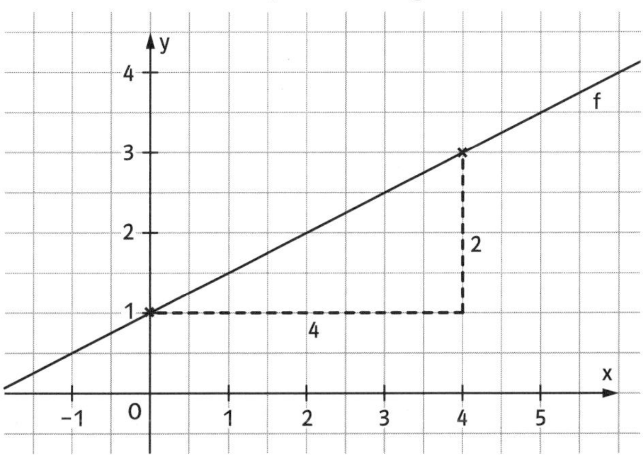

Aus dem Schaubild wird $m = \frac{1}{2}$ und $b = 1$ entnommen.

2 (3 + 2 + 2 VP)

a)

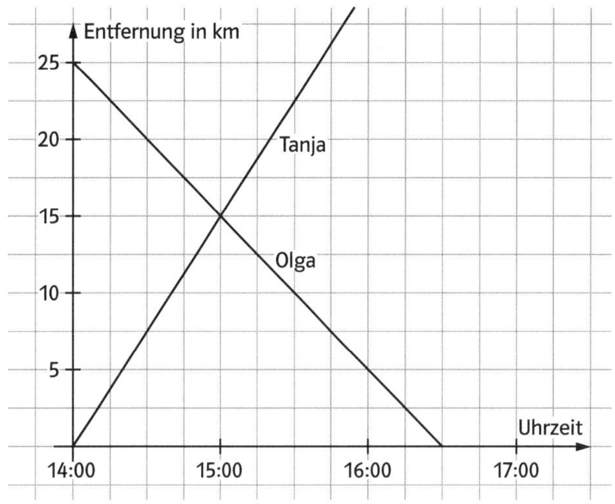

b) Durchschnittsgeschwindigkeit Tanja:

$v = \frac{s}{t} = \frac{15\,km}{1\,h} = \frac{15\,km}{h}$

Durchschnittsgeschwindigkeit Olga:

$v = \frac{s}{t} = \frac{10\,km}{1\,h} = 10\,\frac{km}{h}$

c) Wäre Tanja zu Olga gefahren, so hätte sie

$t = \frac{s}{v} = \frac{25\,km}{15\,\frac{km}{h}} = \frac{5}{3}h = 1\,h\ 40\,min$ benötigt.

Sie wäre um 15:40 Uhr bei Olga angekommen.

Wäre Olga zu Tanja gefahren, so hätte sie

$t = \frac{s}{v} = \frac{25\,km}{10\,\frac{km}{h}} = \frac{5}{2}h = 2\,h\ 30\,min$ benötigt.

Sie wäre um 16:30 Uhr bei Tanja angekommen.

3 (3 + 3 VP)

a) (1) $\frac{1}{2}x + \frac{1}{3}y = 9 \quad | \cdot 3$

(2) $\frac{3}{4}x - \frac{2}{3}y = 3 \quad | \cdot 2$

(1') $\frac{3}{2}x + y = 27$

(2') $\frac{3}{2}x - \frac{4}{3}y = 6$

(1') − (2') $\frac{7}{3}y = 21 \quad | : \frac{7}{3}$

$y = 9$

Einsetzen in (1):

$\frac{1}{2}x + \frac{1}{3} \cdot 9 = 9$

$\frac{1}{2}x + 3 = 9 \quad | -3$

$\frac{1}{2}x = 6 \quad | \cdot 2$

$x = 12$

Probe:

(1) $\frac{1}{2} \cdot 12 + \frac{1}{3} \cdot 9 = 9$

$6 + 3 = 9$

$9 = 9$

(2) $\frac{3}{4} \cdot 12 - \frac{2}{3} \cdot 9 = 3$

$9 - 6 = 3$

$3 = 3$

$L = \{(12; 9)\}$

b) (1) $5(x-1)+3(y-2)=19$
(2) $-3(x+1)+5(y+2)=23$

$$\begin{array}{lrl}
(1) & 5x-5+3y-6=19 & \mid +11 \\
(2) & -3x-3+5y+10=23 & \mid -7 \\
(1') & 5x+3y=30 & \mid \cdot 3 \\
(2') & -3x+5y=16 & \mid \cdot 5 \\
(1'') & 15x+9y=90 & \\
(2'') & \underline{-15x+25y=80} & \\
(1'')+(2'') & 34y=170 & \mid :34 \\
 & y=5 &
\end{array}$$

Einsetzen in (1′):

$$\begin{array}{rl}
5x+3\cdot 5=30 & \\
5x+15=30 & \mid -15 \\
5x=15 & \mid :5 \\
x=3 &
\end{array}$$

$L=\{(3;5)\}$

4 (4 VP)

(1) $\frac{8}{x}+\frac{15}{y}=7$

(2) $\frac{4}{x}-\frac{15}{y}=1$

(1) $8\cdot\frac{1}{x}+15\cdot\frac{1}{y}=7$

(2) $4\cdot\frac{1}{x}-15\cdot\frac{1}{y}=1$

Setze $\frac{1}{x}=u$ und $\frac{1}{y}=v$

$$\begin{array}{lrl}
(1') & 8u+15v=7 & \\
(2') & \underline{4u-15v=1} & \\
(1')+(2') & 12u=8 & \mid :12 \\
 & u=\frac{8}{12}=\frac{2}{3} &
\end{array}$$

Einsetzen in (1′):

$$\begin{array}{rl}
8\cdot\frac{2}{3}+15v=7 & \\
\frac{16}{3}+15v=7 & \mid -\frac{16}{3} \\
15v=\frac{21}{3}-\frac{16}{3}=\frac{5}{3} & \mid :15 \\
v=\frac{5}{45}=\frac{1}{9} &
\end{array}$$

Bestimmung von x und y:

$\frac{1}{x}=u \qquad \frac{1}{y}=v$

$\frac{1}{x}=\frac{2}{3} \qquad \frac{1}{y}=\frac{1}{9}$

$x=\frac{3}{2} \qquad y=9$

$L=\left\{\left(\frac{3}{2};9\right)\right\}$

5 (6 VP)

Variable: Alter von Martin: x
Alter von Jens: y

Terme: Jens ist 5 Jahre älter als Martin: $x+5$
(1) $x+5=y$
Alter von Oma: 62
Halbes Alter von Oma: 31
Alter von Jens und Martin zusammen:
$x+y$
Alter von Jens und Martin zusammen: 31
(2) $x+y=31$

Rechnung: (1) $x+5=y$
(2) $x+y=31$
(1) in (2)

$$\begin{array}{rl}
x+(x+5)=31 & \\
2x+5=31 & \mid -5 \\
2x=26 & \mid :2 \\
x=13 &
\end{array}$$

$x=13$ in (1)

$$\begin{array}{r}
13+5=y \\
y=18
\end{array}$$

Antwort: Martin ist 13 Jahre, Jens ist 18 Jahre alt.

6 (6 VP)

Es gilt $v=\frac{s}{t}$. *Daraus folgt* $s=v\cdot t$.

Die Zeit t ist gegeben, die Geschwindigkeit v ist gesucht. Die Strecke s ergibt sich aus den Angaben im Text.

Variable: Geschwindigkeit Arno: v_a
Geschwindigkeit Bernd: v_b

Terme: Arno läuft im ersten Fall die Strecke:
$50v_a$
Bernd läuft im ersten Fall die Strecke:
$50v_b$
Zusammen laufen sie im ersten Fall die Strecke: $50v_a+50v_b$
Zusammen laufen sie im ersten Fall die Strecke: 400 m
(1) $50v_a+50v_b=400$

Arno läuft im zweiten Fall die Strecke:
$200v_a$
Bernd läuft im zweiten Fall die Strecke:
$200v_b$
Arno läuft im zweiten Fall eine Runde mehr als Bernd: $200v_b+400$ m
(2) $200v_a=200v_b+400$

Rechnung:

$$\begin{array}{lrl}
(1) & 50v_a+50v_b=400 & \mid \cdot 4 \\
(2) & 200v_a=200v_b+400 & \mid -200v_b \\
 & & \\
(1') & 200v_a+200v_b=1600 & \\
(2') & 200v_a-200v_b=400 & \\
 & & \\
(1')-(2') & 400v_b=1200 & \mid :400 \\
 & v_b=3 &
\end{array}$$

Einsetzen in (2):

$$\begin{array}{rl}
200v_a=200\cdot 3+400 & \\
200v_a=1000 & \mid :200 \\
v_a=5 &
\end{array}$$

Probe: Arno legt in 50 Sekunden $50 \cdot 5 = 250$ Meter zurück. Bernd legt in 50 Sekunden $50 \cdot 3 = 150$ Meter zurück. Zusammen legen sie $250\,m + 150\,m = 400\,m$, also eine ganze Runde zurück.
Arno legt in 200 Sekunden $200 \cdot 5 = 1000$ Meter zurück. Bernd legt in 200 Sekunden $200 \cdot 3 = 600$ Meter zurück. Arno läuft also $1000 : 400 = 2{,}5$ Runden und Martin $600 : 400 = 1{,}5$ Runden. Damit läuft Arno in 200 Sekunden genau eine Runde mehr als Martin und überholt ihn somit.

Antwort: Arno läuft mit einer Geschwindigkeit von $v_a = 5\frac{m}{s}$ und Bernd mit einer Geschwindigkeit von $v_b = 3\frac{m}{s}$.

7 (3 + 5 VP)

a) Tarif A

Der Tarif ist linear. Wenn nicht telefoniert wird, muss nichts bezahlt werden. Daher ist die Grundgebühr 0,00 €. Da 100 Einheiten 19,00 € kosten, muss für jede Einheit $\frac{19}{100}$€ = 0,19 € bezahlt werden.

Tarif B

Für die ersten 10 Einheiten muss man einen festen Betrag von 5,00 € bezahlen. Ab der 11. Einheit und bis zur 80. Einheit ist der Tarif linear. In diesem Bereich kosten 70 Einheiten 7,00 €, jede Einheit also $\frac{7}{10}$€ = 0,10 €.

Ab der 81. Einheit bleibt der Tarif konstant. Unabhängig davon, für wie viele weitere Einheiten telefoniert wird, bleibt es bei einem Gesamtpreis von 12,00 €.

Tarif C

Der Tarif ist konstant. Unabhängig von der Anzahl der telefonierten Einheiten muss man immer 10,00 € bezahlen. Man könnte also sagen: Grundgebühr 10,00 €, Preis pro Einheit 0,00 €.

b) Tarif A

Gleichung des Graphen: $y = 0{,}19 \cdot x$

Dabei ist x die Anzahl der telefonierten Einheiten und y die Maßzahl des Preises in Euro.

Tarif B

Gleichung des Graphen:

Das Bild zeigt, dass man die Gleichung des Graphen im Bereich von 10 Einheiten bis 80 Einheiten benötigt. Da es sich um eine lineare Gleichung handelt, gilt $y = mx + b$ mit noch unbekanntem m und b. Da die Punkte $P(10\,|\,5)$ und $Q(80\,|\,12)$ auf der Geraden liegen, gilt:

(1) $5 = m \cdot 10 + b$

(2) $12 = m \cdot 80 + b$

(2) − (1): $7 = 70 \cdot m \quad | :70$

$m = \frac{7}{10} = 0{,}1$

Einsetzen in (1):

$5 = 0{,}1 \cdot 10 + b$

$5 = 1 + b \quad | -1$

$b = 4$

Die Gleichung lautet: $y = 0{,}1x + 4$

Berechnung des Schnittpunkts der beiden Geraden

(1) $y = 0{,}19x$

(2) $y = 0{,}1x + 4$

(1) = (2) $0{,}19x = 0{,}1x + 4 \quad | -0{,}1x$

$0{,}09x = 4 \quad | :0{,}09$

$x = \frac{400}{9} \approx 44{,}44$

Ab der 45. Einheit ist Tarif B günstiger als Tarif A.

8 (5 VP)

Die Behauptung besagt, dass die Zahlen u und v so gewählt werden können, dass die Gleichungen

(1) $3x + uy = 1$

(2) $x - 2y = v \quad | \cdot 3$

dieselbe Gerade darstellen.

Um dies zu prüfen, versucht man, u und v so zu wählen, dass beide Gleichungen äquivalent sind.

(1) $3x + uy = 1$

(2′) $3x - 6y = 3v$

Vergleichen zeigt:

Wenn $u = -6$ und $v = \frac{1}{3}$ gewählt wird, dann sind die Gleichungen identisch, stellen also dieselbe Gerade dar.

Max Schlaumeier hat Recht.

Pinboard – Zufall und Wahrscheinlichkeit

Ereignisse

Günstige Ergebnisse

Werden mögliche Ergebnisse eines Zufallsversuchs zusammengefasst, so spricht man von einem **Ereignis**.
Alle Ergebnisse eines Zufallsversuchs, die zu einem Ereignis E gehören, heißen **günstige Ergebnisse**.

Beispiele

Das Glücksrad wird einmal gedreht. Jedes Ergebnis ist gleich wahrscheinlich. Die Wahrscheinlichkeit eines Ergebnisses beträgt also $\frac{1}{8}$.

Wahrscheinlichkeit eines Ereignisses

Sind alle Ergebnisse eines Zufallsversuchs gleich wahrscheinlich, so ist die Wahrscheinlichkeit P eines Ereignisses E der Quotient aus der Anzahl der günstigen Ergebnisse m und der Anzahl der möglichen Ergebnisse n.

$P(E) = \frac{\text{Anzahl günstige Ergebnisse}}{\text{Anzahl mögliche Ergebnisse}} = \frac{m}{n}$

Die drei Ergebnisse 2, 4 und 7 sind für das Ereignis „weißes Feld" günstig.
Damit ist $P(\text{weißes Feld}) = \frac{3}{8} = 37{,}5\,\%$

Sicheres und unmögliches Ereignis

Sind alle möglichen Ergebnisse eines Zufallsversuchs auch günstig für ein Ereignis, so liegt ein **sicheres Ereignis** vor.
$P(\text{sicheres Ereignis}) = \frac{n}{n} = 1$
Gibt es bei einem Zufallsversuch kein günstiges Ergebnis, so liegt ein **unmögliches Ereignis** vor.
$P(\text{unmögliches Ereignis}) = \frac{0}{n} = 0$

Eine Zahl kleiner als neun zu erhalten ist sicher.
$P(\text{Zahl kleiner } 9) = 1$

Ein schwarzes Feld zu erhalten ist unmöglich.
$P(\text{schwarzes Feld}) = 0$

Zusammengesetztes Ereignis – Summenregel

Werden mehrere Ereignisse $E_1, E_2, E_3, \ldots$, die kein Ergebnis gemeinsam haben, zu einem **zusammengesetzten Ereignis E** zusammengefasst, so ist dessen Wahrscheinlichkeit gleich der Summe aus den Wahrscheinlichkeiten der betrachteten Ereignisse.
$P(E) = P(E_1) + P(E_2) + P(E_3) + \ldots$

Bemerkung

Haben einige Ereignisse gemeinsame Ergebnisse, so müssen die Wahrscheinlichkeiten dieser gemeinsamen Ergebnisse wieder subtrahiert werden, da sie sonst mehrfach gezählt würden.

Das Ereignis „weißes oder hellgraues Feld" setzt sich aus den Ereignissen „weißes Feld" und „hellgraues Feld" zusammen.
$P(\text{weißes oder hellgraues Feld})$
$= P(\text{weißes Feld}) + P(\text{hellgraues Feld})$
$= \frac{3}{8} + \frac{1}{8} = \frac{4}{8} = \frac{1}{2} = 50\,\%$.
Es gibt kein Feld, das gleichzeitig weiß und hellgrau ist. Die Wahrscheinlichkeiten können also einfach addiert werden.

Gegenereignis

Alle ungünstigen Ergebnisse für ein Ereignis E eines Zufallsversuchs bilden das **Gegenereignis** $\overline{E}$.
Ist m die Anzahl der günstigen Ergebnisse, so ist n − m die Anzahl der ungünstigen Ergebnisse. Die Wahrscheinlichkeit des Gegenereignisses beträgt also
$P(\overline{E}) = \frac{n-m}{n} = 1 - \frac{m}{n} = 1 - P(E)$

Das Gegenereignis zum Ereignis „weißes Feld" ist das Ereignis „kein weißes Feld".
$P(\text{kein weißes Feld}) = 1 - P(\text{weißes Feld})$
$= 1 - \frac{3}{8} = \frac{5}{8}$

Zweistufige Zufallsversuche

Besteht ein Zufallsversuch aus zwei Versuchen, die nacheinander ausgeführt werden, so heißt dieser Zufallsversuch zweistufiger Zufallsversuch.

Ein Zufallsversuch kann auch aus mehr als zwei Stufen bestehen.
In diesem Fall spricht man von einem **mehrstufigen Zufallsversuch**.

Wahrscheinlichkeit zweistufiger Zufallsversuche

Ein **Baumdiagramm** veranschaulicht die möglichen Ergebnisse eines zweistufigen Zufallsversuchs und deren Wahrscheinlichkeit.

Produktregel

Bei einem zweistufigen Zufallsversuch ist die Wahrscheinlichkeit eines Ergebnisses gleich dem Produkt der Wahrscheinlichkeiten entlang des zugehörigen Pfades im Baumdiagramm.
$P(\text{Ergebnis}) = P(\text{Ergebnis 1. Stufe}) \cdot P(\text{Ergebnis 2. Stufe})$

Beispiele

Das Glücksrad wird zweimal gedreht.

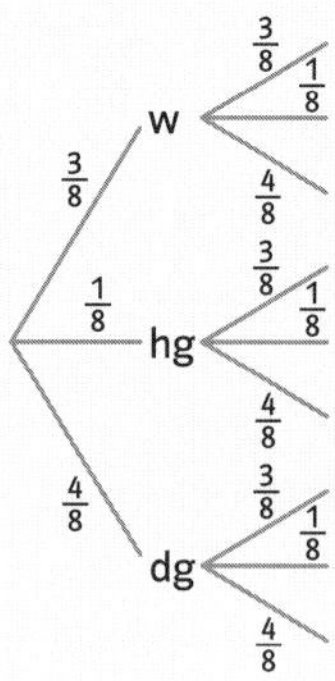

$P(w, w) = \frac{3}{8} \cdot \frac{3}{8} = \frac{9}{64} \approx 14{,}06\,\%$
$P(w, hg) = \frac{3}{8} \cdot \frac{1}{8} = \frac{3}{64} \approx 4{,}69\,\%$
$P(w, dg) = \frac{3}{8} \cdot \frac{4}{8} = \frac{12}{64} = 18{,}75\,\%$
$P(hg, w) = \frac{1}{8} \cdot \frac{3}{8} = \frac{3}{64} \approx 4{,}69\,\%$
$P(hg, hg) = \frac{1}{8} \cdot \frac{1}{8} = \frac{1}{64} \approx 1{,}56\,\%$
$P(hg, dg) = \frac{1}{8} \cdot \frac{4}{8} = \frac{4}{64} = 6{,}25\,\%$
$P(dg, w) = \frac{4}{8} \cdot \frac{3}{8} = \frac{12}{64} = 18{,}75\,\%$
$P(dg, hg) = \frac{4}{8} \cdot \frac{1}{8} = \frac{4}{64} = 6{,}25\,\%$
$P(dg, dg) = \frac{4}{8} \cdot \frac{4}{8} = \frac{16}{64} = 25{,}00\,\%$

$P(\text{zweimal weiß}) = P(\text{weiß}) \cdot P(\text{weiß}) = \frac{3}{8} \cdot \frac{3}{8} = \frac{9}{64}$.

Summenregel

Die Wahrscheinlichkeit eines Ereignisses ist die Summe der Wahrscheinlichkeiten der zugehörigen Ergebnisse.

Das Ereignis „zwei gleiche Farben" setzt sich aus den Ergebnissen (w, w), (hg, hg) und (dg, dg) zusammen.
$P(\text{zwei gleiche Farben}) = \frac{9}{64} + \frac{1}{64} + \frac{16}{64} = \frac{26}{64} = 40{,}625\,\%$

Tabelle statt Baumdiagramm

Die Ergebnisse eines zweistufigen Zufallsversuchs können auch in einer **Tabelle** dargestellt werden. Das Produkt aus Zeilenzahl mal Spaltenzahl ist die Anzahl der möglichen Ergebnisse. Sind alle Ergebnisse gleich wahrscheinlich, so kann die Wahrscheinlichkeit eines Ereignisses durch Auszählen der günstigen Ergebnisse schnell ermittelt werden.

Die Wahrscheinlichkeit für das Ereignis „ein Produkt größer 24" wird schneller mit einer Tabelle bestimmt.

	1	2	3	4	5	6	7	8
1	1	2	3	4	5	6	7	8
2	2	4	6	8	10	12	14	16
3	3	6	9	12	15	18	21	24
4	4	8	12	16	20	24	28	32
5	5	10	15	20	25	30	35	40
6	6	12	18	24	30	36	42	48
7	7	14	21	28	35	42	49	56
8	8	16	24	32	40	48	56	64

P(Produkt größer 24) = $\frac{20}{64}$ = 31,25 %

Man darf nicht das, was unwahrscheinlich und unmöglich erscheint, mit dem verwechseln, was absolut unmöglich ist.
Carl Friedrich Gauß

Urnenmodell

Jeder zweistufige Zufallsversuch kann durch das Ziehen zweier Kugeln aus einer Urne veranschaulicht werden. Dabei gilt es, vier Fälle zu unterscheiden.
Die Reihenfolge der gezogenen Kugel wird:
1. berücksichtigt
2. nicht berücksichtigt

dabei wird die erste gezogene Kugel:
a. zurückgelegt
b. nicht zurückgelegt

Es gibt also die vier Fälle 1a, 1b, 2a und 2b.

Bemerkung

Werden zwei Kugeln mit einem Griff gezogen, so entspricht dies dem Ziehen zweier Kugeln ohne Berücksichtigung der Reihenfolge, ohne Zurücklegen.

Soll der zweistufige Zufallsversuch mit dem Glücksrad bezüglich der Farben mit einem Urnenmodell veranschaulicht werden, so muss die Urne mindestens drei weiße, eine hellgraue und vier dunkelgraue Kugeln enthalten. Jedes beliebige Vielfache davon, z. B. sechs weiße, zwei hellgraue und acht dunkelgraue Kugeln ist ebenfalls möglich.
Das Ereignis „einmal ein weißes und einmal ein hellgraues Feld" kann durch das Ziehen zweier Kugeln aus der Urne ohne Berücksichtigung der Reihenfolge mit Zurücklegen der ersten gezogenen Kugel ersetzt werden.

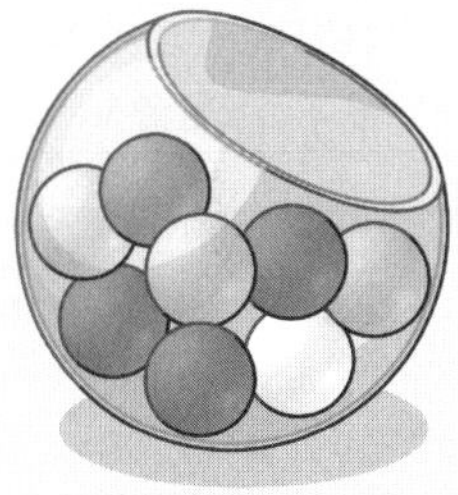

Erwartungswert*

Werden den Ergebnissen eines Zufallsversuchs Zahlenwerte oder Größen $x_1, x_2, \ldots$ zugeordnet und mit den zugehörigen Wahrscheinlichkeiten $P_1, P_2, \ldots$ multipliziert, so ist die Summe dieser Produkte der **Erwartungswert** des Zufallsversuchs.
Erwartungswert = $x_1 \cdot P_1 + x_2 \cdot P_2 + \ldots$

Bemerkung

Bei Glücksspielen ist das Spiel **fair**, wenn der Erwartungswert 0 ist. Ist er negativ, wird auf lange Sicht verloren, ist er positiv, so wird auf lange Sicht gewonnen.

Das Glücksrad wird einmal gedreht. Bei Weiß erhält man 2 €, bei Hellgrau 10 €, bei Dunkelgrau muss man 4 € bezahlen.
Erwartungswert = $\frac{3}{8} \cdot 2€ + \frac{1}{8} \cdot 10€ - \frac{4}{8} \cdot 4€ = 0$

Im Mittel wird auf lange Sicht weder gewonnen noch verloren. Das Spiel ist fair.

Bist du sicher?

1 Ein Glücksrad mit sechs gleich großen Feldern, die mit den Zahlen 1, 3, 5, 7, 9 und 11 beschriftet sind, wird zweimal gedreht. Bestimme die Wahrscheinlichkeit folgender Ereignisse:
a) Die Zahl 1 erscheint zweimal.
b) Die Zahl 1 erscheint mindestens einmal.
c) Die Zahl 1 erscheint genau einmal.
d) Die Zahl 1 erscheint nicht.
e) Es erscheint erst eine 1, dann eine 3.
f) Die Zahl 4 erscheint mindestens einmal.

2 Ein Würfel wird zweimal geworfen. Die Augenzahlen werden addiert. Wie groß ist die Wahrscheinlichkeit, eine Augensumme kleiner als 6 zu erhalten?

3 Von einem gefälschten Würfel weiß man, dass die Augenzahlen 2, 3, 4 und 5 alle mit gleicher Wahrscheinlichkeit auftreten. Die Zahl 1 tritt jedoch im Mittel doppelt so oft, die Zahl 6 halb so oft wie jede dieser Zahlen auf.
Du bekommst bei jedem Wurf die Augenzahl in Cent. Berechne den Erwartungswert.

Anfangszeit: ____________ **90 min** **Abgabe:** ____________

1 (3 + 3 VP)
Nenne alle günstigen Ergebnisse des Ereignisses und bestimme die Wahrscheinlichkeit für das Ereignis.
a) Aus einem Skatspiel wird
- eine Herzkarte,
- eine schwarze Karte,
- ein Bild,
- ein rotes Ass gezogen.

b) Mit zwei Würfeln wird
- eine Augensumme größer als 6,
- eine durch drei teilbare Augensumme,
- ein Pasch,
- zwei aufeinanderfolgende Zahlen geworfen.

2 (1 + 2 + 2 VP)
Ein Glücksrad hat die Farben Gelb, Rot, Grün und Blau. Die Wahrscheinlichkeit für Gelb beträgt 40 %, für Rot $\frac{1}{4}$ und für Grün 30 %. Berechne die Wahrscheinlichkeit für folgende Ereignisse:
a) Blau erhalten
b) Gelb oder Rot erhalten
c) Nicht Rot erhalten

3 (2 + 2 + 2 + 2 VP)
Das Glücksrad ist in acht gleich große Sektoren aufgeteilt. Es wird zweimal gedreht.
Bestimme die Wahrscheinlichkeit folgender Ereignisse.

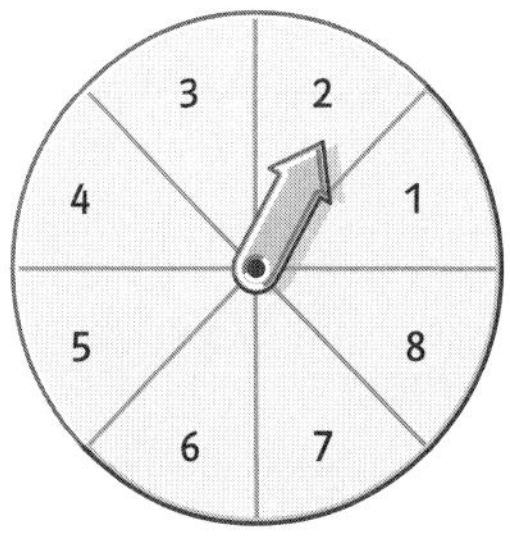

a) Man erhält zwei Quadratzahlen.
b) Man erhält zweimal eine ungerade Zahl.
c) Man erhält erst eine gerade Zahl, dann eine Quadratzahl.
d) Man erhält zweimal eine Zahl, die größer als drei und kleiner als sieben ist.

4 (2 + 3 VP)
In einem Becher sind zwei rote und eine grüne Kugel. Es werden mit einem Griff zwei Kugeln entnommen.
a) Berechne die Wahrscheinlichkeit folgender Ereignisse:
- Die beiden Kugeln haben die gleiche Farbe.
- Die beiden Kugeln haben verschiedene Farben.

b) Kann man durch Hinzufügen entweder einer roten oder einer grünen Kugel erreichen, dass die beiden in Teilaufgabe a) beschriebenen Ereignisse gleich wahrscheinlich sind?

5 (2 + 2 + 2 + 2 VP)
Für ein Schulfest werden 1000 Lose vorbereitet, von denen 800 Nieten, 198 Lose Trostpreise und zwei Lose Hauptpreise sind. Die Lose werden in einer Lostrommel gut gemischt zum Verkauf angeboten. Ayse kauft als Erste zwei Lose.
a) Zeichne für diesen Zufallsversuch ein vollständiges Baumdiagramm.
b) Mit welcher Wahrscheinlichkeit hat Ayse zwei Nieten gezogen?
c) Wie wahrscheinlich ist es, dass sie mindestens einen Trostpreis, aber keinen Hauptpreis gezogen hat?
d) Wie groß ist die Wahrscheinlichkeit, dass sie keinen Trostpreis gezogen hat?

6 (2 + 2 + 2 + 2 VP)
Peter spielt ein Würfelspiel, bei dem zwei Würfel gleichzeitig geworfen werden. Alle möglichen Ergebnisse dieses Spiels hat Peter in einer Tabelle erfasst.

	1	2	3	4	5	6
1	0	1	2	3	4	5
2	1	0	1	2	3	4
3	2	1	0	1	2	3
4	3	2	1	0	1	2
5	4	3	2	1	0	1
6	5	4	3	2	1	0

a) Wie könnte die Spielregel des Spiels lauten?
b) Bestimme die Wahrscheinlichkeit, einen Wert größer als drei zu erhalten.
c) Bestimme die Wahrscheinlichkeit, den Wert null oder fünf zu erhalten.
d) Für welchen Wert beträgt die Wahrscheinlichkeit $\frac{1}{9}$?

7 (2 VP)
Die Wahrscheinlichkeit für „sechs Richtige" im Lotto beträgt $\frac{1}{13\,983\,816}$. Petra möchte diese Wahrscheinlichkeit veranschaulichen. Sie überlegt sich dazu folgendes Experiment: An einer Straße steht irgendwo eine 2 cm breite Latte. Ein Auto fährt die Straße entlang und irgendwann wirft der Beifahrer blind einen Ball aus dem Auto. Dabei soll die Wahrscheinlichkeit, die Latte zu treffen, genauso groß sein wie der Lottogewinn. Wie lang muss die Straße sein?

8* (3 + 3 VP)
Dein Mathematiklehrer bietet dir ein Würfelspiel an. Du kannst zwischen drei verschiedenen Gewinnplänen wählen. Du gewinnst oder verlierst den in der Tabelle angegeben Betrag, wenn du die in der ersten Spalte angegebene Augenzahl wirfst.

Augenzahl	Gewinnplan 1	Gewinnplan 2	Gewinnplan 3
1	Gewinn 10 ct	Verlust 3 ct	Gewinn 12 ct
2	Gewinn 2 ct	Verlust 3 ct	Verlust 5 ct
3	Verlust 3 ct	Gewinn 6 ct	Verlust 4 ct
4	Verlust 4 ct	Gewinn 6 ct	Verlust 4 ct
5	Verlust 5 ct	Verlust 3 ct	Verlust 5 ct
6	Verlust 6 ct	Verlust 3 ct	Gewinn 12 ct

a) Welchen Gewinnplan wählst du, wenn du auf einen Gewinn bedacht bist? Wie viel gewinnst du auf lange Sicht durchschnittlich je Spiel?
b) Wie müsste beim dritten Gewinnplan der Gewinn für das Werfen der „1" verändert werden, damit es ein faires Spiel wird?

Lerntipps

zu Aufgabe 1
Ein Skatspiel besteht aus 32 Karten. Es gibt je acht schwarze Kreuz-, schwarze Pik-, rote Herz- und rote Karokarten, und zwar 7, 8, 9, 10, Bube, Dame, König und Ass. Bube, Dame und König werden als Bildkarten bezeichnet.
zu Aufgabe 3
Löse mithilfe einer Tabelle.
zu Aufgabe 4
Werden zwei Kugeln mit einem Griff gezogen, so ist dies gleichbedeutend mit dem zweimaligen Ziehen einer Kugel ohne Zurückzulegen und ohne Berücksichtigung der Reihenfolge.
zu Aufgabe 6
Beachte, dass alle möglichen Ergebnisse gleich wahrscheinlich sind.
zu Aufgabe 8 b)
Ein faires Spiel liegt dann vor, wenn der Erwartungswert null ist, das heißt wenn auf lange Sicht genauso viel gewonnen wie verloren wird.

Anfangszeit: ______________ **90 min** **Abgabe:** ______________

1 (2 + 2 + 2 + 3 VP)
Gib zum Ereignis das Gegenereignis an.
Nenne alle Ergebnisse des Gegenereignisses und bestimme die Wahrscheinlichkeit für das Gegenereignis:
a) Mit einem Würfel eine gerade Zahl werfen.
b) Zweimal Zahl beim Wurf mit zwei Münzen.
c) Ein rotes Bild aus einem Skatspiel ziehen.
d) Bei der Ziehung der Lottozahlen als erste Zahl eine zweistellige Zahl ziehen.

2 (2 + 3 + 2 + 3 VP)
Aus einem Skatspiel wird eine Karte gezogen. Bestimme die Wahrscheinlichkeit für folgende Ereignisse:
a) Ein Bild oder ein Ass ziehen.
b) Eine Pikkarte oder eine Dame ziehen.
c) Keinen Buben oder König ziehen.
d) Eine Herzkarte, ein Ass oder eine Zehn ziehen.

3 (1 + 2 + 3 VP)
In einem Strumpf befinden sich rote, grüne und blaue Kugeln. Es wird eine Kugel gezogen, die Farbe notiert und die Kugel dann wieder zurückgelegt. Die Wahrscheinlichkeit für das Ziehen einer roten Kugel beträgt $\frac{1}{4}$, für das Ziehen einer grünen Kugel $\frac{1}{3}$.
a) Wie groß ist die Wahrscheinlichkeit für das Ziehen einer blauen Kugel?
b) Lukas behauptet: „In dem Strumpf sind 60 Kugeln." Hat er Recht?
c) Miriam behauptet: „Es ist wahrscheinlicher, beim zweimaligen Ziehen eine rote und eine grüne Kugel zu ziehen als zwei blaue." Hat sie Recht?

4 (2 + 2 VP)
In der Tabelle ist angegeben, wie viele Jungen bzw. Mädchen einer Schule eine Brille tragen oder nicht.

	Brillenträger	kein Brillenträger
Jungen	125	225
Mädchen	138	232

a) Wie groß ist die Wahrscheinlichkeit, dass die ersten beiden Kinder, die das Schulgebäude verlassen, keine Brille tragen?
b) Wie groß ist die Wahrscheinlichkeit, dass die ersten beiden Kinder, die das Schulgebäude verlassen, Jungen sind, die beide eine Brille tragen?

5 (3 + 4 VP)
Der Cola-Automat in der Mensa ist defekt. Nach dem Geldeinwurf kommt in 80 % aller Fälle ein Becher, in 8 % aller Fälle kommt ein Becher, jedoch keine Cola, in 2 % aller Fälle kommen weder Becher noch Cola. Die Wahrscheinlichkeit, ob Cola kommt oder nicht, ist immer gleich, unabhängig davon, ob ein Becher gekommen ist oder nicht.
a) Zeichne ein Baumdiagramm.
b) Berechne die Wahrscheinlichkeit für folgende Ereignisse:
- Es kommt kein Becher.
- Es kommt keine Cola.
- Es kommt kein Becher, aber Cola.
- Es kommt ein Becher und Cola.

6 (4 VP)
In einem Hut befinden sich drei Karten. Eine Karte ist auf beiden Seiten rot, eine andere auf beiden Seiten schwarz und die dritte Karte ist auf einer Seite rot und auf der anderen Seite schwarz. Es wird eine Karte gezogen und die Vorderseite gezeigt. Die Farbe der Rückseite soll erraten werden. Welche Farbe soll man nennen?

7 (4 VP)
Um den Jackpot beim Lotto zu knacken, muss man alle sechs Zahlen richtig angekreuzt und darüber hinaus noch die Superzahl richtig haben. Die Superzahl ist eine Zahl von 0 bis 9, die auf dem Lottoschein aufgedruckt ist.
Herr Münstermann möchte seine Chance, den Jackpot zu knacken, erhöhen. Deswegen will er zehn Tipps abgeben.
Was ist besser: zehn verschiedene Tipps mit der gleichen Superzahl oder zehn gleiche Tipps mit den Superzahlen von 0 bis 9 abzugeben?
Begründe deine Entscheidung ausführlich.

8* (4 VP)
Die unvollständige Tabelle gibt die Wahrscheinlichkeiten an, mit denen gewonnen bzw. verloren wird. Der Erwartungswert des Spiels beträgt −0,50€.

Gewinn (+)/Verlust (−)	−2€		+1€	+2€	+3€
Wahrscheinlichkeit	$\frac{1}{3}$	$\frac{1}{4}$	$\frac{1}{6}$	$\frac{1}{8}$	

Vervollständige die Tabelle.

Lerntipps

zu Aufgabe 1
Alle ungünstigen Ergebnisse bilden das Gegenereignis.
zu Aufgabe 2 b)
Beachte, dass das Ergebnis „eine Pikdame ziehen“ sowohl zum Ereignis „eine Pikkarte ziehen“ als auch zum Ereignis „eine Dame ziehen“ gehört.
zu Aufgabe 2 d)
Beachte, dass die beiden Ergebnisse „ein Herzass ziehen“ und „eine Herzzehn ziehen“ sowohl zum Ereignis „eine Herzkarte ziehen“ als auch zum Ereignis „ein Ass ziehen“ bzw. „eine Zehn ziehen“ gehört.
zu Aufgabe 4
Bestimme zuerst die Gesamtzahl der Schülerinnen und Schüler.
zu Aufgabe 8
Bestimme zuerst die fehlende Wahrscheinlichkeit. Beachte dabei, dass das sichere Ereignis (alle möglichen Ergebnisse sind auch günstig) immer 1 ist.

Klassenarbeit 2.3

Anfangszeit: ______________ **90 min** **Abgabe:** ______________

1 (2 + 1 + 1 + 1 VP)
Wie groß ist die Wahrscheinlichkeit?
a) Höchstens fünf richtige Zahlen im Lotto. Es gibt 13 983 816 mögliche Ergebnisse.
b) Die Zahl 0 erscheint beim Roulettespiel nicht.
c) Aus einem Skatspiel wird der Herzbube nicht gezogen.
d) Mit zwei Würfeln wird kein Pasch geworfen.

2 (1 + 1 + 3 VP)
Bei einem Glücksrad beträgt die Wahrscheinlichkeit
a) Rot oder Gelb zu erhalten $\frac{3}{8}$. Die Wahrscheinlichkeit für Gelb beträgt $\frac{1}{3}$. Berechne die Wahrscheinlichkeit für Rot.
b) Blau oder Weiß zu erhalten 74 %. Die Wahrscheinlichkeit für Weiß beträgt 22 %. Berechne die Wahrscheinlichkeit für Blau.
c) Blau oder Rot zu erhalten 55 %, Rot oder Gelb zu erhalten 35 % und Blau oder Gelb zu erhalten 60 %. Wie groß ist die Wahrscheinlichkeit die noch verbliebene Farbe Weiß zu erhalten?

3 (2 + 2 + 2 + 2 VP)
Die Wahrscheinlichkeit, dass ein Kind Linkshänder ist, beträgt nach neuesten Schätzungen ungefähr 20 %.
Bestimme für eine Familie mit zwei Kindern die Wahrscheinlichkeit folgender Ereignisse.
a) Die beiden Kinder der Familie sind Linkshänder.
b) Die Familie hat höchstens ein Kind, welches Linkshänder ist.
c) Die Familie hat mindestens ein Kind, welches Linkshänder ist.
d) Das erste Kind ist ein Linkshänder, das zweite Kind jedoch nicht.

4 (2 + 2 + 2 + 2 VP)
Ein roter und ein grüner Würfel werden gleichzeitig geworfen. Die auftretenden Augenzahlpaare (Rot/Grün) werden durch Punkte im Koordinatensystem festgehalten. Die Abbildungen beschreiben drei verschiedene Ereignisse A, B und C.

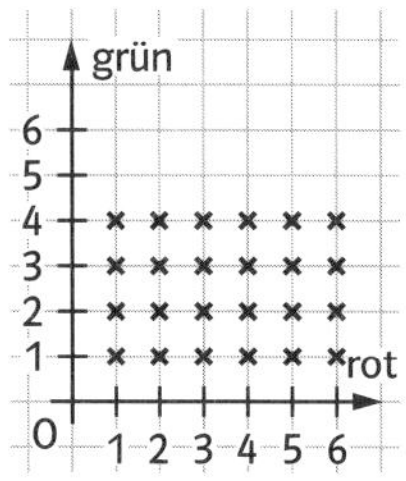

Ergebnis A

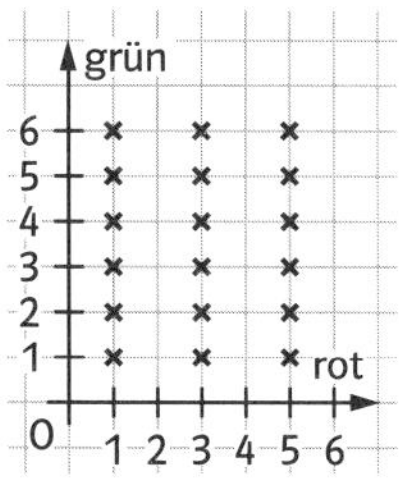

Ergebnis B

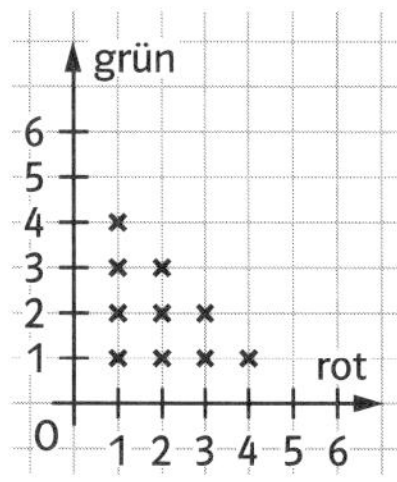

Ergebnis C

a) Beschreibe in Worten die Ereignisse A, B und C.
b) Bestimme die Wahrscheinlichkeiten für die Ereignisse A, B und C.
c) Zeichne in einem Koordinatensystem das Ereignis „der grüne Würfel zeigt eine gerade, der rote Würfel eine ungerade Zahl".
d) Bestimme die Wahrscheinlichkeit für das in Teilaufgabe c) beschriebene Ereignis.

5 (2 + 2 + 2 + 2 VP)
In einem Strumpf befinden sich vier rote und drei grüne Kugeln. Es werden zwei Kugeln nacheinander und ohne Zurücklegen gezogen.
Berechne die Wahrscheinlichkeiten der folgenden Ereignisse mithilfe eines Baumdiagramms.
a) Beide Kugeln sind rot.
b) Die erste gezogene Kugel ist rot, die zweite grün.
c) Die zweite gezogene Kugel ist rot.
d) Es wird mindestens eine grüne Kugel gezogen.

6 (4 VP)
Ein Reißnagel wird zweimal geworfen.
Vervollständige das Baumdiagramm.

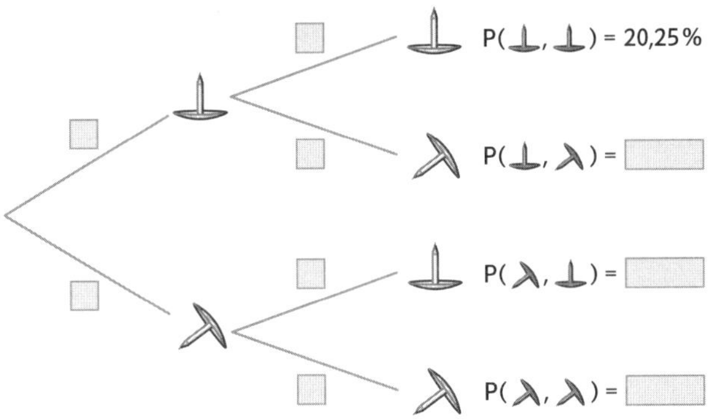

7 (2 + 2 VP)
Die Wahrscheinlichkeit, an einer bestimmten Allergie zu leiden, beträgt 1‰. Bei einer Reihenuntersuchung beträgt die Wahrscheinlichkeit, eine richtige Diagnose zu stellen, 98%.
a) Wie groß ist die Wahrscheinlichkeit, dass ein Teilnehmer als krank bezeichnet wird, obwohl er gesund ist?
b) Es werden 1000000 Menschen untersucht. Wie viele gesunde Menschen werden als krank diagnostiziert?

8* (3 + 3 VP)
Der Einsatz bei einem Glückspielautomaten beträgt 1,00€.

Wenn beide Räder die gleiche Zahl anzeigen, dann wird der entsprechende Betrag als Gewinn ausgezahlt. Bei der Anzeige (1; 1) wird 1€, bei der Anzeige (2; 2) werden 2€ usw. ausgezahlt. In allen anderen Fällen gibt es keine Auszahlung an den Spieler.
a) Bestimme den Erwartungswert für den Spieler.
b) Um das Spiel für den Spieler erfolgversprechender zu machen, wird auf dem rechten Rad eine „1“ durch eine „4“ ersetzt. Wird der Erwartungswert für den Spieler dadurch wirklich besser?

Anfangszeit: ____________ **90 min** **Abgabe:** ____________

1 (2 + 2 + 2 VP)
Bei einem Zufallsversuch sind alle Ergebnisse gleich wahrscheinlich. Die Wahrscheinlichkeit eines bestimmten Ereignisses dieses Zufallsversuchs beträgt 32 %.
a) Wie viele mögliche Ergebnisse muss dieser Zufallsversuch mindestens haben? Wie viele günstige Ergebnisse hat dann das Ereignis?
b) Wie viele mögliche Ergebnisse hat der Zufallsversuch, wenn das Ereignis 48 günstige Ergebnisse hat?
c) Wie viele günstige Ergebnisse hat der Zufallsversuch, wenn das Gegenereignis 408 Ergebnisse hat?

2 (1 + 2 + 2 + 2 VP)
In einem Aquarium befinden sich 15 Platys und fünf Guppys. Die Wahrscheinlichkeit, mit dem Käscher einen Fisch zu fangen, ist für alle Fische gleich groß. Es wird genau ein Fisch gefangen.
a) Bestimme P(Platy) und P(Guppy).
b) Wie viele Neons müssen hinzugefügt werden, damit P(Platy) = 60 % gilt? Könnte man statt der Neons auch Guppys hinzufügen?
c) Wie viele Platys müssen herausgenommen werden, damit P(Guppy) = $\frac{1}{3}$ gilt?
d) Wie viele Neons müssen hinzugefügt werden, damit (Platy oder Guppy) = 0,4 gilt?

3 (1 + 1 + 1 + 1 + 1 VP)
Auf einem Spielfeld steht die Spielfigur von Tobias drei Felder hinter der Spielfigur von Maike. Zuerst würfelt Maike, anschließend Tobias. Bestimme mithilfe einer Tabelle die Wahrscheinlichkeit für folgende Ereignisse.
a) Tobias schlägt Maike.
b) Tobias überholt Maike.
c) Der Abstand zwischen Tobias und Maike bleibt gleich groß.
d) Der Abstand zwischen Tobias und Maike vergrößert sich.
e) Der Abstand zwischen Tobias und Maike verkleinert sich, aber Maike wird nicht überholt.

4 (2 + 3 VP)
In einer Tüte befinden sich rote und goldene Gummibärchen. Es werden zwei Gummibärchen mit einem Griff gezogen. Die Wahrscheinlichkeit, zwei rote Gummibärchen zu ziehen, beträgt $\frac{3}{95}$, die Wahrscheinlichkeit für zwei goldene Gummibärchen beträgt $\frac{12}{19}$.
a) Wie groß ist die Wahrscheinlichkeit, genau ein rotes und ein goldenes Gummibärchen zu ziehen?
b) In der Tüte befinden sich insgesamt 20 Gummibärchen. Wie viele rote Gummibärchen enthält die Tüte?

5 (3 + 4 VP)
In einem Buchstabenspiel befinden sich unter 200 Buchstaben 50-mal ein „e“ und 10-mal ein „F“.
a) Wie groß ist die Wahrscheinlichkeit, das Wort „Fee“ mit einem Griff zu ziehen?
b) Wie groß ist die Wahrscheinlichkeit, das Wort „Fee“ zu erhalten, wenn die drei Buchstaben nacheinander gezogen werden und nicht umsortiert werden dürfen? Ist es dabei besser, den gezogenen Buchstaben zu behalten oder nur zu notieren und ihn dann wieder zurückzulegen?

6 (2 + 2 + 3 VP)
Beim Torwandschießen hat Nina eine Trefferwahrscheinlichkeit von 50 %, Marvin von 30 %. Jeder hat zwei Schuss.
a) Wie groß ist die Wahrscheinlichkeit, dass beide zusammen 0, 1, 2, 3 oder 4 Treffer haben?
b) Wie groß ist die Wahrscheinlichkeit, dass Nina nicht trifft und Marvin mindestens einmal?
c) Das Spiel soll mit einem Urnenmodell simuliert werden. Wie muss man vorgehen? Beschreibe ausführlich.

7* (4 VP)
Auf dem Schulfest soll für den Förderverein der Schule gesammelt werden. Dazu veranstaltet die Klasse 9 b ein Glücksspiel. In der Tabelle sind die möglichen Gewinne und deren Wahrscheinlichkeit eingetragen. Wie hoch muss der Spieleinsatz sein, damit im Mittel pro Spiel 2 € für den Förderverein eingenommen werden?

Gewinn	20 €	15 €	10 €	5 €
Wahrscheinlichkeit	0,5 %	2 %	5 %	12 %

8 (3 + 2 + 2 VP)
Bei einem Geschicklichkeitsspiel gewinnt Andrea gegen Kai erfahrungsgemäß mit einer Wahrscheinlichkeit P_A. Wer als Erster zweimal gewonnen hat, hat das ganze Spiel gewonnen.
a) Weise nach, dass Andrea mit der Wahrscheinlichkeit $P = 3 \cdot P_A^2 - 2 \cdot P_A^3$ das Spiel gewinnt.
b) Angenommen Andrea und Kai sind gleich geschickt. Trifft es dann zu, dass jeder mit der gleichen Wahrscheinlichkeit gewinnt?
c) Andrea hat eine Gewinnchance von $P_A = 70\,\%$. Bei welcher Spielregel hat Andrea die größte Gewinnchance?
- Es wird genau einmal gespielt.
- Es wird genau dreimal gespielt. Gewonnen hat derjenige, der zwei Spiele für sich entscheiden konnte.
- Es wird so lange gespielt, bis jemand zweimal gewonnen hat.

Bemerkung zur Schreibweise
Beachte, dass die Wahrscheinlichkeit eines Ergebnisses oder eines Ereignisses als Bruch, Dezimalbruch oder in Prozentschreibweise angegeben werden kann.

Pinboard – Zufall und Wahrscheinlichkeit

1
a) P(Zahl 1 zweimal) = $\frac{1}{36}$ ≈ 0,0278 = 2,78 %

b) P(Zahl 1 mindestens einmal) = $\frac{11}{36}$ ≈ 0,3056 = 30,56 %

c) P(Zahl 1 genau einmal) = $\frac{10}{36}$ ≈ 0,2778 = 27,78 %

d) P(keine 1) = $\frac{25}{36}$ ≈ 0,6944 = 69,44 %

e) P(erst die Zahl 1, dann die Zahl 3) = $\frac{1}{36}$ ≈ 0,0278 = 2,78 %

f) P(Zahl 4 mindestens einmal) = $\frac{0}{36}$ = 0

2
P(Augensumme kleiner als 6) = $\frac{10}{36}$ ≈ 0,2778 = 27,78 %

3
P(1) = $\frac{4}{13}$ ≈ 0,3077 = 30,77 %
P(2) = P(3) = P(4) = P(5) = $\frac{2}{13}$ ≈ 0,1538 = 15,38 %
P(6) = $\frac{1}{13}$ ≈ 0,0769 = 7,96 %
Erwartungswert = $\frac{38}{13}$ ≈ 2,923

Klassenarbeit 2.1

1 (3 + 3 VP)
Wir bezeichnen Karo mit Ka, Herz mit H, Pik mit P und Kreuz mit Kr. Die Bilder Bube, Dame, König mit B, D, K und das Ass mit A.
Von jeder Farbe gibt es acht Karten (7, 8, 9, 10, Bube, Dame, König, Ass). Somit besteht ein Skatspiel aus 4 · 8 = 32 Karten.

a) Die günstigen Ergebnisse und die Wahrscheinlichkeit für das Ereignis, aus einem Skatspiel

- eine Herzkarte zu ziehen:
  H7, H8, H9, H10, HB, HD, HK, HA
  P(Herzkarte) = $\frac{8}{32} = \frac{1}{4}$ = 0,25 = 25 %
- eine schwarze Karte zu ziehen:
  P7, P8, P9, P10, PB, PD, PK, PA
  Kr7, Kr8, Kr9, Kr10, KrB, KrD, KrK, KrA
  P(schwarze Karte) = $\frac{16}{32} = \frac{1}{2}$ = 0,5 = 50 %
- ein Bild zu ziehen:
  KaB, KaD, KaK, HB, HD, HK, PB, PD, PK, KrB, KrD, KrK
  P(Bildkarte) = $\frac{12}{32} = \frac{3}{8}$ = 0,375 = 37,5 %
- ein rotes Ass zu ziehen:
  KaA, HA
  P(rotes Ass) = $\frac{2}{32} = \frac{1}{16}$ = 0,0625 = 6,25 %

b) Die günstigen Ergebnisse und die Wahrscheinlichkeit für das Ereignis, mit zwei Würfeln

- eine Augensumme größer als sechs zu werfen:
  Eine Tabelle, in der die Augensumme aufgeführt ist, hilft, die günstigen Ergebnisse für diese und die nächsten Teilaufgaben zu finden.

	1	2	3	4	5	6
1	2	3	4	5	6	7
2	3	4	5	6	7	8
3	4	5	6	7	8	9
4	5	6	7	8	9	10
5	6	7	8	9	10	11
6	7	8	9	10	11	12

  (1; 6), (2; 6), (3; 6), (4; 6), (5; 6), (6; 6),
  (2; 5), (3; 5), (4; 5), (5; 5), (6; 5),
  (3; 4), (4; 4), (5; 4), (6; 4),
  (4; 3), (5; 3), (6; 3),
  (5; 2), (6; 3),
  (6; 1)
  P(Augensumme größer als 6) = $\frac{21}{36} = \frac{7}{12}$ ≈ 0,5833 = 58,33 %
- eine durch drei teilbare Augensumme zu werfen:
  (1; 2), (1; 5), (2; 1), (2; 4), (3; 3), (3; 6), (4; 2), (4; 5), (5; 1), (5; 4), (6; 3), (6; 6)
  P(Augensumme durch drei teilbar) = $\frac{12}{36} = \frac{1}{3}$ ≈ 0, 3333 = 33, 33 %
- einen Pasch zu werfen:
  (1; 1), (2; 2), (3; 3), (4; 4), (5; 5), (6; 6)
  P(Pasch) = $\frac{6}{36} = \frac{1}{6}$ ≈ 0, 1667 = 16, 67 %
- zwei aufeinander folgende Zahlen zu werfen:
  (1; 2), (2; 3), (3; 4), (4; 5), (5; 6)
  P(zwei aufeinander folgende Zahlen) = $\frac{5}{36}$ ≈ 0,1389 = 13,89 %

2 (1 + 2 + 2 VP)

Bei dieser Aufgabe muss man sich entscheiden, ob man die Wahrscheinlichkeit für die einzelnen Ereignisse in Bruchschreibweise, Dezimalbruchschreibweise oder Prozentschreibweise angibt.

a) Die Wahrscheinlichkeiten für die drei Ereignisse gelbes Feld, rotes Feld oder grünes Feld sind bekannt.

$P(\text{Gelb}) = 40\,\% = 0{,}4 = \frac{2}{5}$

$P(\text{Rot}) = \frac{1}{4} = 0{,}25 = 25\,\%$

$P(\text{Grün}) = 30\,\% = 0{,}3 = \frac{3}{10}$

a) Da alle vier Ergebnisse zusammen das sichere Ereignis mit der Wahrscheinlichkeit 1 = 100 % darstellen, gilt:

$P(\text{Blau}) + P(\text{Gelb}) + P(\text{Rot}) + P(\text{Grün}) = 1$

$p(\text{Blau}) = 1 - (P(\text{Gelb}) + P(\text{Rot}) + P(\text{Grün})$

$= 1 - \left(\frac{2}{5} + \frac{1}{4} + \frac{3}{10}\right) = 1 - \frac{10}{20} = \frac{1}{20}$

Alternative – rechnen mit Dezimalbrüchen:

$P(\text{Blau}) = 1 - (0{,}4 + 0{,}25 + 0{,}3) = 1 - 0{,}95 = 0{,}05$

Alternative – rechnen mit Prozenten:

$P(\text{Blau}) = 100\,\% - (10\,\% + 25\,\% + 30\,\%)$

$= 100\,\% - 95\,\% = 5\,\%$

b) $P(\text{Gelb oder Blau}) = P(\text{Gelb}) + P(\text{Blau})$

$= \frac{2}{5} + \frac{3}{10} + \frac{1}{20} = \frac{9}{20}$

c) $P(\text{nicht Rot}) = P(\text{Gelb}) + P(\text{Grün}) + P(\text{Blau})$

$= \frac{2}{5} + \frac{3}{10} + \frac{1}{20} = \frac{3}{4}$

Alternative

$P(\text{nicht Rot}) = 1 - P(\text{Rot}) = 1 - \frac{1}{4} = \frac{3}{4}$

3 (2 + 2 + 2 + 2 VP)

Die acht Sektoren des Glücksrades sind gleich groß. Daher sind die Wahrscheinlichkeiten für das Auftreten der Ziffern 1 bis 8 bei jeder Drehung gleich.

$P(1) = P(2) = P(3) = P(4) = P(5) = P(6) = P(7) = P(8)$

$= \frac{1}{8}$

Das Glücksrad wird zweimal gedreht. Insgesamt gibt es 8 × 8 = 64 mögliche Ergebnisse. Die Wahrscheinlichkeit für ein mögliches Ergebnis ist demnach $\frac{1}{64}$.

a) Die Zahlen 1 und 4 sind Quadratzahlen. Die günstigen Ergebnisse sind (1, 1), (1, 4), (4, 1) und (4, 4)

$P(\text{zwei Quadratzahlen}) = \frac{4}{64} = \frac{1}{16} = 0{,}0625$

$= 6{,}25\,\%$

b) Die günstigen Ergebnisse sind

(1; 1), (1; 3), (1; 5), (1; 7),

(3; 1), (3; 3), (3; 5), (3; 7),

(5; 1), (5; 3), (5; 5), (5; 7),

(7; 1), (7; 3), (7; 5), (7; 7)

$P(\text{zweimal eine ungerade Zahl}) = \frac{16}{64} = \frac{1}{4} = 0{,}25$

$= 25\,\%$

c) Die günstigen Ergebnisse sind

(2; 1), (2; 4), (4; 1), (4; 4), (6; 1), (6; 4), (8; 1), (8; 4)

$P(\text{erst gerade Zahl, dann Quadratzahl}) = \frac{8}{64} = \frac{1}{8}$

$= 0{,}125 = 12{,}5\,\%$

d) Zahlen größer als drei und kleiner als sieben:

4; 5; 6

Die günstigen Ergebnisse sind:

(4; 4), (4; 5), (4; 6)

(5; 4), (5; 5), (5; 6)

(6; 4), (6; 5), (6; 6)

P (zweimal eine Zahl, die größer als drei und kleiner als sieben ist) $= \frac{9}{64} = 0{,}140\,625 \approx 14{,}06\,\%$

4 (2 + 3 VP)

Werden die Kugeln mit einem Griff gezogen, so entspricht dies dem Zufallsversuch „Ziehen ohne Zurücklegen, ohne Berücksichtigung der Reihenfolge".

a) Ein Baumdiagramm hilft, die Lösung zu finden.

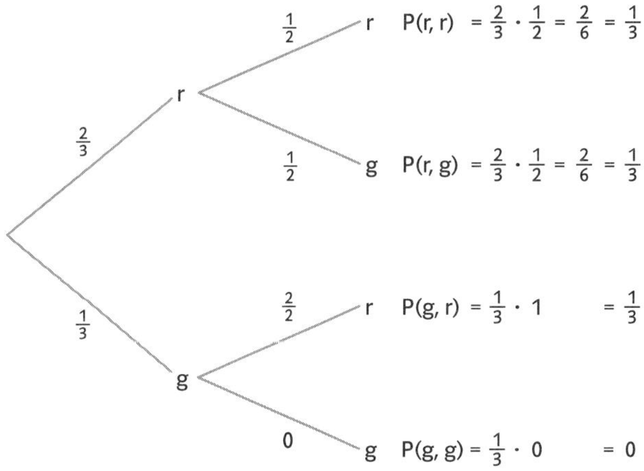

Nach der Summenregel gilt:

$P(\text{zwei Kugeln gleicher Farbe}) = \frac{1}{3}$

$P(\text{zwei Kugeln ungleicher Farbe}) = \frac{1}{3} + \frac{1}{3} = \frac{2}{3}$

b) Es muss noch eine rote Kugel hinzugefügt werden. Das Baumdiagramm macht dies deutlich.

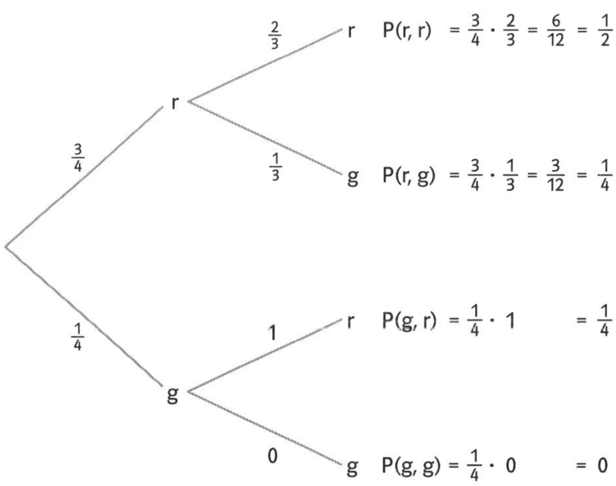

$P(\text{zwei Kugeln gleicher Farbe}) = \frac{1}{2}$

$P(\text{zwei Kugeln ungleicher Farbe}) = \frac{1}{4} + \frac{1}{4} = \frac{1}{2}$

5 (2 + 2 + 2 + 2 VP)
a) Baumdiagramm
N steht für Niete, T für Trostpreis und H für Hauptgewinn.

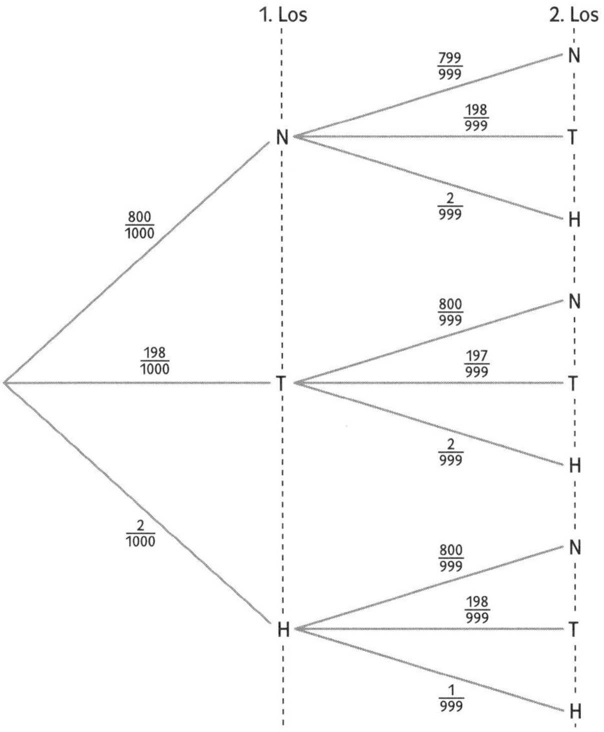

b) Wahrscheinlichkeit für zwei Nieten:
P(zwei Nieten) $= \frac{800}{1000} \cdot \frac{799}{999} = \frac{639\,200}{999\,000} \approx 0{,}6398$
$= 63{,}98\,\%$

c) Wahrscheinlichkeit für einen Trostpreis, aber kein Hauptgewinn:
P(mindestens ein Trostpreis, aber kein Hauptgewinn) $= \frac{800}{1000} \cdot \frac{198}{999} + \frac{198}{1000} \cdot \frac{800}{999} + \frac{198}{1000} \cdot \frac{197}{999} = \frac{355\,806}{999\,000}$
$\approx 0{,}3562 = 35{,}62\,\%$

d) Wahrscheinlichkeit für keinen Trostpreis:
P(kein Trostpreis) =
$\frac{800}{1000} \cdot \frac{799}{999} + \frac{800}{1000} \cdot \frac{2}{999} + \frac{2}{1000} \cdot \frac{800}{999} + \frac{2}{1000} \cdot \frac{1}{999}$
$= \frac{642\,402}{999\,000} \approx 0{,}6430 = 64{,}30\,\%$

6 (2 + 2 + 2 + 2 VP)
Der Zufallsversuch hat 36 mögliche Ergebnisse.
a) Spielregel:
Von der größeren Augenzahl wird die kleinere Augenzahl abgezogen. Sind beide Augenzahlen gleich groß, so ist das Ergebnis null.

b) Wahrscheinlichkeit für einen Wert größer als drei:
Größer als drei sind die Zahlen vier und fünf:
Günstige Ergebnisse: (1; 5), (1; 6), (2; 6), (5; 1), (6; 1) und (6; 2).
P(Wert größer 3) $= \frac{6}{36} = \frac{1}{6} \approx 0{,}1667 = 16{,}67\,\%$

c) Wahrscheinlichkeit für den Wert null oder fünf:
Günstige Ergebnisse: (1; 1), (2; 2), (3; 3), (4; 4), (5; 5), (6; 6), (1; 6) und (6; 1).
P(0 oder 5) $= \frac{8}{36} = \frac{2}{9} \approx 0{,}2222 = 22{,}22\,\%$

d) Da $\frac{1}{9} = \frac{4}{36}$ ist, wird ein Wert gesucht, der genau viermal vorkommt. Dies ist der Wert vier mit den günstigen Ergebnissen (1; 5), (2; 6), (5; 1) und (6; 2). Somit gilt $P(4) = \frac{1}{9}$.

7 (2 VP)
Es gibt 13 983 816 mögliche Ergebnisse. Für jedes Ergebnis muss eine Latte von 2 cm aufgestellt werden. Die Strecke muss somit 13 983 816 · 2 cm = 27 967 632 cm ≈ 279,676 km lang sein.
Wenn man auch zulässt, dass der Ball den Stab nur streift, muss man die Zahl der möglichen Ergebnisse nicht mit 2 cm, sondern mit dem Balldurchmesser multiplizieren. Die Strecke wird dann um ein Vielfaches länger.

8* (3 + 3 VP)
Die Wurfergebnisse 1 bis 6 treten alle mit der gleichen Wahrscheinlichkeit $\frac{1}{6}$ auf.
a) Erwartungswert für Gewinnplan 1:
$E_1 = \frac{1}{6} \cdot 10\,ct + \frac{1}{6} \cdot 2\,ct + \frac{1}{6} \cdot (-3\,ct) + \frac{1}{6} \cdot (-4\,ct) + \frac{1}{6} \cdot (-5\,ct) + \frac{1}{6} \cdot (-6\,ct)$
$= \frac{1}{6} \cdot (10\,ct + 2\,ct - 3\,ct - 4\,ct - 5\,ct - 6\,ct)$
$= \frac{1}{6} \cdot (-6\,ct) = -1\,ct$
Erwartungswert für Gewinnplan 2:
$E_2 = \frac{1}{6} \cdot (-3\,ct) + \frac{1}{6} \cdot (-3\,ct) + \frac{1}{6} \cdot 6\,ct + \frac{1}{6} \cdot 6\,ct + \frac{1}{6} \cdot (-3\,ct) + \frac{1}{6} \cdot (-3\,ct)$
$= \frac{1}{6} \cdot (-3\,ct - 3\,ct + 6\,ct + 6\,ct - 3\,ct - 3\,ct)$
$= \frac{1}{6} \cdot 0\,ct = 0\,ct$
Erwartungswert für Gewinnplan 3:
$E_3 = \frac{1}{6} \cdot 12\,ct + \frac{1}{6} \cdot (-5\,ct) + \frac{1}{6} \cdot (-4\,ct) + \frac{1}{6} \cdot (-4\,ct) + \frac{1}{6} \cdot (-5\,ct) + \frac{1}{6} \cdot 12\,ct$
$= \frac{1}{6} \cdot (12\,ct - 5\,ct - 4\,ct - 4\,ct - 5\,ct + 12\,ct)$
$= \frac{1}{6} \cdot 6\,ct = 1\,ct$
Man entscheidet sich am besten für den dritten Gewinnplan, bei dem auf lange Sicht pro Spiel 1 ct gewonnen wird. Der Gewinnplan 2 ist fair und bei Gewinnplan 1 verliert man auf lange Sicht pro Spiel 1 ct.

b) Im Gewinnplan 3 soll für das Werfen einer Eins der Gewinn so verändert werden, dass der Erwartungswert 0 wird.
Der neue Gewinn sei g. Dann muss gelten:
$E_3 = 0 = \frac{1}{6} \cdot g + \frac{1}{6} \cdot (-5\,ct) + \frac{1}{6} \cdot (-4\,ct) + \frac{1}{6} \cdot (-4\,ct)$
$+ \frac{1}{6} \cdot (-5\,ct) + \frac{1}{6} \cdot 12\,ct$
$0 = \frac{1}{6} \cdot (g - 5\,ct - 4\,ct - 4\,ct - 5\,ct + 12\,ct)$
$0 = \frac{1}{6}(g - 6\,ct)$
$0 = \frac{1}{6}g - 1\,ct$
$\frac{1}{6}g = 1\,ct$
$g = 6\,ct$
Werden bei dem Werfen einer Eins statt 12 ct nur 6 ct gewonnen, so ist das Spiel fair und der Erwartungswert 0.

Alternative
Der Wert Eins wird auf lange Sicht bei jedem sechsten Wurf erzielt. Bei sechs Würfen hat man aber nach dem alten Spielplan durchschnittlich 6 ct gewonnen. Deshalb muss der Gewinn beim Werfen einer Eins um 6 ct reduziert werden. Somit ergibt sich als neuer Gewinnplan beim Werfen einer Eins ein Gewinn von 12 ct − 6 ct = 6 ct.

Klassenarbeit 2.2

1 (2 + 2 + 2 + 3 VP)
a) Zum Ereignis „mit dem Würfel eine gerade Zahl werfen" lautet das Gegenereignis „mit dem Würfel eine ungerade Zahl werfen".
Die möglichen Ergebnisse dieses Gegenereignisses sind die Augenzahlen 1, 3 und 5.
P(ungerade Zahl) $= \frac{3}{6} = \frac{1}{2} = 0{,}5 = 50\,\%$
Alternative
P(ungerade Zahl) = 1 − P(gerade Zahl) $= 1 - \frac{3}{6} = \frac{3}{6} = \frac{1}{2}$

b) Zum Ereignis „zweimal Zahl bei einem Wurf mit zwei Münzen" lautet das Gegenereignis „höchstens einmal Zahl bei einem Wurf mit zwei Münzen".
Die möglichen Ergebnisse dieses Gegenereignisses sind die Paare (Wappen, Wappen), (Wappen, Zahl), (Zahl, Wappen).
P(höchstens einmal Zahl) $= \frac{3}{4} = 0{,}75 = 75\,\%$
Alternative
P(höchstens einmal Zahl) = 1 − P(zweimal Zahl)
$= 1 - \frac{1}{4} = \frac{3}{4}$

c) Zum Ereignis „ein rotes Bild aus einem Skatspiel ziehen" lautet das Gegenereignis „kein rotes Bild aus eine Skatspiel ziehen".
Die möglichen Ergebnisse dieses Gegenereignisses sind die Karten Ka 7, Ka 8, Ka 9, Ka 10, KaA, H 7, H 8, H 9, H 10, HA, P 7, P 8, P 9, P 10, PB, PD, PK, PA, Kr 7, Kr 8, Kr 9, Kr 10, KrB, KrD, KrK und KrA.
P(kein rotes Bild) $= \frac{26}{32} = 0{,}8125 = 81{,}25\,\%$
Alternative
P(kein rotes Bild) = 1 − P(rotes Bild) $= 1 - \frac{6}{32} = \frac{26}{32}$
d) Zum Ereignis „bei der Ziehung der Lottozahlen als erste Zahl eine zweistellige Zahl zu ziehen" lautet das Gegenereignis „bei der Ziehung der Lottozahlen als erste Zahl eine einstellige Zahl ziehen".
Die möglichen Ergebnisse dieses Gegenereignisses sind die Zahlen 1, 2, 3, 4, 5, 6, 7, 8 und 9.
P(einstellige Zahl) $= \frac{9}{49} \approx 0{,}1837 = 18{,}37\,\%$
Alternative
P(einstellige Zahl) = 1 − P(zweiziffrige Zahl)
$= 1 - \frac{40}{49} = \frac{9}{49}$

2 (2 + 3 + 2 + 3 VP)
a) Ein Bild oder ein Ass ziehen:
In einem Skatspiel gibt es 12 Bilder und vier Asse.
P(ein Bild oder ein Ass)
= P(ein Bild) + P(Ass) $= \frac{12}{36} + \frac{4}{36} = \frac{16}{36} = \frac{1}{2} = 0{,}5 = 50\,\%$
b) In einem Skatspiel gibt es acht Pikkarten und drei weitere Damen (Karo, Herz und Kreuz). Insgesamt gibt es also 8 + 3 = 11 günstige Ergebnisse.
P(Pikkarte oder Dame) $= \frac{11}{32} \approx 0{,}3438 = 34{,}38\,\%$
Alternative
P(Pikkarte oder Dame)
= P(Pik) + P(Damen) − P(Pikdame) $= \frac{8}{32} + \frac{4}{32} - \frac{1}{32}$
$= \frac{11}{32}$
c) In einem Skatspiel gibt es vier Könige und vier Buben. Somit gibt es 32 − 8 = 24 Karten, die weder Bube noch König sind.
P(kein König oder Bube) $= \frac{24}{32} = \frac{3}{4} = 0{,}75 = 75\,\%$
Alternative
P(kein Bube oder König) = 1 − P(Bube oder König)
= 1 − (P(Bube) + P(König)) $= 1 - \left(\frac{4}{32} + \frac{4}{32}\right) = 1 - \frac{8}{32} = \frac{24}{32}$

d) In einem Skatspiel gibt es acht Herzkarten, drei weitere Asse (Karo, Pik und Kreuz) und drei weitere Zehnen (Karo, Pik und Kreuz). Insgesamt gibt es also $8 + 3 + 3 = 14$ günstige Ergebnisse.

P(Herz oder Ass oder Zehn) $= \frac{14}{32} = \frac{7}{16} = 0{,}4375$
$= 43{,}75\,\%$

Alternative

P(Herz oder Ass oder Zehn) = P(Herz) + P(Ass) + P(Zehn) − P(Herzass) − P(Herzzehn)
$= \frac{8}{32} + \frac{4}{32} + \frac{4}{32} - \frac{1}{32} - \frac{1}{32} = \frac{14}{32}$

3 (1 + 2 + 3 VP)

a) Die Wahrscheinlichkeit für die beiden Ereignisse „rote Kugel" bzw. „grüne Kugel" sind bekannt.

$P(\text{Rot}) = \frac{1}{4}$, $P(\text{Grün}) = \frac{1}{3}$

Da die drei Ereignisse „rote Kugel", „grüne Kugel" und „blaue Kugel" zusammen das sichere Ereignis mit der Wahrscheinlichkeit 1 darstellen, gilt:

$P(\text{Rot}) + P(\text{Grün}) + P(\text{Blau}) = 1$

$P(\text{Blau}) = 1 - P(\text{Rot}) - P(\text{Grün}) = 1 - \frac{1}{4} - \frac{1}{3} = \frac{5}{12}$

b) Lukas hat nicht Recht. Im Strumpf müssen sich insgesamt mindestens 12 Kugeln befinden, damit eine blaue Kugel mit der Wahrscheinlichkeit $\frac{5}{12}$ gezogen werden kann. Die Farben verteilen sich dann wie folgt: drei rote, vier grüne und fünf blaue Kugeln. Für jedes Vielfache dieser Verteilung gelten die gleichen Wahrscheinlichkeiten. Zum Beispiel bei $5 \cdot 12 = 60$ Kugeln verteilen sich die Farben wie folgt. $5 \cdot 3 = 15$ rote, $5 \cdot 4 = 20$ grüne und $5 \cdot 5 = 25$ blaue Kugeln.

c) Die Behauptung kann mit einem verkürzten Baumdiagramm überprüft werden.

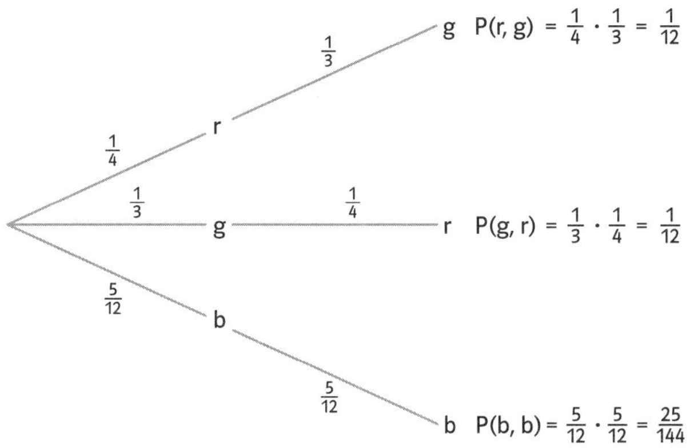

P(einmal Rot, einmal Grün) $= \frac{1}{12} + \frac{1}{12} = \frac{2}{12} = \frac{24}{144}$

P(zweimal Blau) $= \frac{25}{144}$

Da $\frac{24}{144} < \frac{25}{144}$ gilt, ist die Wahrscheinlichkeit, eine rote und eine grüne Kugel zu ziehen, kleiner als die Wahrscheinlichkeit, zwei blaue Kugeln zu ziehen. Miriam hat also nicht Recht.

4 (2 + 2 VP)

Aus der Tabelle kann die Gesamtschülerzahl und somit die Anzahl der möglichen Ergebnisse ermittelt werden.

Insgesamt besuchen $125 + 138 + 225 + 232 = 720$ Kinder die Schule.

Werden die ersten beiden Kinder, die das Schulgebäude verlassen, beobachtet, so liegt der Zufallsversuch „Ziehen ohne Berücksichtigung der Reihenfolge, ohne Zurücklegen" vor.

a) Es gibt in der Schule $225 + 232 = 457$ Kinder, die keine Brille tragen.

P(zwei Kinder tragen keine Brille) $= \frac{457}{720} \cdot \frac{456}{719} = \frac{208\,392}{517\,680}$
$\approx 0{,}4025 = 40{,}25\,\%$

b) Es gibt 125 Jungen, die eine Brille tragen.

P(Zwei Jungen, die eine Brille tragen) $= \frac{125}{720} \cdot \frac{124}{719}$
$= \frac{15\,500}{517\,680} \approx 0{,}0299 = 2{,}99\,\%$

5 (3 + 4 VP)

a) Baumdiagramm

Im Baumdiagramm bedeutet B, dass ein Becher gekommen ist und $\overline{B}$, dass kein Becher gekommen ist. C bedeutet, dass Cola gekommen ist und $\overline{C}$, dass keine Cola gekommen ist.

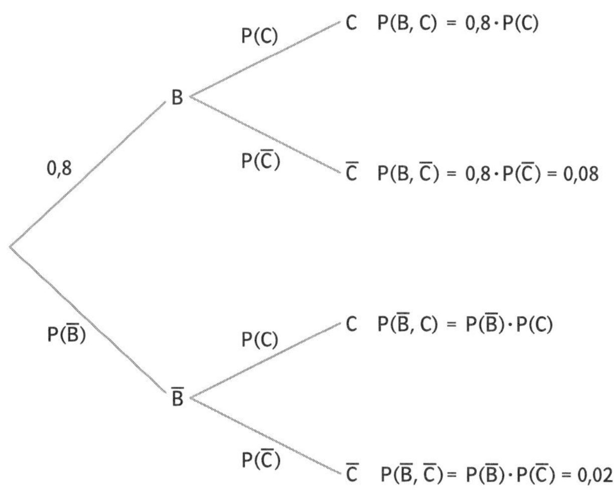

b) *Mithilfe des Baumdiagramms lassen sich alle Fragen beantworten. Dabei ist die Produkt- und die Summenregel zu beachten.*

- Bestimmung der Wahrscheinlichkeit $P(\overline{B})$
  $P(\overline{B}) = 1 - P(B) = 1 - 0{,}8 = 0{,}2$
  In 20 % aller Fälle kommt kein Becher.
- Bestimmung der Wahrscheinlichkeit $P(\overline{C})$
  Keine Cola kommt, wenn ein Becher und keine Cola kommt, oder wenn kein Becher und keine Cola kommt.
  $P(\overline{C}) = P(B, \overline{C}) + P(\overline{B}, \overline{C}) = 0{,}08 + 0{,}02 = 0{,}10$
  In 10 % aller Fälle kommt keine Cola.

- Bestimmung der Wahrscheinlichkeit P(C)
  $P(C) = 1 - P(\overline{C}) = 1 - 0{,}1 = 0{,}9$
  Bestimmung der Wahrscheinlichkeit $P(\overline{B}, C)$
  $P(\overline{B}, C) = P(\overline{B}) \cdot P(C) = 0{,}2 \cdot 0{,}9 = 0{,}18$
  In 18 % aller Fälle kommt Cola, obwohl kein Becher gekommen ist.
- Bestimmung der Wahrscheinlichkeit P(B, C)
  $P(B, C) = P(B) \cdot P(C) = 0{,}8 \cdot 0{,}9 = 0{,}72$
  In 72 % aller Fälle kommen sowohl Becher als auch Cola, das heißt in 72 % aller Fälle arbeitet der Automat ordnungsgemäß.

6 (4 VP)
Die Wahrscheinlichkeit, eine Karte zu ziehen, bei der Vorder- und Rückseite die gleiche Farbe haben, beträgt $\frac{2}{3}$. Deshalb sollte man für die zu erratende Rückseite immer die Farbe der sichtbaren Vorderseite nennen. Man hat dann in zwei von drei Fällen richtig geraten.

7 (4 VP)
Jeder Tipp (sechs Zahlen und eine Superzahl) ist ein mögliches Ergebnis. Werden nun die sechs getippten Zahlen mit den Superzahlen 0 bis 9 kombiniert, so hat man zehn günstige Ergebnisse. Die Wahrscheinlichkeit für einen Gewinn ist also zehnmal größer als bei der Abgabe nur eines Tipps.
Wird eine bestimmte Superzahl mit zehn unterschiedlichen Tippreihen von sechs Zahlen kombiniert, so hat man ebenfalls zehn günstige Ergebnisse. Die Wahrscheinlichkeit für einen Gewinn wird also auch zehnmal größer als bei der Abgabe nur eines Tipps. Es ist also egal, wie Herr Münstermann vorgeht, seine Gewinnchancen verzehnfachen sich bei beiden Vorgehensweisen.

8* (4 VP)
Bestimmung der fehlenden Wahrscheinlichkeit:
$P(3€) = 1 - \frac{1}{3} - \frac{1}{4} - \frac{1}{6} - \frac{1}{8} = \frac{1}{8}$
Bestimmung des unbekannten Gewinns bzw. Verlustes x:
Erwartungswert $E = \frac{1}{3} \cdot (-2€) + \frac{1}{4}x + \frac{1}{6} \cdot 1€ + \frac{1}{8} \cdot 2€ + \frac{1}{8} \cdot 3€$
$-0{,}50€ = \frac{1}{4}x + \frac{1}{8}€ = \frac{1}{4}x + 0{,}125€$
$\frac{1}{4}x = -0{,}625€$
$x = -2{,}50€$
Damit der Erwartungswert für den Spieler −0,50 € beträgt, muss mit der Wahrscheinlichkeit von $\frac{1}{4}$ ein Betrag von 2,50 € verloren werden.

Klassenarbeit 2.3

1 (2 + 1 + 1 + 1 VP)
In allen Fällen ist es leichter, die Wahrscheinlichkeit des Gegenereignisses zu bestimmen. Die gesuchte Wahrscheinlichkeit des Ereignisses ist dann 1 − P(Gegenereignis).

a) Das Gegenereignis zum Ereignis „höchstens fünf richtige Zahlen im Lotto" lautet „sechs richtige Zahlen im Lotto". Da $P(\text{sechs Richtige}) = \frac{1}{13\,983\,816}$ ist, folgt P(höchstens fünf Richtige)
$= 1 - \frac{1}{13\,983\,816} = \frac{13\,983\,815}{13\,983\,816} \approx 0{,}999\,999\,928 \approx 1$
Es ist also nahezu sicher, nicht mehr als fünf richtige Zahlen im Lotto zu haben.

b) Das Gegenereignis zum Ereignis „die Zahl 0 erscheint nicht" lautet „die Zahl 0 erscheint".
Da $P(0) = \frac{1}{37}$ ist, folgt $P(0 \text{ erscheint nicht}) = 1 - \frac{1}{37} = \frac{36}{37} \approx 0{,}9730 = 97{,}30\,\%$
Alternative
Soll die Zahl 0 nicht erscheinen, so ist jede andere Zahl von 1 bis 36 günstig. $P(\text{nicht Null}) = \frac{36}{37}$

c) Das Gegenereignis zum Ereignis „Herzbube wird nicht gezogen" lautet „Herzbube wird gezogen". Da $P(\text{Herzbube}) = \frac{1}{32}$, folgt P(kein Herzbube) $= 1 - \frac{1}{32} = \frac{31}{32} \approx 0{,}9688 = 96{,}88\,\%$
Alternative
Soll der Herzbube nicht gezogen werden, so ist jede andere der verbleibenden 31 Karten günstig.
$P(\text{kein Herzbube}) = \frac{31}{32}$

d) Das Gegenereignis zum Ereignis „kein Pasch" lautet „Pasch". Da $P(\text{Pasch}) = \frac{1}{6}$, folgt P(kein Pasch)
$= 1 - \frac{1}{6} = \frac{5}{6} \approx 0{,}8333 = 83{,}33\,\%$
Alternative
Soll kein Pasch geworfen werden, so ist jedes andere der verbleibenden 30 möglichen Zahlenpaare günstig.
$P(\text{kein Pasch}) = \frac{30}{36} = \frac{5}{6}$

2 (1 + 1 + 3 VP)
a) P(Rot oder Gelb) = P(Rot) + P(Gelb)
$\frac{3}{8} = (\text{Rot}) + \frac{1}{3}$
$P(\text{Rot}) = \frac{3}{8} - \frac{1}{3} = \frac{1}{24}$

b) P(Blau oder Weiß) = P(Blau) + P(Weiß)
74 % = P(Blau) + 22 %
P(Blau) = 74 % − 22 % = 52 %

c) Bevor die Wahrscheinlichkeit für die Farbe Weiß bestimmt werden kann, müssen aus den bekannten Wahrscheinlichkeiten der zusammengesetzten Ereignisse die Wahrscheinlichkeiten der Ereignisse Rot, Blau und Gelb bestimmt werden.

(1) P(Blau oder Rot) = P(Blau) + P(Rot) = 55 %
(2) P(Rot oder Gelb) = P(Rot) + P(Gelb) = 35 %
(3) P(Blau oder Gelb) = P(Blau) + P(Gelb) = 60 %
Aus Gleichung (2) folgt P(Rot) = 35 % − P(Gelb) (*)
Aus Gleichung (3) folgt P(Blau) = 60 % − P(Gelb) (**)

(*) und (**) in Gleichung (1) eingesetzt:

$$60\,\% - P(\text{Gelb}) + 35\,\% - P(\text{Gelb}) = 55\,\%$$
$$95\,\% - 2 \cdot P(\text{Gelb}) = 55\,\%$$
$$-2 \cdot P(\text{Gelb}) = -40\,\%$$
$$P(\text{Gelb}) = 20\,\%$$

P(Rot) = 35 % − P(Gelb) = 35 % − 20 % = 15 %
P(Blau) = 60 % − P(Gelb) = 60 % − 20 % = 40 %

P(Rot) + P(Blau) + P(Gelb) + P(Weiß) = 100 %
P(Weiß) = 100 % − P(Rot) − P(Blau) − P(Gelb)
P(Weiß) = 100 % − 15 % − 40 % − 20 % = 25 %

Die Wahrscheinlichkeit, die Farbe Weiß zu erhalten, beträgt 25 %.

3 (2 + 2 + 2 + 2 VP)
An einem Baumdiagramm lassen sich die Lösungen der Teilaufgaben a) bis d) leicht ablesen.
Da 20 % = $\frac{1}{5}$ der Kinder Linkshänder sind, sind $1 - \frac{1}{5} = \frac{4}{5}$ der Kinder Rechtshänder.

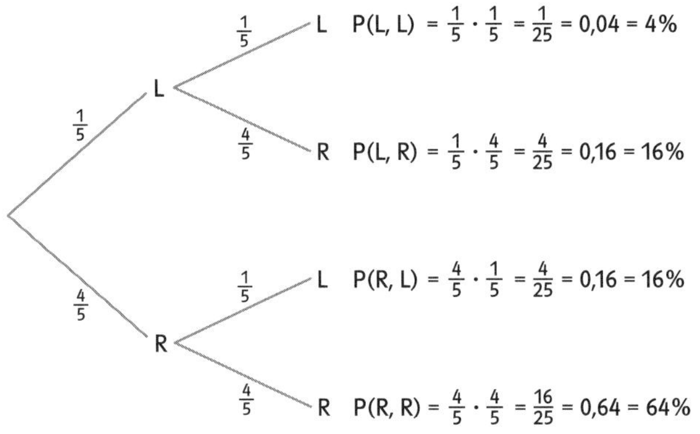

a) P(zwei Linkshänder) = P(L, L) = $\frac{1}{25}$ = 0,04 = 4 %

b) P(höchstens ein Linkshänder) = P(L, R) + P(R, L) + P(R, R) = 1 − P(L, L) = $1 - \frac{1}{25} = \frac{24}{25}$ = 0,96 = 96 %

c) P(mindestens ein Linkshänder) = P(L, L) + P(L, R) + P(R, L) = 1 − P(R, R) = $1 - \frac{16}{25} = \frac{9}{25}$ = 0,36 = 36 %

d) P(erstes Kind Linkshänder, zweites Kind Rechtshänder) = P(L, R) = $\frac{4}{25}$ = 0,16 = 16 %

4 (2 + 2 + 2 + 2 VP)
a) Beschreibung der Ereignisse.
Ereignis A:
Der grüne Würfel zeigt höchstens die Augenzahl 4.
Alternative
Der grüne Würfel zeigt nicht die Augenzahlen 5 und 6.
Ereignis B:
Der rote Würfel zeigt nur ungerade Augenzahlen.
Alternative
Der rote Würfel zeigt keine geraden Augenzahlen.
Ereignis C:
Die Augensumme ist höchstens 5.
Alternative
Die Augensumme ist kleiner als 6.

b) Wahrscheinlichkeit für die Ereignisse A, B und C.
$P(A) = \frac{24}{36} = \frac{2}{3} \approx 0{,}667$
$P(B) = \frac{18}{36} = \frac{1}{2} = 0{,}5$
$P(C) = \frac{10}{36} = \frac{5}{18} \approx 0{,}278$

c)

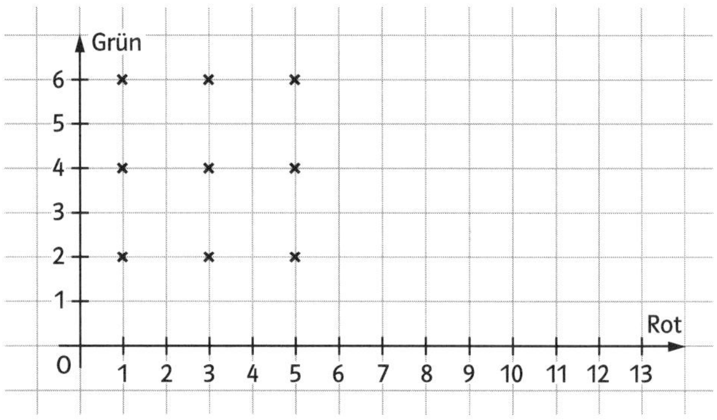

d) P(Ereignis Teilaufgabe c)) = $\frac{9}{36} = \frac{1}{4}$ = 0,25

5 (2 + 2 + 2 + 2 VP)
An einem Baumdiagramm lassen sich die Lösungen der Teilaufgaben a) bis d) leicht ablesen.

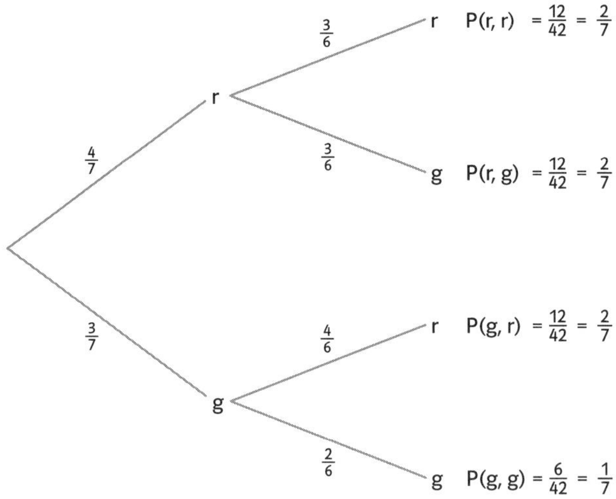

a) P(beide Kugeln sind rot) = P(r, r) = $\frac{2}{7}$

b) P(erste Kugel rot, zweite Kugel grün) = P(r, g) = $\frac{2}{7}$

c) P(zweite Kugel rot) = P(r, r) + P(g, r) = $\frac{2}{7} + \frac{2}{7} = \frac{4}{7}$

d) P(mindestens eine grüne Kugel)

= P(r, g) + P(g, r) + P(g, g) = $\frac{2}{7} + \frac{2}{7} + \frac{1}{7} = \frac{5}{7}$

Alternative

P(mindestens eine grüne Kugel)
= 1 − P(beide Kugeln rot) = 1 − $\frac{2}{7} = \frac{5}{7}$

6 (4 VP)

Vervollständigtes Baumdiagramm:

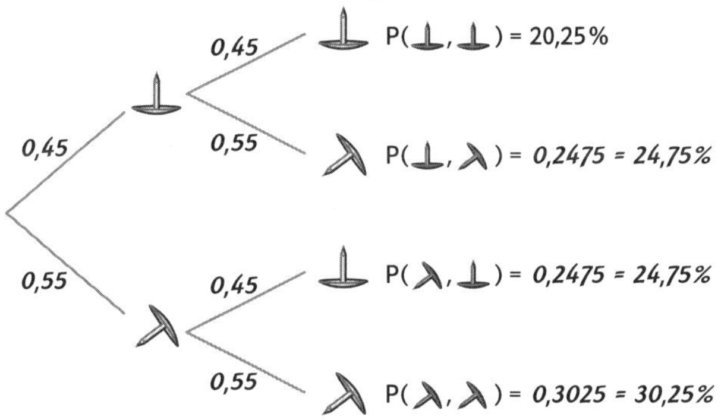

Begründung:

- P(⊥⊥) = P(⊥) · P(⊥) = P(⊥)^2
  P(⊥) = $\sqrt{0{,}2025}$ = 0,45
- P(⋋) = 1 − P(⊥) = 1 − 0,45 = 0,55
- P(⊥⋋) = P(⊥) · P(⋋) = 0,45 · 0,55 = 0,2475
  P(⋋⊥) = P(⋋) · P(⊥) = 0,55 · 0,45 = 0,2475
  P(⋋⋋) = P(⋋)^2 = 0,55^2 = 0,3025

7 (2 + 2 VP)

a) Die Lösung findet man mithilfe eines Baumdiagramms.

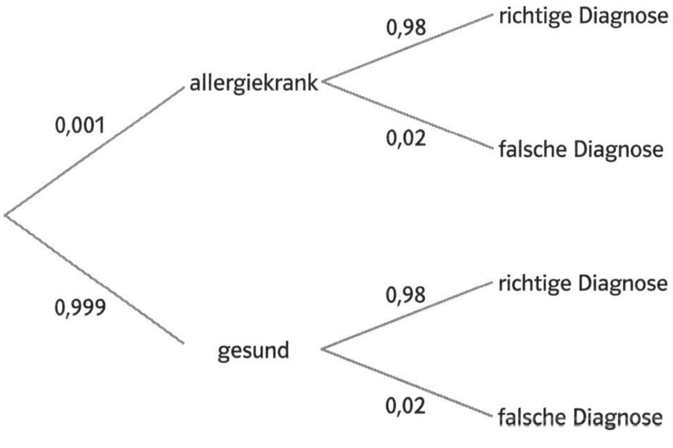

P(gesunder Teilnehmer wird als krank bezeichnet)
= 0,999 · 0,02 = 0,019 98 = 1,998 %

b) Werden 1 Mio. Menschen untersucht, so werden etwa 1 000 000 · 0,0198 = 19 980 Menschen als krank diagnostiziert, obwohl unter 1 Mio. Menschen nur etwa 1000 kranke Menschen zu erwarten sind.

8* (3 + 3 VP)

a) Wahrscheinlichkeit für einen Gewinn bzw. Verlust.

Da auf jedem Rad jede Zahl 1 bis 4 zweimal vorkommt, ist die Wahrscheinlichkeit für jede dieser Zahlen an jedem Rad $\frac{1}{4}$. Da die Räder unabhängig voneinander halten, ist die Wahrscheinlichkeit für die Zahlenpaare (1; 1), (2; 2), (3; 3) und (4; 4) jeweils $\left(\frac{1}{4}\right)^2$.

P(1; 1) = P(2; 2) = P(3; 3) = P(4; 4) = $\left(\frac{1}{4}\right)^2 = \frac{1}{16}$

In allen anderen Fällen hat der Spieler verloren.

P(verloren) = 1 − (P(1; 1) + P(2; 2) + P(3; 3) + P(4; 4))

P(verloren) = 1 − $\left(\frac{1}{16} + \frac{1}{16} + \frac{1}{16} + \frac{1}{16}\right) = 1 - \frac{4}{16} = \frac{3}{4}$

Bestimmung des Erwartungswertes:

Der Gewinn ergibt sich aus der Auszahlung abzüglich des Einsatzes.

Da der Einsatz 1 € beträgt, ergibt sich für den Spieler folgender Gewinnplan.

Gewinn/Verlust	0 €	1 €	2 €	3 €	−1 €
Wahrscheinlichkeit	$\frac{1}{16}$	$\frac{1}{16}$	$\frac{1}{16}$	$\frac{1}{16}$	$\frac{3}{4}$

Erwartungswert

E = $\frac{1}{16} \cdot 0\,€ + \frac{1}{16} \cdot 1\,€ + \frac{1}{16} \cdot 2\,€ + \frac{1}{16} \cdot 3\,€ + \frac{3}{4} \cdot (-1\,€)$

= $\frac{6}{16}\,€ - \frac{3}{4}\,€ = -\frac{3}{8}\,€$ = −0,375 € = −37,5 ct

Alternative

Der Spieler verliert bei jedem Spiel mit Sicherheit den Einsatz von 1 €. Bei dem Zahlenpaar (1; 1) gewinnt er 1 €, bei dem Zahlenpaar (2; 2) 2 € und so weiter. Somit kann der Erwartungswert auch bestimmt werden, indem man alle mit ihrer Wahrscheinlichkeit gewichteten Gewinne addiert und dann den mit Sicherheit verlorenen Einsatz abzieht.

Erwartungswert

E = $\frac{1}{16} \cdot 1\,€ + \frac{1}{16} \cdot 2\,€ + \frac{1}{16} \cdot 3\,€ + \frac{1}{16} \cdot 4\,€ - 1 \cdot 1\,€$

= $\left(\frac{10}{16} - 1\right)€ = -\frac{3}{8}\,€$

b) Wenn auf dem rechten Rad eine „1" durch eine „4" ersetzt wird, so ändern sich die Wahrscheinlichkeiten für die Zahlen 1, 2, 3 und 4 auf dem zweiten Rad zu $\frac{1}{8} \cdot \frac{1}{4}, \frac{1}{4}$ und $\frac{3}{8}$. Somit ändern sich auch die Wahrscheinlichkeiten für die Zahlenpaare (1, 1) (2, 2) (3, 3) und (4, 4) wie folgt:

$P(1, 1) = \frac{1}{4} \cdot \frac{1}{8} = \frac{1}{32}$
$P(2, 2) = P(3, 3) = \frac{1}{4} \cdot \frac{1}{4} = \frac{1}{16}$
$P(4, 4) = \frac{1}{4} \cdot \frac{3}{8} = \frac{3}{32}$
Somit gilt:
$P(\text{verloren}) = 1 - \left(\frac{1}{32} + \frac{1}{16} + \frac{1}{16} + \frac{3}{32}\right) = 1 - \frac{8}{32} = \frac{3}{4}$
Bestimmung des Erwartungswertes:
$E = \frac{1}{32} \cdot 0€ + \frac{1}{16} \cdot 1€ + \frac{1}{16} \cdot 2€ + \frac{3}{32} \cdot 3€ + \frac{3}{4} \cdot (-1€)$
$= \frac{15}{32}€ - \frac{3}{4}€ = -\frac{9}{32}€ = 0{,}28125€ \approx 28{,}13\,ct$
Der Erwartungswert wird insofern etwas besser für den Spieler, als er auf die Dauer etwas weniger (ca. 9,4 ct) verliert als in der ersten Variante. „Wirklich" besser werden seine Chancen dadurch kaum, da die Differenz sehr gering ist und er bei beiden Varianten auf die Dauer verliert.

Klassenarbeit 2.4

1 (2 + 2 + 2 VP)
Die Anzahlen der günstigen und der möglichen Ergebnisse müssen auf jeden Fall natürliche Zahlen sein.
a) $P(\text{Ereignis}) = \frac{\text{Anzahl der günstigen Ergebnisse}}{\text{Anzahl der möglichen Ergebnisse}} = 32\,\%$
$= \frac{32}{100} = \frac{8}{25}$
Somit muss das Ereignis mindestens 25 mögliche Ergebnisse haben, von denen acht günstig sind.
b) $P(\text{Ereignis}) = \frac{48}{\text{Anzahl der möglichen Ergebnisse}} = \frac{8}{25}$
Anzahl der möglichen Ergebnisse $= \frac{48 \cdot 25}{8} = 150$
Kontrolle: $\frac{48}{150} = 0{,}32 = 32\,\%$
Wenn das Ereignis mit der Wahrscheinlichkeit von 32% genau 48 günstige Ergebnisse hat, so muss es 150 mögliche Ergebnisse geben.
c) *Zunächst muss die Wahrscheinlichkeit des Gegenereignisses bestimmt werden. Dann kann wie in den Teilaufgaben a) bzw. b) weiter vorgegangen werden.*
$P(\text{Gegenereignis}) = 1 - P(\text{Ereignis}) = 1 - 0{,}32 = 0{,}68$
$P(\text{Gegenereignis}) = \frac{\text{Anzahl der ungünstigen Ergebnisse}}{\text{Anzahl der möglichen Ergebnisse}}$
$= \frac{408}{\text{Anzahl der möglichen Ergebnisse}} = 0{,}68$
Anzahl der möglichen Ergebnisse $= \frac{408}{0{,}68} = 600$
Anzahl der günstigen Ergebnisse = Anzahl der möglichen Ergebnisse − Anzahl der ungünstigen Ergebnisse = 600 − 408 = 192
Kontrolle: $P(\text{Ereignis}) = \frac{192}{600} = 0{,}32 = 32\,\%$

Hat das Gegenereignis 408 Ergebnisse, so hat das Ereignis 192 günstige Ergebnisse.

2 (1 + 2 + 2 + 2 VP)
a) In dem Aquarium befinden sich insgesamt $15 + 5 = 20$ Fische. Die Wahrscheinlichkeit für einen bestimmten Fisch beträgt demnach $P(\text{Fisch}) = \frac{1}{20}$.
$P(\text{Platy}) = \frac{15}{20} = \frac{3}{4}$
$P(\text{Guppy}) = \frac{5}{20} = \frac{1}{4}$
b) Es müssen so viele Neons hinzugefügt werden, dass $P(\text{Platy}) = \frac{15}{\text{Anzahl der Fische}} = 60\,\% = 0{,}6$ beträgt.
Anzahl der Fische $= \frac{15}{0{,}6} = 25$
Da sich bereits 20 Fische im Aquarium befinden, müssen noch $25 - 20 = 5$ Fische wie z. B. Neons hinzugefügt werden, damit $P(\text{Platy}) = 60\,\%$ beträgt. Natürlich könnte man statt der Neons auch Guppys oder andere Arten hinzufügen. Wichtig ist nur, dass alle hinzugefügten Fische etwa die gleiche Größe wie die Platys bzw. Guppys haben, damit die Wahrscheinlichkeit für jeden zu fangenden Fisch gleich bleibt.
c) *Die Lösungsidee ist wie in Teilaufgabe b).*
$P(\text{Guppy}) = \frac{5}{\text{Anzahl der Fische}} = \frac{1}{3}$
Anzahl der Fische $= \frac{5}{\frac{1}{3}} = 5 \cdot 3 = 15$
Da sich 20 Fische im Aquarium befinden, muss man fünf Platys herausnehmen, damit die Wahrscheinlichkeit für das Fangen eines Guppys $\frac{1}{3}$ beträgt.
d) Die Lösungsidee ist wie in Teilaufgabe b).
$P(\text{Platy oder Guppy}) = P(\text{Platy}) + P(\text{Guppy}) = 0{,}4$
$\frac{15}{\text{Anzahl der Fische}} + \frac{5}{\text{Anzahl der Fische}} = \frac{20}{\text{Anzahl der Fische}} = 0{,}4$
Anzahl der Fische $= \frac{20}{0{,}4} = 50$
Da sich bereits 20 Fische im Aquarium befinden, müssen noch $50 - 20 = 30$ weitere Fische wie z. B. Neons hinzugefügt werden, damit die Wahrscheinlichkeit, einen Platy oder einen Guppy zu fangen, 40% beträgt.

3 (1 + 1 + 1 + 1 + 1 VP)
In einer Tabelle wird der Abstand angegeben, den Tobias' Spielfigur von Maikes Spielfigur hat, nachdem beide gewürfelt haben. Dabei bedeutet
+ n: Tobias' Spielfigur steht n Felder **vor** Maikes Spielfigur, Maike wurde also überholt.
− n: Tobias' Spielfigur steht n Felder **hinter** Maikes Spielfigur, Maike wurde also nicht überholt.
0: Tobias' Spielfigur hat Maikes Spielfigur geschlagen.

Maikes Wurf / Tobias' Wurf	1	2	3	4	5	6
1	−3	−4	−5	−6	−7	−8
2	−2	−3	−4	−5	−6	−7
3	−1	−2	−3	−4	−5	−6
4	0	−1	−2	−3	−4	−5
5	+1	0	−1	−2	−3	−4
6	+2	+1	0	−1	−2	−3

Aus der Tabelle lassen sich die Teilaufgaben a) bis e) durch Auszählen leicht bestimmen.

a) $P(\text{Tobias schlägt Maike}) = \frac{3}{36} = \frac{1}{12} \approx 0{,}083 = 8{,}3\,\%$

b) $P(\text{Tobias überholt Maike}) = \frac{3}{36} = \frac{1}{12} \approx 0{,}083 = 8{,}3\,\%$

c) $P(\text{Abstand bleibt gleich}) = \frac{6}{36} = \frac{1}{6} \approx 0{,}167 = 16{,}7\,\%$

d) $P(\text{Abstand wird größer}) = \frac{15}{36} = \frac{5}{12} \approx 0{,}417 = 41{,}7\,\%$

e) $P(\text{Abstand wird kleiner}) = \frac{9}{36} = \frac{1}{4} \approx 0{,}25 = 25{,}0\,\%$

4 (2 + 3 VP)

a) *Soll ein rotes und ein goldenes Gummibärchen gezogen werden, so ist dies gleichbedeutend mit dem Ereignis „keine zwei gleichfarbigen Gummibärchen ziehen". Die Wahrscheinlichkeiten, zwei rote bzw. zwei goldene Gummibärchen zu ziehen, sind bekannt. Deshalb gilt:*

P(einmal Golden, einmal Rot)
= P(Golden, Rot) + P(Rot, Golden)
= 1 − P(Golden, Golden) − P(Rot, Rot)

$= 1 - \frac{12}{19} - \frac{3}{95} = \frac{32}{95} \approx 0{,}337 = 33{,}7\,\%$

b) *Wenn sich unter den 20 Gummibärchen in der Tüte x rote Gummibärchen befinden, dann gilt für den zweifachen Zufallsversuch ohne Zurücklegen folgende Gleichung:*

$P(\text{rot, rot}) = \frac{x}{20} \cdot \frac{x-1}{19} = \frac{3}{95}$

$\frac{x \cdot (x-1)}{380} = \frac{3}{95}$

$x \cdot (x-1) = \frac{3}{95} \cdot 380 = 12$

Für die Zähler muss demnach $x \cdot (x - 1) = 12$ sein. Deshalb muss $x = 4$ oder -3 sein, denn nur für die Zahlen 4 bzw. −3 gilt $4 \cdot (4 - 1) = 4 \cdot 3 = 12$ bzw. $-3 \cdot (-3 - 1) = -3 \cdot (-4) = 12$.
Der Wert −3 ist nicht sinnvoll.
In der Tüte befinden sich unter den 20 Gummibärchen vier rote.

5 (3 + 4 VP)

Die Wahrscheinlichkeiten werden mithilfe verkürzter Baumdiagramme ermittelt.

a) *Das Wort „Fee" muss gezogen werden. Die drei gezogenen Buchstaben dürfen nach dem Zug noch so vertauscht werden, dass sie das Wort „Fee" ergeben.* Am Baumdiagramm erkennt man, dass alle drei Äste den Zähler $10 \cdot 50 \cdot 49 = 24\,500$ und den Nenner $200 \cdot 199 \cdot 198 = 7\,880\,400$ haben.

$P(\text{Fee}) = 3 \cdot \frac{10 \cdot 50 \cdot 49}{200 \cdot 199 \cdot 198}$

$= 3 \cdot \frac{24\,500}{7\,880\,400} \approx 0{,}009\,33$

$= 9{,}33\,‰$

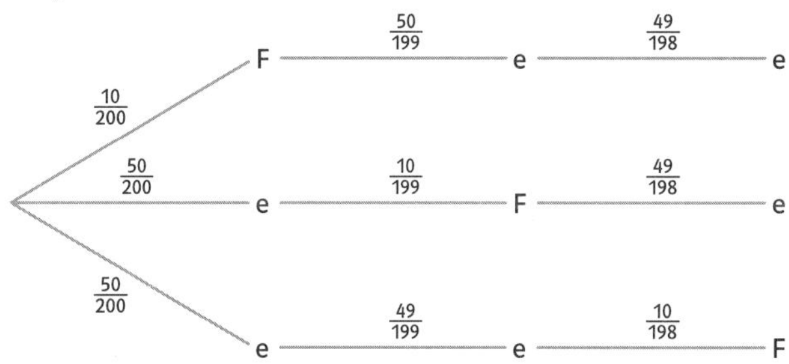

b) *Das Wort „Fee" muss genau in der Reihenfolge der Buchstaben gezogen werden, die Buchstaben dürfen nach dem Zug also nicht mehr vertauscht werden. Es werden für beide Möglichkeiten, Ziehen mit Zurücklegen und Ziehen ohne Zurücklegen, die Wahrscheinlichkeiten bestimmt und miteinander verglichen.*

1) Die gezogenen Buchstaben werden **nicht** zurückgelegt.

$\frac{10}{200}$ $\frac{50}{199}$ $\frac{49}{198}$

_____ F_____e _____e

$P(\text{Fee}) = \frac{10 \cdot 50 \cdot 49}{200 \cdot 199 \cdot 198} = \frac{24\,500}{7\,880\,400} \approx 0{,}003\,109 = 3{,}109\,‰$

2) Die gezogenen Buchstaben werden nach jedem Zug zurückgelegt.

$\frac{10}{200}$ $\frac{50}{200}$ $\frac{50}{200}$

_____ F_____e _____e

$P(\text{Fee}) = \frac{10 \cdot 50 \cdot 50}{200 \cdot 200 \cdot 200} = \frac{25\,000}{8\,000\,000} = 0{,}003\,125 = 3{,}125\,‰$

Da $3{,}125\,‰ > 3{,}109\,‰$ ist, sollte man die gezogenen Buchstaben wieder zurücklegen, damit man eine geringfügig größere Chance hat, das Wort „Fee" zu ziehen.

6 (2 + 2 + 3 VP)

Es werden zunächst alle 16 möglichen Ergebnisse und deren Wahrscheinlichkeiten aufgeschrieben. Anschließend können die Antworten zu den Teilaufgaben a) und b) mithilfe der Summenregel aus dieser Liste entnommen werden.

Nina:
Treffer t $P(t) = 50\% = 0{,}5$
kein Treffer n $P(n) = 50\% = 0{,}5$

Marvin:
Treffer T $P(T) = 30\% = 0{,}3$
kein Treffer N $P(N) = 70\% = 0{,}7$

$P(t, t, T, T) = 0{,}5 \cdot 0{,}5 \cdot 0{,}3 \cdot 0{,}3 = 0{,}0225$
$P(t, t, T, N) = 0{,}5 \cdot 0{,}5 \cdot 0{,}3 \cdot 0{,}7 = 0{,}0525$
$P(t, t, N, T) = 0{,}5 \cdot 0{,}5 \cdot 0{,}7 \cdot 0{,}3 = 0{,}0525$
$P(t, t, N, N) = 0{,}5 \cdot 0{,}5 \cdot 0{,}7 \cdot 0{,}7 = 0{,}1225$
$P(t, n, T, T) = 0{,}5 \cdot 0{,}5 \cdot 0{,}3 \cdot 0{,}3 = 0{,}0225$
$P(t, n, T, N) = 0{,}5 \cdot 0{,}5 \cdot 0{,}3 \cdot 0{,}7 = 0{,}0525$
$P(t, n, N, T) = 0{,}5 \cdot 0{,}5 \cdot 0{,}7 \cdot 0{,}3 = 0{,}0525$
$P(t, n, N, N) = 0{,}5 \cdot 0{,}5 \cdot 0{,}7 \cdot 0{,}7 = 0{,}1225$
$P(n, t, T, T) = 0{,}5 \cdot 0{,}5 \cdot 0{,}3 \cdot 0{,}3 = 0{,}0225$
$P(n, t, T, N) = 0{,}5 \cdot 0{,}5 \cdot 0{,}3 \cdot 0{,}7 = 0{,}0525$
$P(n, t, N, T) = 0{,}5 \cdot 0{,}5 \cdot 0{,}7 \cdot 0{,}3 = 0{,}0525$
$P(n, t, N, N) = 0{,}5 \cdot 0{,}5 \cdot 0{,}7 \cdot 0{,}7 = 0{,}1225$
$P(n, n, T, T) = 0{,}5 \cdot 0{,}5 \cdot 0{,}3 \cdot 0{,}3 = 0{,}0225$
$P(n, n, T, N) = 0{,}5 \cdot 0{,}5 \cdot 0{,}3 \cdot 0{,}7 = 0{,}0525$
$P(n, n, N, T) = 0{,}5 \cdot 0{,}5 \cdot 0{,}7 \cdot 0{,}3 = 0{,}0525$
$P(n, n, N, N) = 0{,}5 \cdot 0{,}5 \cdot 0{,}7 \cdot 0{,}7 = 0{,}1225$

a) $P(0 \text{ Treffer}) = 0{,}1225 = 12{,}25\%$
$P(1 \text{ Treffer}) = 2 \cdot 0{,}0525 + 2 \cdot 0{,}1225 = 0{,}35 = 35\%$
$P(2 \text{ Treffer}) = 0{,}0225 + 4 \cdot 0{,}0525 + 0{,}1225 = 0{,}355$
$= 35{,}5\%$
$P(3 \text{ Treffer}) = 2 \cdot 0{,}0225 + 2 \cdot 0{,}0525 = 0{,}15 = 15\%$
$P(4 \text{ Treffer}) = 0{,}0225 = 2{,}25\%$

b) P(Nina kein Treffer und Marvin mindestens ein Treffer) $= P(n, n, N, T) + P(n, n, T, N) + P(n, n, T, T)$
$= 0{,}0525 + 0{,}0525 + 0{,}0225 = 0{,}1275 = 12{,}75\%$

c) Es werden zwei Urnen benötigt. Eine Urne für Nina und eine Urne für Marvin. In Ninas Urne müssen sich zwei unterscheidbare Objekte befinden. Zum Beispiel zwei Zettel mit der Aufschrift „Treffer" bzw. „kein Treffer" oder zwei verschiedenfarbige Kugeln (rote Kugel für „Treffer", weiße Kugel für „kein Treffer"). In Marvins Urne müssen sich zehn Objekte befinden, darunter drei gleiche für „Treffer" und sieben gleiche für „kein Treffer".
Aus jeder Urne wird zweimal mit Zurücklegen gezogen.

7* (4 VP)

Der Erwartungswert für den Spieler soll −2 € betragen. Der zu ermittelnde Speileinsatz sei x.
Die Wahrscheinlichkeit für einen Gewinn beträgt
$0{,}005 + 0{,}02 + 0{,}05 + 0{,}12 = 0{,}195$
Die Wahrscheinlichkeit, keinen Gewinn zu erhalten, beträgt demnach $1 - 0{,}195 = 0{,}805$
Gleichung zur Berechnung des Erwartungswertes:
$-2€ = (20€ - x) \cdot 0{,}005 + (15€ - x) \cdot 0{,}02$
$+ (10€ - x) \cdot 0{,}05 + (5€ - x) \cdot 0{,}12 - x \cdot 0{,}805$
$= 0{,}1€ - 0{,}005x + 0{,}3€ - 0{,}02x + 0{,}5€ - 0{,}05x +$
$0{,}6€ - 0{,}12x - 0{,}805x$
$-2€ = 1{,}5€ - x$
$x = 3{,}5€$
Der Spieleinsatz muss 3,50 € betragen, damit im Mittel pro Spiel 2,00 € vom Veranstalter eingenommen werden.

Alternative
Der gesuchte Spieleinsatz x wird bei jedem Spiel mit 100 % verloren. Somit gilt:
$-2€ = 20€ \cdot 0{,}005 + 15€ \cdot 0{,}02 + 10€ \cdot 0{,}05$
$+ 5€ \cdot 0{,}12 - x \cdot 1$
$-2€ = 0{,}1€ + 0{,}3€ + 0{,}5€ + 0{,}6€ - x$
$-2€ = 1{,}5€ - x$
$x = 3{,}5€$

8 (3 + 2 + 2 VP)

a) *Es gibt für Andrea drei Möglichkeiten, das Spiel für sich zu entscheiden.*
1) Andrea gewinnt beide Runden.
2) Andrea gewinnt die erste, verliert die zweite und gewinnt die dritte Runde.
3) Andrea verliert die erste Runde und gewinnt anschließend beide Runden.
Die Wahrscheinlichkeit, dass Andrea verliert, beträgt $1 - P_A$.
Gewinnwahrscheinlichkeit für Andrea:
1) P(gewonnen, gewonnen) $= P_A \cdot P_A = P_A^2$
2) P(gewonnen, verloren, gewonnen)
$= P_A \cdot (1 - P_A) \cdot P_A = P_A^2 - P_A^3$
3) P(verloren, gewonnen, gewonnen)
$= (1 - P_A) \cdot P_A \cdot P_A = P_A^2 - P_A^3$
Nach der Summenregel ergibt sich die Gewinnwahrscheinlichkeit für Andrea:
$P = P_A^2 + 2 \cdot (P_A^2 - P_A^3) = 3 \cdot P_A^2 - 2 \cdot P_A^3$
Die Behauptung ist also richtig.

b) Sind beide Spieler gleich stark, so ist die Gewinnwahrscheinlichkeit für Andrea 0,5. Somit entscheidet Andrea das Spiel mit der Wahrscheinlichkeit $P = 3 \cdot 0{,}5^2 - 2 \cdot 0{,}5^3 = 3 \cdot 0{,}25 - 2 \cdot 0{,}125$ $= 0{,}75 - 0{,}25 = 0{,}5$ für sich.
Damit gewinnt Kai das Spiel ebenfalls mit der Wahrscheinlichkeit 0,5. Die Behauptung ist also zutreffend.

c)
- Es wird genau einmal gespielt:

$P(\text{gewonnen}) = P_A = 70\,\%$
- Es wird genau dreimal gespielt:

$P(\text{gewonnen}) = P_A \cdot P_A \cdot P_A + P_A \cdot P_A \cdot (1 - P_A)$
$+ P_A \cdot (1 - P_A) \cdot P_A + (1 - P_A) \cdot P_A \cdot P_A = 0{,}7^3 + 0{,}7^2 \cdot 0{,}3$
$+ 0{,}7 \cdot 0{,}3 \cdot 0{,}7 + 0{,}3 \cdot 0{,}7^2 = 0{,}7^3 + 3 \cdot 0{,}7^2 \cdot 0{,}3$
$= 0{,}343 + 0{,}441 = 0{,}784 = 78{,}4\,\%$
- Es wird so lange gespielt, bis jemand zweimal gewonnen hat, also höchstens drei Spiele.

$P(\text{gewonnen}) = 3 \cdot {P_A}^2 - 2 \cdot {P_A}^3 = 3 \cdot 0{,}7^2 - 2 \cdot 0{,}7^3$
$= 1{,}47 - 0{,}686 = 0{,}784 = 78{,}4\,\%$

Bei der ersten Spielregel hat Andrea nur eine Gewinnchance von 70 %, bei den beiden anderen Regeln von 78,4 %. Welche sie davon wählt, ist egal.

Pinboard – Potenzen und Wurzeln

Potenzen

Beispiele

Ein Produkt aus n gleichen Faktoren schreibt man kürzer als Potenz.

$\underbrace{a \cdot a \cdot \ldots \cdot a}_{n\text{-mal}} = a^n$

a ist die **Basis**, n ist der **Exponent**.
Es gilt $a^1 = a$.

Beispiel: Exponent ↓ Basis → $6^4 = 1296$ ← Potenzwert; ↑ Potenz

$6^4 = 6 \cdot 6 \cdot 6 \cdot 6 = 1296$

Potenzen mit der Basis 10 heißen **Zehnerpotenzen**.

$10^4 = 10 \cdot 10 \cdot 10 \cdot 10 = 10\,000$
Der Exponent zeigt an, wie viele Nullen hinter der 1 stehen.

Potenzgesetze für Potenzen mit gleicher Basis

Potenzen mit gleicher Basis können multipliziert bzw. dividiert werden, indem man ihre Exponenten addiert bzw. subtrahiert und ihre Basis beibehält.

$a^m \cdot a^n = a^{m+n} \qquad a^m : a^n = a^{m-n}$

$\underbrace{3^2}_{(3 \cdot 3)} \cdot \underbrace{3^4}_{(3 \cdot 3 \cdot 3 \cdot 3)} = \underbrace{3^6}_{3 \cdot 3 \cdot 3 \cdot 3 \cdot 3 \cdot 3} = 729$

$\frac{5^6}{5^4} = 5^2 = 25$

$\frac{5 \cdot 5 \cdot 5 \cdot 5 \cdot 5 \cdot 5}{5 \cdot 5 \cdot 5 \cdot 5} = 5 \cdot 5 = 25$

Potenzen können potenziert werden, indem man ihre Exponenten multipliziert und ihre Basis beibehält.

$(a^m)^n = a^{m \cdot n} = a^{mn}$

$(3^2)^4 = 3^{2 \cdot 4} = 3^8 = 6561$
$(3^2)^4 = (3 \cdot 3)^4 = (3 \cdot 3) \cdot (3 \cdot 3) \cdot (3 \cdot 3) \cdot (3 \cdot 3)$
$= 3 \cdot 3 \cdot 3 \cdot 3 \cdot 3 \cdot 3 \cdot 3 \cdot 3 = 6561$

Bemerkung
Potenzen lassen sich nur addieren oder subtrahieren, wenn sie sowohl in der Basis als auch im Exponenten übereinstimmen.

$6a^3 + 5a^3 - 4a^3 = (6 + 5 - 4)a^3 = 7a^3$

Potenzgesetze für Potenzen mit gleichem Exponenten

Potenzen mit gleichem Exponenten können multipliziert bzw. dividiert werden, indem man ihre Basen multipliziert bzw. dividiert und den Exponenten beibehält.

$a^m \cdot b^m = (a \cdot b)^m \qquad \frac{a^m}{b^m} = \left(\frac{a}{b}\right)^m, \quad b \neq 0$

$3^2 \cdot 5^2 = (3 \cdot 5)^2 = 15^2 = 225$
$(3 \cdot 3) \cdot (5 \cdot 5) = 3 \cdot 5 \cdot 3 \cdot 5 = (3 \cdot 5) \cdot (3 \cdot 5) = 15 \cdot 15 = 225$

$\underbrace{\frac{6^4}{3^4}}_{\frac{6 \cdot 6 \cdot 6 \cdot 6}{3 \cdot 3 \cdot 3 \cdot 3}} = \underbrace{\left(\frac{6}{3}\right)^4}_{\frac{6}{3} \cdot \frac{6}{3} \cdot \frac{6}{3} \cdot \frac{6}{3}} = \underbrace{2^4}_{2 \cdot 2 \cdot 2 \cdot 2} = 16$

Potenzen mit negativem Exponenten sind erklärt durch $a^{-n} = \frac{1}{a^n}$.

$2^{-3} = \frac{1}{2^3} = \frac{1}{8}$

Bemerkung
Basen mit dem Exponenten 0 haben der Wert 1 für $a \neq 0$

$a^0 = a^{n-n} = \frac{a^n}{a^n} = 1$

Es gibt auch Zehnerpotenzen mit negativem Exponenten.

$2^{-3} = 2^{0-3} = \frac{2^0}{2^3} = \frac{1}{2^3} = \frac{1}{8} = 0{,}125$

$10^{-3} = \frac{10^0}{10^3} = \frac{1}{1000} = 0{,}001$

Der negative Exponent zeigt an, wie viele Nullen vor der 1 stehen.

Zahlen in wissenschaftlicher Notation

Jede Zahl kann man in ein Produkt aus einer Zahl und einer Zehnerpotenz der Form $a \cdot 10^n$ oder $a \cdot 10^{-n}$ zerlegen.
Bei der **wissenschaftlichen Notation** ist a eine Dezimalzahl mit genau einer Ziffer vor dem Komma, die nicht Null ist.

$827{,}3 = 8{,}723 \cdot 100 = 8{,}732 \cdot 10^2$
$12\,000 = 1{,}2 \cdot 10\,000 = 1{,}2 \cdot 10^4$
$0{,}05 = \frac{5}{100} = \frac{5}{10^2} = 5 \cdot 10^{-2}$
$0{,}00274 = \frac{2{,}74}{1000} = \frac{2{,}74}{10^3} = 2{,}74 \cdot 10^{-3}$

Zahlen in technischer Notation

Bei der **technischen Notation** schreibt man eine Zahl auch in der Form $a \cdot 10^n$.
Dabei ist a eine Dezimalzahl, deren Vorkommazahl zwischen 1 und 999 liegt, und n ein durch 3 teilbarer Exponent.

$48\,362 = 48{,}362 \cdot 10^3$
$0{,}00051 = 510 \cdot 10^{-6}$

Die technische Notation ist besonders hilfreich, wenn man mit Einheiten arbeitet.

1 Kilowatt = 1 kW = 10^3 W	1 Milliwatt = 1 mW = 10^{-3} W
1 Megawatt = 1 MW = 10^6 W	1 Mikrowatt = 1 μW = 10^{-6} W
1 Gigawatt = 1 GW = 10^9 W	1 Nanowatt = 1 nW = 10^{-9} W
1 Terawatt = 1 TW = 10^{12} W	1 Picowatt = 1 pW = 10^{-12} W
1 Petawatt = 1 PW = 10^{15} W	1 Femtowatt = 1 fW = 10^{-15} W
1 Exawatt = 1 EW = 10^{18} W	1 Attowatt = 1 aW = 10^{-18} W

Der positive Exponent einer Zehnerpotenz gibt an, um wie viele Stellen das Komma nach rechts verschoben wird. Der negative Exponent gibt an, um wie viele Stellen das Komma nach links verschoben werden muss.

$72{,}853 \cdot 10^2 = 7285{,}3$ → 2 Stellen

$8356{,}2 \cdot 10^{-3} = 8{,}3562$ ← 3 Stellen

Wurzeln

Quadratwurzel

Die **Quadratwurzel** einer positiven Zahl b ist die positive Zahl a, die mit sich multipliziert wiederum die Zahl b ergibt.
Aus $a^2 = b$ folgt $a = \sqrt{b}$.
Diese Regel gilt auch für die Zahl Null.

Beispiele

Wurzel → $\sqrt{64} = 8$ ← Wurzelwert
↑
Radikand

$\sqrt{0} = 0$, da $0 \cdot 0 = 0$
$\sqrt{1{,}69} = 1{,}3$, da $1{,}3 \cdot 1{,}3 = 1{,}69$
$\sqrt{\frac{9}{49}} = \frac{3}{7}$, da $\frac{3}{7} \cdot \frac{3}{7} = \frac{9}{49}$

Bemerkung
Gibt es zu einer Zahl b eine rationale Zahl a, sodass $b = a^2$ ist, so heißt b **Quadratzahl**.

$2401 = 49^2$ ist eine Quadratzahl, 2400 jedoch nicht.

Quadratwurzeln näherungsweise bestimmen

Von Quadratwurzeln aus positiven Zahlen, die keine Quadratzahlen sind, lassen sich durch Eingrenzung beliebig viele Nachkommaziffern bestimmen. Jede Eingrenzung heißt **Intervall**.

$\sqrt{5}$ liegt im Intervall [2; 3], denn $2^2 < 5 < 3^2$
$\sqrt{5}$ liegt im Intervall [2,2; 2,3], denn $2{,}2^2 < 5 < 2{,}3^2$
$\sqrt{5}$ liegt im Intervall [2,23; 2,24], denn $2{,}23^2 < 5 < 2{,}24^2$

Irrationale Zahlen

Quadratwurzel aus positiven Zahlen, die keine Quadratzahlen sind, haben unendlich viele Nachkommastellen mit nicht periodischer Abfolge. Sie heißen **irrationale Zahlen**.

$\sqrt{2} = 1{,}414213562\ldots$

Rechnen mit Wurzeln

Quadratwurzeln kann man multiplizieren bzw. dividieren, indem man die Radikanden miteinander multipliziert bzw. dividiert und dann die Wurzel zieht.
$\sqrt{a} \cdot \sqrt{b} = \sqrt{a \cdot b}$ $\quad$ a, b ≧ 0
$\frac{\sqrt{a}}{\sqrt{b}} = \sqrt{\frac{a}{b}}$ $\quad$ a ≧ 0, b > 0

$\sqrt{8} \cdot \sqrt{32} = \sqrt{8 \cdot 32} = \sqrt{256} = 16$
$\frac{\sqrt{300}}{\sqrt{12}} = \sqrt{\frac{300}{12}} = \sqrt{25} = 5$

Summen und Differenzen, in denen Quadratwurzeln mit gleichen Radikanden vorkommen, können durch Ausklammern zusammengefasst werden.

$7 \cdot \sqrt{3} + \sqrt{3} - 2 \cdot \sqrt{3} = (7 + 1 - 2) \cdot \sqrt{3} = 6 \cdot \sqrt{3}$

Bemerkung
Manchmal lässt sich der Radikand als Produkt schreiben, bei dem mindestens ein Faktor eine Quadratzahl ist. In diesem Fall kann die **Wurzel teilweise** gezogen werden.
$\sqrt{a^2 \cdot b} = \sqrt{a^2} \cdot \sqrt{b} = a \cdot \sqrt{b}$ $\quad$ a, b ≧ 0
Steht eine Quadratwurzel im Nenner, so lässt sie sich durch Erweitern des Bruches mit dieser Quadratwurzel beseitigen.

$\sqrt{294} = \sqrt{49 \cdot 6} = \sqrt{49} \cdot \sqrt{6} = 7 \cdot \sqrt{6}$
$\frac{3\sqrt{5}}{\sqrt{2}} = \frac{3\sqrt{5} \cdot \sqrt{2}}{\sqrt{2} \cdot \sqrt{2}} = \frac{3\sqrt{10}}{2} = \frac{3}{2}\sqrt{10}$

n-te Wurzel

Die **n-te Wurzel** einer positiven Zahl b ist die positive Zahl a, deren n-te Potenz gleich der Zahl b ist.
$\sqrt[n]{b} = a$; wenn $a^n = b$ $\quad$ a, b ≧ 0; $n \in \mathbb{N} \setminus \{0\}$

Wurzel Wurzelwert
↓ ↓
Wurzelexponent $\sqrt[5]{32} = 2$
↑
Radikand

Bemerkung
Besonders wichtig ist die **Kubikwurzel** mit dem Wurzelexponenten 3. Sie kommt insbesondere bei der Körperberechnung häufig vor.

Das Volumen eines Würfels beträgt $1728\,cm^3$. Die Kantenlänge des Würfels beträgt dann $\sqrt[3]{1728}\,cm = 12\,cm$.

Bist du sicher?

1 a) $3^{-4} \cdot 3^5 \cdot 3$ $\quad$ b) $(-5)^3 \cdot \left(\frac{1}{5}\right)^4$ $\quad$ c) $-6^5 : 2^5$
d) $2^{-4} : (-2^4)$ $\quad$ e) $0{,}03^2 \cdot 0{,}01^{-2}$ $\quad$ e) $(7^2) \cdot (7^3)^{-1}$

2 a) $\sqrt[3]{2} \cdot \sqrt[3]{4}$ $\quad$ b) $\frac{\sqrt{12}}{\sqrt{3}}$ $\quad$ c) $\frac{\sqrt[3]{a^2}}{\sqrt[3]{a^{-1}}}$

3 Ordne die Zahlen der Größe nach.
10^{10}; $(10^3)^4$; $(10^{-2})^5$; $\left(\frac{1}{10}\right)^{-8}$; 10^{3^3}; $10^{(-2^3)}$

4 Fasse gleichartige Terme zusammen.
a) $3\sqrt{5} - 2\sqrt{7} + \sqrt{5} - 2\sqrt{5} + 3\sqrt{7}$
b) $4a^2 + 5b^2 - 3a^2 - 6b^3 + a^2 - 2b^2$
c) $7\sqrt{a^4} - 5a^2 + 3ab^2 + 2b^2 \cdot \sqrt{a^2} - 5a^{-2} + \frac{7}{a^2}$

5 Vereinfache.
a) $\sqrt{12} - 4\sqrt{27}$ $\quad$ b) $(\sqrt{3} + \sqrt{12})^2$ $\quad$ c) $\frac{8}{\sqrt{8}}$

Klassenarbeit 3.1

Anfangszeit: ____________ **90 min** **Abgabe:** ____________

1 (1 + 1 + 1 + 1 + 1 VP)
Schreibe wie im Beispiel die Zahl auf verschiedene Arten als Potenz.
Beispiel: $4096 = 16^3 = 8^4 = 4^6 = 2^{12}$
a) 16 b) 625 c) 729
d) $\frac{81}{256}$ e) 10 000

2 (1 + 1 + 1 + 1 + 1 + 1 VP)
Schreibe mit nur einer Potenz.
a) $8^2 \cdot 8^3 \cdot 8^{-2} \cdot 8$
b) $a^5 \cdot a^{-4} \cdot a^2 \cdot a^0$
c) $(-3)^k \cdot (-3)^m \cdot (-3)^{-m} \cdot (-3)^k$
d) $12^5 : 12^3$
e) $\frac{x^7}{x^4}$
f) $\frac{a^{-3}}{a^{-2}}$

3 (1 + 1 + 1 + 1 VP)
Vereinfache.
a) $7^m \cdot 4^m$ b) $3^{5n} \cdot 6^{5n} \cdot 2^{5n}$
c) $a^{x+1} \cdot b^{x+1} \cdot 2c^{x+1}$ d) $\left(\frac{3}{5}\right)^y \cdot \left(\frac{1}{2}\right)^y \cdot 4^y$

4 (6 VP)
Du hast zwei Eltern, vier Großeltern, acht Urgroßeltern usw.
Wie viele Vorfahren hattest du im Jahr 1789 (Beginn der Französischen Revolution), im Jahr 1618 (Beginn des Dreißigjährigen Krieges) und im Jahr 1492 (Entdeckung Amerikas)?
Nimm als Abstand zweier Generationen 25 Jahre. Runde geeignet.

5 (2 + 2 VP)
a) Wandle in die wissenschaftliche Notation um.
438,2; 501 300; 0,000 0407; 0,084
b)* Wandle die Zahlen in die technische Notation um.

6 (3 VP)
Ordne die Zahl der Größe nach.
$0{,}000\,003 \cdot 10^6$; $12{,}45 \cdot 10^2$; $0{,}1 \cdot 10^{-2}$; $4786{,}3 \cdot 10^{-3}$; $9\,000\,000 \cdot 10^{-5}$; $0{,}771 \cdot 10^5$

7 (1 + 1 + 1 + 1 VP)
Die Lücken stehen für Ziffern. Fülle sie aus.
a) $\sqrt{\square 6} = 6$
b) $\sqrt{\square 25} = 15$
c) $\sqrt{16\square} = 13$
d) $\sqrt{\frac{\square}{49}} = \frac{3}{\square}$

8 (3 VP)
Ein Rechteck hat die Länge $a = 25\,cm$ und die Breite $b = 9\,cm$.
Berechne die Seitenlänge eines dazu flächeninhaltsgleichen Quadrats.

9 (5 VP)
Der aus Würfeln zusammengesetzte Körper hat ein Volumen von $375\,cm^3$.
Bestimme die Oberfläche.

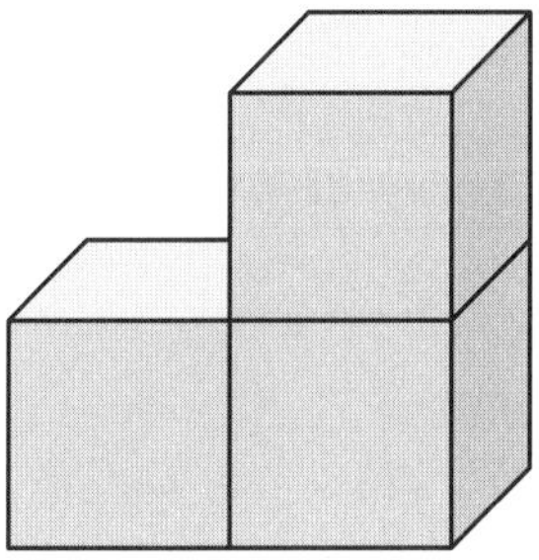

10 (1 + 1 + 1 + 1 VP)
Vereinfache den Term.
a) $\sqrt{5} - (5\sqrt{10} - 3\sqrt{7}) - (\sqrt{10} + 5\sqrt{7})$
b) $8\sqrt{5} + 5\sqrt{8} - 4\sqrt{5} - 5\sqrt{4} + 4\sqrt{8} - (\sqrt{5})^2$
c) $(\sqrt{18a} + \sqrt{8a}) \cdot \sqrt{2a}$
d) $\sqrt{m} \cdot (\sqrt{m} + \sqrt{n}) - \sqrt{mn}$

11 (1 + 1 + 2 VP)
Schreibe ohne Wurzel im Nenner.
a) $\frac{15}{4\sqrt{5}}$
b) $\frac{16}{5\sqrt{8a}}$
c) $\frac{\sqrt{24x} - \sqrt{18x}}{\sqrt{6x}}$

Lerntipps

zu Aufgabe 2
Nutze das Potenzgesetz für Potenzen mit gleicher Basis.
zu Aufgabe 3
Nutze das Potenzgesetz für Potenzen mit gleichem Exponenten.
zu Aufgabe 4
Bestimme die Anzahl der Jahre vom angegebenen Ereignis bis zu deinem Geburtsjahr und teile durch die angenommene Generationszeit. Du erhältst nach geeigneter Rundung die Anzahl der Generationen.
zu Aufgabe 9
Bestimme aus dem Volumen eines Würfels den Flächeninhalt eines Quadrats der Oberfläche. Zähle aus, aus wie vielen Quadraten die Oberfläche des zusammengesetzten Körpers besteht.

Anfangszeit: ____________ **90 min** **Abgabe:** ____________

1 (1 + 1 + 1 + 1 VP)
Wende die Potenzgesetze zur Vereinfachung der Terme an.
a) $(x^2 - x^4)^2 \cdot x^3$
b) $a^{-4} \cdot a^{-5} \cdot a^2 \cdot a^3$
c) $\frac{x^7 \cdot y^6 \cdot x^{-2}}{x^{-1} \cdot y^3 \cdot x^4}$
d) $\frac{24a^2 \cdot 5b^3 \cdot 2a^{-1}}{8a^{-1} \cdot 15b}$

2 (2 + 2 VP)
Welche Fehler hat Miriam bei der Lösung der Aufgaben gemacht?
a) $(2^3)^2 = 2^{3+2} = 2^5 = 10$
b) $3^4 : 3^{-4} = 3^{4-4} = 3^0 = 0$

3 (1 + 1 + 1 + 1 VP)
Berechne.
a) $4^{200} \cdot 4^{-198}$
b) $48\,900^{22} : 16\,300^{22}$
c) $\frac{0{,}000\,008^{20}}{0{,}000\,004^{20}}$
d) $\frac{47\,529^{23}}{5281^{23}}$

4 (3 VP)
Verwandle 1 Milliarde, 10 Billionen, 100 Billiarden in eine Zehnerpotenz.

5 (2 + 2 VP)
Wie viele Nachkommastellen hat der Potenzwert der Potenzen?
Wie lautet die letzte Ziffer des Potenzwertes?
a) $0{,}43^4$; $0{,}43^5$; $0{,}43^6$; $0{,}43^7$
b) $6{,}827^3$; $6{,}827^5$; $6{,}827^7$; $6{,}827^9$

6 (2 + 2 + 2 VP)
Suche zwei rationale und zwei irrationale Zahlen zwischen
a) 5 und 6
b) 0,7 und 0,8
c) $\frac{1}{3}$ und $\frac{1}{2}$

7 (3 VP)
Ergänze die Multiplikationsmauer.

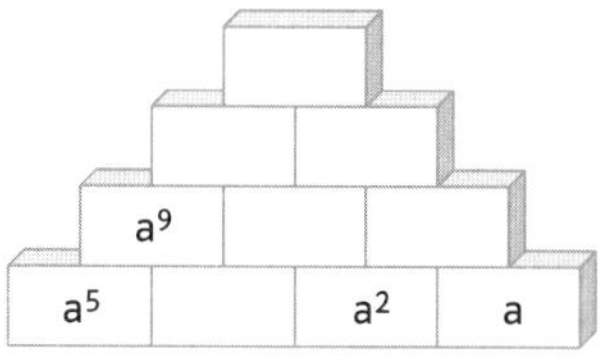

8 (1 + 1 + 1 + 1 VP)
Zwischen welchen natürlichen Zahlen liegen die Quadratwurzeln?
a) $\sqrt{10}$
b) $\sqrt{150}$
c) $\sqrt{500}$
d) $\sqrt{72{,}8}$

9 (1 + 1 + 1 + 1 + 1 VP)
Bringe den Faktor unter die Wurzel.
Beispiel: $5 \cdot \sqrt{3} = \sqrt{5^2 \cdot 3} = \sqrt{25 \cdot 3} = \sqrt{75}$
a) $3 \cdot \sqrt{7}$
b) $6 \cdot \sqrt{\frac{1}{8}}$
c) $\sqrt{0{,}2} \cdot 5$
d) $10 \cdot \sqrt[3]{0{,}01}$
e) $2 \cdot \sqrt[5]{3}$

10 (3 + 2 + 2 VP)

HP 57 Tintenpatrone
Tintenvolumen 17 ml
Seitenleistung max. 400 DIN-A4-Seiten
bei 5 % Flächendeckung (gleichmäßiger Verbrauch der drei Farben)
Preis 29,95 €

a) Andrea will 60 Urlaubsfotos im Format 13 cm × 9 cm ausdrucken. Reicht dafür eine volle Patrone?
Beachte, dass eine DIN-A4-Seite 29,7 cm lang und 21,0 cm breit ist.
b) Wie dick ist die Farbschicht beim Ausdruck durchschnittlich?
c) Die Düsen des Druckkopfs versprühen Tropfen bis zu einem minimalen Volumen von einem Picoliter (pl). Die durchschnittliche Tropfengröße ist 10 pl.
Wie viele Tropfen werden durchschnittlich für eines der Urlaubsfotos benötigt?

11 (1 + 1 + 2 VP)
Löse die Gleichung.
a) $4^{3x} : 4^{2x} = 16$
b) $0{,}3^{2x} : 0{,}3^{x} = 0{,}0081$
c) $5^{a-2} \cdot 5^{a} \cdot 5^{3} = 125$

Lerntipps

zu Aufgabe 3
Der Taschenrechner hilft nicht immer weiter.
zu Aufgabe 5
Verdeutliche dir die Regelmäßigkeiten am Beispiel $0{,}43^1$; $0{,}43^2$ und $0{,}43^3$ mithilfe des Taschenrechners.
zu Aufgabe 6
Ist der Radikand einer Wurzel keine Quadratzahl, so ist der Wurzelwert irrational.
zu Aufgabe 10
b) Die Farbschicht auf dem Papier kann als Quader angesehen werden.
zu Aufgabe 11
Besteht in einer Gleichung der rechte und der linke Term nur aus einer Potenz und haben beide Potenzen die gleiche Basis, so sind auch die Exponenten gleich.

Anfangszeit: ______ **90 min** **Abgabe:** ______

1 (1 + 1 + 1 + 1 VP)
Erkläre den Unterschied.
a) $a^2 \cdot a^3$ und $(a^2)^3$ b) $a \cdot b^2$ und $(a \cdot b)^2$
c) $m^2 + m^2$ und m^4 d) $\sqrt{a} + \sqrt{a}$ und $\sqrt{2a}$

2 (1 + 1 + 1 + 1 VP)
Vereinfache.
a) $2a^2 - 5a^2 + b^2 + 7a^2 - 4b^2$
b) $4x^5 + 5x^4 - 3x^5 - 5x^3 - 2x^5 + 7x^4$
c) $2x^2 \cdot x^6 + 5x^4 \cdot 2x^3 - x^{12} + 4x \cdot x^{11}$
d) $a^3 + 2a^{-3} - 4a^3 + 4a^{-3} - 2a^6$

3 (2 + 3 VP)
Eine Katze wirft jedes Frühjahr und jeden Herbst durchschnittlich fünf Jungtiere. Nach einem halben Jahr ist eine Katze geschlechtsreif.
a) Wie viele Nachkommen hat eine Katze ungefähr in der sechsten Generation?
b) Im März 2010 wird eine Katze geboren. Wie viele Nachkommen hat sie ungefähr Ende 2012 insgesamt?

4 (3 VP)
Ergänze die Multiplikationsmauer.

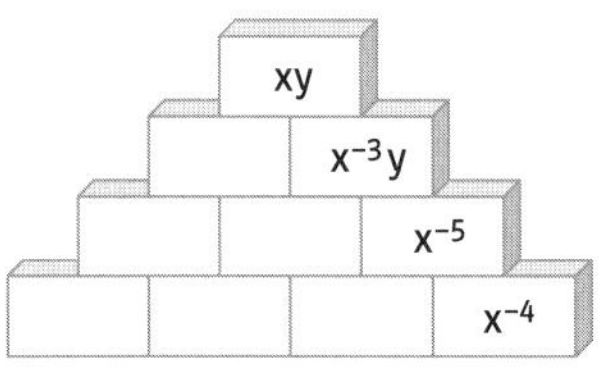

5 (1 + 1 + 1 + 1 VP)
Schreibe ohne negativen Exponenten.
a) $\frac{a^3 \cdot a^{-3}}{a^3}$ b) $-b^{-1} \cdot b^{-3}$
c) $\frac{4x^3 \cdot y^{-5}}{8x^{-2} \cdot y}$ d) $\frac{-(a+b)^{-5}}{(a+b)^{-2}}$

6* (2 + 2 VP)
Schreibe die Größen in der Grundeinheit in technischer Notation. Beispiel: $78{,}5\,\text{km} = 78{,}5 \cdot 10^3\,\text{m}$
a) 420 kJ; 2800 MW; 12,3 Tg; 0,0002 GHz
b) 655 µV; 5300 nm; 75 pg; 0,03 mA

7 (3 VP)
Zeige, dass folgende Rechenregel richtig ist:
$\sqrt{a} + \sqrt{a} = \sqrt{4a}$.
Wie lautet die Regel für die Kubikwurzel?

8 (1 + 1 + 1,5 + 1,5 VP)
Vereinfache die Terme und ziehe teilweise die Wurzel.
a) $\sqrt{\frac{4x}{3y}} \cdot \sqrt{\frac{12}{3y}}$ b) $\sqrt{\frac{11}{6a}} \cdot \sqrt{\frac{24a^2}{99}}$
c) $\sqrt{\frac{27y}{2x^2}} : \sqrt{\frac{3y}{2x^3}}$ d) $\sqrt{\frac{32a}{3b}} : \sqrt{\frac{16b}{15a}}$

9 (2 + 2 VP)
Beseitige die Wurzel im Nenner.
a) $\frac{\sqrt{18x} + \sqrt{50x}}{\sqrt{2x}}$ b) $\frac{ab + b}{b \cdot \sqrt{a}}$

10 (3 + 2 VP)
a) Die Sonne ist in guter Näherung eine Kugel mit dem Radius $r = 7{,}0 \cdot 10^8\,\text{m}$. Ihre Masse beträgt $m = 2{,}0 \cdot 10^{30}\,\text{kg}$.
Berechne damit die Dichte $\frac{m}{V}$ der Sonne in $\frac{\text{kg}}{\text{dm}^3}$.
(Für das Volumen einer Kugel mit dem Radius r gilt die Formel $V = 4{,}1888 \cdot r^3$.)
b) Die Masse der Erde ist $3 \cdot 10^{-6}$-mal so groß wie die Masse der Sonne.
Wie groß ist die Erdmasse?

11 (3 + 4 VP)
Max Schlaumeier behauptet:
Für jede natürliche Zahl n gilt:
$$n \cdot \sqrt{\frac{n}{n^2 - 1}} = \sqrt{n + \frac{n}{n^2 - 1}}$$
a) Setze für n die Zahlen 2; 3 und 5 ein und prüfe, ob die Behauptung für diese Zahlen stimmt.
b) Zeige, dass die Regel für alle natürlichen Zahlen richtig ist.

Anfangszeit: ____________ **90 min** **Abgabe:** ____________

1 (1 + 1 + 1 VP)
Welche Terme haben den gleichen Wert?
a) 2^4; 2^{-4}; $(-2)^4$; $(-2)^{-4}$; -2^4; -2^{-4}
b) a^{2n}; $-a^{2n}$; $(-a)^{2n}$; a^{-2n}; $(-a)^{-2n}$; $-a^{-2n}$
c) 5^3; -5^3; -5^{-3}; $(-5)^{-3}$; $(-5)^3$; 5^{-3}

2 (1 + 1 + 1 + 1 VP)
Die Lücken stehen für natürliche Zahlen.
Fülle sie aus.
a) $4^{\square} \cdot 4^5 = 4^7$
b) $8^{\square} : 8^7 = 8^3$
c) $\square^4 \cdot 5^2 = 5^6$
d) $6^{\square} : 6^{\square} = 7776$

3 (1 + 1 + 1 + 1 VP)
Schreibe die Potenz mit der kleinstmöglichen Basis.
Beispiel: $25^3 = (5^2)^3 = 5^6$
a) 49^6 b) 100^3
c) 512^5 d) $0{,}0081^2$

4 (1,5 + 1,5 + 1,5 + 1,5 VP)
Bringe die Terme auf die jeweils in Klammern angegebene Form.
a) $\frac{a^3b^2c}{a^{-1}b^{-2}c^2} \cdot \frac{ab^{-1}c^{-2}}{a^2b^3c^{-4}}$ $(a^m b^n c^p)$
b) $\frac{a^{k+1} \cdot b}{a^2} \cdot \left(\frac{1}{ab}\right)^{k+1}$ $(a^m b^n)$
c) $(4a)^{-k+3} : a^{-k}$ $(2^m a^n)$
d) $\frac{(2a+b)^{-3}}{(2a-b)^2} : \frac{(2a+b)^4}{(2a-b)^{-3}}$ (ohne Bruchstrich)

5 (1 + 1 + 1 + 1 + 1 VP)
Welche der folgenden Aussagen sind wahr (w), welche falsch (f)? Kreuze an.
Gib für die wahren Aussagen ein Beispiel, für die falschen Aussagen ein Gegenbeispiel an.

		w	f
a)	Wenn a und b rationale Zahlen sind, dann ist auch das Produkt $a \cdot b$ rational.		
b)	Wenn a und b irrationale Zahlen sind, dann ist auch das Produkt $a \cdot b$ irrational.		
c)	Es gibt natürliche Zahlen a und b, für die gilt $2 \cdot (\sqrt{a} + \sqrt{b}) = a + b$.		
d)	Für alle rationale Zahlen a gilt $(a^m)^n = a^{m^n}$		
e)	Für alle natürlichen Zahlen n größer 0 gilt: $\underbrace{x^n + x^n + \ldots + x^n}_{x\text{-mal}} = x^{n+1}$		

6 (3 VP)
In der Abbildung wird gezeigt, wie man die irrationale Zahl $\sqrt{2}$ auf der Zahlengeraden darstellen kann. Die Fläche des Quadrats beträgt zwei Flächeneinheiten.
Konstruiere in gleicher Weise $\sqrt{18}$.

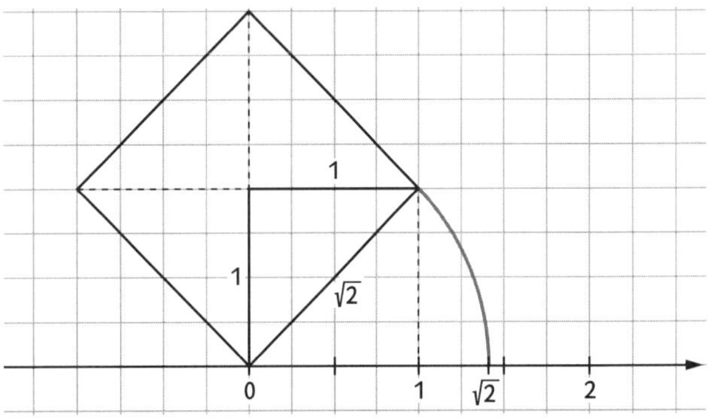

7 (3 VP)
Zeige, dass die Quadratwurzel aus einer negativen Zahl kein reelles Ergebnis haben kann.

8 (3 + 4 VP)
Im Technorama in Winterthur, dem Technikmuseum der Schweiz, ist die sogenannte „Ewigkeitsmaschine" des amerikanischen Künstlers Arthur Ganson zu besichtigen.
Ein Elektromotor treibt eine Welle mit 200 Umdrehungen pro Minute an. Diese bewegt mit einer Untersetzung auf $\frac{1}{50}$ das erste Zahnrad. Die Drehung dieses Zahnrades wird wieder untersetzt auf $\frac{1}{50}$ und dreht ein zweites Zahnrad. Dies wird noch zehnmal fortgesetzt bis zum zwölften Zahnrad, das in einem Granitblock festgeschraubt ist.
a) Zeige, dass das zweite Zahnrad für eine Umdrehung 12,5 Minuten benötigt.
b) Der Künstler behauptet, dass das zwölfte Zahnrad mehr als zwei Billionen Jahre für eine Umdrehung brauchen würde, weswegen es problemlos in Granit festgeschraubt sein kann.
Prüfe nach.

9 (1,5 + 1,5 + 2 VP)
In der Informationstechnik werden Größen meist als Potenz mit der Basis 2 (Zweierpotenz) angegeben.
Die Grundeinheit für Datenmengen ist 1 Bit.
Die nächstgrößere Einheit ist 1 Byte = 8 Bit.
Von der Einheit Byte werden in Schritten zu 2^{10} die nächstgrößeren Einheiten Kilobyte (kB), Megabyte (MB), Gigabyte (GB) usw. angegeben.
Beispiel: $1\,\text{MB} = 2^{10} \cdot 2^{10}$ Byte $= 2^{20}$ Byte
a) Wie viel Byte bzw. Bit hat eine Festplatte von 80 MB?
b) Ein PC hat einen Arbeitsspeicher mit einer Speicherkapazität von 1006632960 Bit.
Wie viel Megabyte hat der Arbeitsspeicher?
c) Eine vollbeschriebene DIN-A4-Seite enthält eine Datenmenge von etwa 4000 Byte.
Wie viele Jahre braucht eine Schreibkraft, die 120 Anschläge (120 Byte) pro Minute schafft, bis eine 20 GB große Festplatte voll ist, wenn sie pro Woche 40 Stunden arbeitet?

10 (4 VP)
Am Wasserkreuz Magdeburg führt eine Trogbrücke den Mittellandkanal über die Elbe. Sie ist mit 918 m Länge die längste Trogbrücke Europas. Sie hat insgesamt vier Dehnungsfugen (je eine zu Beginn und am Ende der Brücke und zwei weitere auf je einem Drittel der Länge), um die Längenausdehnungen auszugleichen, die durch die Temperaturveränderungen im Laufe des Jahres auftreten.
Ein 1 m langer Stahlstab dehnt sich pro Grad Celsius um $1{,}2 \cdot 10^{-5}\,\text{m}$ aus.
Wie viel Zentimeter Längenverschiebung muss jede Dehnungsfuge ausgleichen können, wenn man im Winter mit einer Temperatur bis zu −35 °C und im Sommer bis zu +45 °C rechnet?

11 (4 VP)
Max Schlaumeier behauptet:
„Wenn eine Quadratzahl a^2 durch eine natürliche Zahl n ($n \neq a$, $n > 1$) teilbar ist, dann ist auch die Zahl a durch n teilbar."
Petra Weißwas behauptet:
„Es ist genau umgekehrt. Wenn eine Zahl a durch eine natürliche Zahl n ($n \neq a$, $n > 1$) teilbar ist, dann ist auch das Quadrat a^2 der Zahl durch n teilbar.
Wer hat Recht? Begründe.

Pinboard – Potenzen und Wurzeln

1

a) $3^2 = 9$ b) $-\frac{1}{5} = -0{,}2$ c) $-3^5 = -243$

d) $-2^{-8} = -\frac{1}{256}$ e) $3^2 = 9$ f) $7^{-1} = \frac{1}{7}$

2

a) $\sqrt[3]{8} = 2$ b) $\sqrt{4} = 2$ c) $\sqrt[3]{a^3} = a$

3

$10^{-10} < 10^{-8} < 10^8 < 10^{10} < 10^{12} < 10^{27}$

oder

$(10^{-2})^5 < 10^{(-2^3)} < \left(\frac{1}{10}\right)^{-8} < 10^{10} < (10^3)^4 < 10^{3^3}$

4

a) $2\sqrt{5} + \sqrt{7}$

b) $2a^2 + 3b^2 - 6b^3$

c) $2a^2 + 5ab^2 + \frac{2}{a^2}$

5

a) $2\sqrt{3} - 12\sqrt{3} = -10\sqrt{3}$

b) $3 + 12 + 12 = 27$

c) $8\frac{\sqrt{8}}{8} = \sqrt{8}$

Klassenarbeit 3.1

1 (1 + 1 + 1 + 1 + 1 VP)

a) $16 = 4^2 = 2^4$ b) $625 = 25^2 = 5^4$

c) $729 = 27^2 = 9^3 = 3^6$

d) $\frac{81}{256} = \frac{9^2}{16^2} = \left(\frac{9}{16}\right)^2 = \left(\frac{3}{4}\right)^4 = \frac{3^4}{4^4}$

e) $10\,000 = 100^2 = 10^4$

2 (1 + 1 + 1 + 1 + 1 + 1 VP)

a) $8^2 \cdot 8^3 \cdot 8^{-2} \cdot 8 = 8^4$

b) $a^5 \cdot a^{-4} \cdot a^2 \cdot a^0 = a^3$

c) $(-3)^k \cdot (-3)^m \cdot (-3)^{-m} \cdot (-3)^k = (-3)^{2k}$

d) $12^5 : 12^3 = 12^2$

e) $\frac{x^7}{x^4} = x^3$

f) $\frac{a^{-3}}{a^{-2}} = \frac{1}{a} = a^{-1}$

3 (1 + 1 + 1 + 1 VP)

a) $7^m \cdot 4^m = 28^m$

b) $3^{5n} \cdot 6^{5n} \cdot 2^{5n} = 36^{5n} = (6^2)^{5n} = 6^{10n}$

c) $a^{x+1} \cdot b^{x+1} \cdot 2c^{x+1} = (2abc)^{x+1}$

d) $\left(\frac{3}{5}\right)^y \cdot \left(\frac{1}{2}\right)^y \cdot 4^y = \left(\frac{12}{10}\right)^y = 1{,}2^y$

4 (6 VP)

Die Lösung ist abhängig von deinem Geburtsjahr. In der folgenden Lösung wird als Beispiel das Geburtsjahr 1997 gewählt.

Geburtsjahr 1997; Französische Revolution 1789
Anzahl der vergangenen Jahre: 1997–1789 = 208
Anzahl der Generationen: 208 : 25 ≈ 8
Anzahl der Vorfahren: $2^8 = 256$

Geburtsjahr 1997; Beginn des Dreißigjährigen Krieges 1618
Anzahl der vergangenen Jahre: 1997–1618 = 379
Anzahl der Generationen: 379 : 25 ≈ 15
Anzahl der Vorfahren: $2^{15} = 32\,768$

Geburtsjahr 1997; Entdeckung Amerikas 1492
Anzahl der vergangenen Jahre: 1997–1492 = 505
Anzahl der Generationen: 505 : 25 ≈ 20
Anzahl der Vorfahren: $2^{20} = 1\,048\,576$

5 (2 + 2 VP)

	a) wissenschaftliche Notation	b)* technische Notation
438,2	$4{,}382 \cdot 10^2$	438,2
501 300	$5{,}013 \cdot 10^5$	$501{,}3 \cdot 10^3$
0,000 0407	$4{,}07 \cdot 10^{-5}$	$40{,}7 \cdot 10^{-6}$
0,084	$8{,}4 \cdot 10^{-2}$	$84 \cdot 10^{-3}$

6 (3 VP)

$0{,}001 < 3 < 4{,}7863 < 90 < 1245 < 77100$

oder

$0{,}1 \cdot 10^{-2} < 0{,}000\,003 \cdot 10^6 < 4786{,}3 \cdot 10^{-3}$
$< 9\,000\,000 \cdot 10^{-5} < 12{,}45 \cdot 10^2 < 0{,}771 \cdot 10^5$

7 (1 + 1 + 1 + 1 VP)

a) $\sqrt{36} = 6$ b) $\sqrt{225} = 15$

c) $\sqrt{169} = 13$ d) $\sqrt{\frac{9}{49}} = \frac{3}{7}$

8 (3 VP)

Gegeben: Länge a = 25 cm
Breite b = 9 cm

Gesucht: Seitenlänge s des flächeninhaltsgleichen Quadrats

Rechnung: Fläche des Rechtecks: $A_R = 25 \cdot 9 = 225\,\text{cm}^2$
Fläche des Quadrats: $A_Q = A_R = 225$
Seitenlänge des Quadrats:
$s = \sqrt{225} = 15$

Antwort: Das dem Rechteck flächeninhaltsgleiche Quadrat hat eine Seitenlänge von 15 cm.

9 (5 VP)

Der Körper besteht aus drei Würfeln. Volumen eines Würfels: $375\,\text{cm}^3 : 3 = 125\,\text{cm}^3$
Kantenlänge eines Würfels: $\sqrt[3]{125}\,\text{cm} = 5\,\text{cm}$
Flächeninhalt eines Quadrats der Oberfläche:
$(5\,\text{cm})^2 = 25\,\text{cm}^2$
Anzahl der Quadrate, die die Oberfläche des zusammengesetzten Körpers bilden: 14
Oberfläche des zusammengesetzten Körpers:
$14 \cdot 25\,\text{cm}^2 = 350\,\text{cm}^2$

10 (1 + 1 + 1 + 1 VP)

a) $\sqrt{5} - (5\sqrt{10} - 3\sqrt{7}) - (\sqrt{10} + 5\sqrt{7})$
$= \sqrt{5} - 5\sqrt{10} + 3\sqrt{7} - \sqrt{10} - 5\sqrt{7}$
$= \sqrt{5} - 6\sqrt{10} - 2\sqrt{3}$

b) $8\sqrt{5} + 5\sqrt{8} - 4\sqrt{5} - 5\sqrt{4} + 4\sqrt{8} - (\sqrt{5})^2$
$= 4\sqrt{5} + 9\sqrt{8} - 5 \cdot 2 - 5 = 4\sqrt{5} + 18\sqrt{2} - 15$

c) $(\sqrt{18a} + \sqrt{8a}) \cdot \sqrt{2a}$
$= \sqrt{36a^2} + \sqrt{16a^2} = 6a + 4a = 10a$

d) $\sqrt{m} \cdot (\sqrt{m} + \sqrt{n}) - \sqrt{mn} = \sqrt{m^2} + \sqrt{mn} - \sqrt{mn} = m$

11 (1 + 1 + 2 VP)

a) $\frac{15}{4\sqrt{5}} = \frac{15\sqrt{5}}{4 \cdot \sqrt{5} \cdot \sqrt{5}} = \frac{15\sqrt{5}}{4 \cdot 5} = \frac{15\sqrt{5}}{20} = \frac{3\sqrt{5}}{4}$

b) $\frac{16}{5\sqrt{8a}} = \frac{16\sqrt{8a}}{5\sqrt{8a}\sqrt{8a}} = \frac{16\sqrt{8a}}{5 \cdot 8a} = \frac{32\sqrt{2a}}{40a} = \frac{4\sqrt{2a}}{5a}$

c) $\frac{\sqrt{24x} - \sqrt{18x}}{\sqrt{6x}} = \frac{(\sqrt{24x} - \sqrt{18x}) \cdot \sqrt{6x}}{\sqrt{6x} \cdot \sqrt{6x}} = \frac{\sqrt{144x^2} - \sqrt{108x^2}}{6x}$
$= \frac{12x - \sqrt{36 \cdot 3x^2}}{6x} = \frac{12x - 6x\sqrt{3}}{6x} = \frac{12x}{6x} - \frac{6x\sqrt{3}}{6x} = 2 - \sqrt{3}$

Klassenarbeit 3.2

1 (1 + 1 + 1 + 1 VP)

a) $(x^2 - x^4)^2 \cdot x^3 = (x^4 - 2x^6 + x^8 \cdot x^3) = x^7 - 2x^9 + x^{11}$

b) $a^{-4} \cdot a^{-5} \cdot a^2 \cdot a^3 = a^{-4} = \left(\frac{1}{a}\right)^4$

c) $\frac{x^7 \cdot y^6 \cdot x^{-2}}{x^{-1} \cdot y^3 \cdot x^4} = x^7 \cdot y^6 \cdot x^{-2} \cdot x \cdot y^{-3} \cdot x^{-4} = x^2 \cdot y^3$

d) $\frac{24a^2 \cdot 5b^3 \cdot 2a^{-1}}{8a^{-1} \cdot 15b} = 2a^2 \cdot b^3 \cdot a^{-1} \cdot a^1 \cdot b^{-1} = 2a^2b^2$
$= 2(ab)^2$

2 (2 + 2 VP)

a) Erster Fehler: $(2^3)^2 = 2^{3 \cdot 2} = 2^6$ und nicht $2^{3+2} = 2^5$. Eine Potenz wird potenziert, indem man die Exponenten multipliziert.
Zweiter Fehler: $2^5 = 32$ und nicht 10. Denn 2^5 bedeutet $2 \cdot 2 \cdot 2 \cdot 2 \cdot 2$ und nicht $2 \cdot 5$.
Folglich ist $(2^3)^2 = 2^6 = 64$.

b) Erster Fehler: $3^4 : 3^{-4} = 3^4 \cdot 3^4$ und nicht 3^{4-4}.
Die Schreibweise 3^{-4} bedeutet $\frac{1}{3^4}$. Es ist also durch $\frac{1}{3^4}$ zu dividieren, das heißt mit dem Kehrbruch zu multiplizieren.
Zweiter Fehler: $3^0 = 1$ und nicht 0. Für jede reelle Basis $a \neq 0$ gilt $a^0 = 1$.
Folglich ist $3^4 : 3^{-4} = 3^4 \cdot 3^4 = 3^8 = 6561$

3 (1 + 1 + 1 + 1 VP)

a) $4^{200} \cdot 4^{-198} = 4^2 = 16$

b) $48\,900^{22} : 16\,300^{22} = 3^{22} \approx 3{,}1381 \cdot 10^{10}$

c) $\frac{0{,}000008^{20}}{0{,}000004^{20}} = 2^{20} = 1\,048\,576$

d) $\frac{47\,529^{23}}{5281^{23}} = 9^{23} \approx 8{,}8629 \cdot 10^{21}$

4 (3 VP)

1 Milliarde = 10^9
10 Billionen = 10^{13}
100 Billiarden = 10^{17}

5 (2 + 2 VP)

a)

Zahl	Nachkommastellen	letzte Ziffer
$0{,}43^4$	8	1
$0{,}43^5$	10	3
$0{,}43^6$	12	9
$0{,}43^7$	14	7

b)

Zahl	Nachkommastellen	letzte Ziffer
$6{,}827^3$	9	3
$6{,}827^5$	15	7
$6{,}827^7$	21	3
$6{,}827^9$	27	7

6 (2 + 2 + 2 VP)

Die Lösungen stellen nur Beispiele dar.

a) rationale Zahlen: $5 < 5{,}3 < 5{,}8 < 6$
irrationale Zahlen: $5 < \sqrt{27} < \sqrt{29} < 6$

b) rationale Zahlen: $0{,}7 < 0{,}74 < 0{,}76 < 0{,}8$
irrationale Zahlen: $0{,}7 < \sqrt{0{,}5} < \sqrt{0{,}6} < 0{,}8$

c) rationale Zahlen: $\frac{1}{3} < \frac{3}{8} < \frac{2}{5} < \frac{1}{2}$
irrationale Zahlen: $\frac{1}{3} < \sqrt{0{,}15} < \sqrt{0{,}2} < \frac{1}{2}$

7 (3 VP)

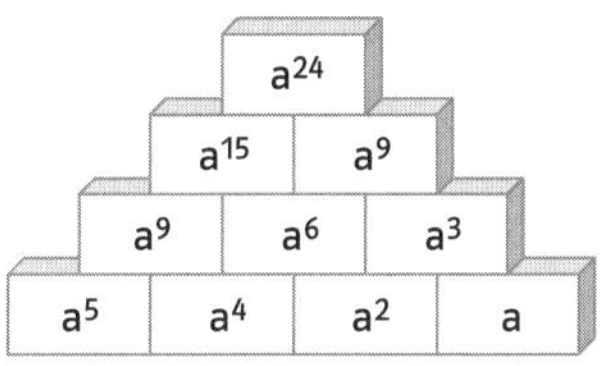

8 (1 + 1 + 1 + 1 VP)

a) $3 < \sqrt{10} < 4$

b) $12 < \sqrt{150} < 13$

c) $22 < \sqrt{500} < 23$

d) $8 < \sqrt{72{,}8} < 9$

9 (1 + 1 + 1 + 1 + 1 VP)

a) $3 \cdot \sqrt{7} = \sqrt{3^2 \cdot 7} = \sqrt{9 \cdot 7} = \sqrt{63}$

b) $6 \cdot \sqrt{\frac{1}{8}} = \sqrt{6^2 \cdot \frac{1}{8}} = \sqrt{36 \cdot \frac{1}{8}} = \sqrt{\frac{36}{8}} = \sqrt{\frac{9}{2}} = \sqrt{4{,}5}$

c) $5 \cdot \sqrt{0{,}2} = \sqrt{5^2 \cdot 0{,}2} = \sqrt{25 \cdot 0{,}2} = \sqrt{5}$

d) $10 \cdot \sqrt[3]{0{,}01} = \sqrt[3]{10^3 \cdot 0{,}01} = \sqrt[3]{1000 \cdot 0{,}01} = \sqrt[3]{10}$

e) $2 \cdot \sqrt[5]{3} = \sqrt[5]{32 \cdot 3} = \sqrt[5]{96}$

10 (3 + 2 + 2 VP)

Beachte, dass nach der Werbeangabe nur 5 % der 400 Seiten vollständig bedruckt werden können.

a)

Gegeben: Länge der Seite $a = 29{,}7\,\text{cm}$
Breite der Seite $b = 21{,}0\,\text{cm}$
Länge eines Bildes $a' = 13\,\text{cm}$
Breite eines Bildes $b' = 9\,\text{cm}$
Anzahl der Bilder: 60
Bedruckbare volle Fläche:
$0{,}05 \cdot 400$ Seiten = 20 Seiten

Gesucht: Bedruckbare Fläche A_b
Fläche für 60 Fotos A_{60}

Rechnung: Fläche einer Seite $A = a \cdot b$
$A = 29{,}7 \cdot 21{,}0 = 623{,}7$
Flächeninhalt der bedruckbaren Fläche:
$A_b = 20 \cdot 623{,}7 = 12\,474$
Flächeninhalt eines Fotos:
$A_f\ 13 \cdot 9 = 117$
Flächeninhalt der 60 Fotos:
$A_{60} = 60 \cdot 117 = 7020$
$A_b = 12\,474 > 7020 = A_{60}$

Antwort: Da $A_b > A_{60}$ gilt, reicht eine Patrone für den Ausdruck aus.

b) *Die Form der Farbschicht auf dem Papier kann als Quader aufgefasst werden.*

Gegeben: Quadervolumen $17\,\text{ml} = 17\,\text{cm}^3$
Aus Teilaufgabe a)
Flächeninhalt der bedruckbaren Fläche
$A_b = 20 \cdot 623{,}7\,\text{cm}^2 = 12\,474\,\text{cm}^2$

Gesucht: Dicke der Farbschicht d

Rechnung: $V = A_b \cdot d$
$d = \frac{V}{A_b} = \frac{17}{12\,474} = 0{,}00136$
$d = 1{,}36 \cdot 10^{-3}$

Antwort: Die Dicke der Farbschicht beträgt etwa $1{,}36 \cdot 10^{-3}\,\text{cm} = 13{,}6 \cdot 10^{-3}\,\text{mm} = 13{,}6\,\mu\text{m}$

c)

Gegeben: Tröpfchengröße $V_T = 10\,\text{pl} = 10 \cdot 10^{-9}\,\text{ml}$
$= 10 \cdot 10^{-9}\,\text{cm}^3 = 10^{-8}\,\text{cm}^3$
Aus den Teilaufgaben a) und b)
Flächeninhalt eines Fotos:
$A_f = 117\,\text{cm}^2$
Schichtdicke $d = 1{,}36 \cdot 10^{-3}\,\text{cm}$

Gesucht: Anzahl der Tröpfchen n

Rechnung: Volumen eines Fotos
$V_f = A_f \cdot d = 117 \cdot 1{,}36 \cdot 10^{-3}$
$= 159{,}12 \cdot 10^{-3} = 0{,}15912$
Anzahl der Tröpfchen
$n = \frac{V_f}{V_T} = \frac{0{,}15912}{10^{-8}}$
$n = 0{,}15912 \cdot 10^8 \approx 15{,}9 \cdot 10^6$

Antwort: Für ein Foto benötigt man etwa 15,9 Millionen Tintentröpfchen.

11 (1 + 1 + 2 VP)

a) $4^{3x} : 4^{2x} = 16$

$4^x = 16$

$4^x = 4^2$

Daraus folgt: $x = 2$

b) $0{,}3^{2x} : 0{,}3^x = 0{,}0081$

$0{,}3^x = 0{,}0081$

$0{,}3^x = 0{,}3^4$

Daraus folgt: $x = 4$

c) $5^{a-2} \cdot 5^a \cdot 5^3 = 125$

$5^{2a+1} = 125$

$5^{2a+1} = 5^3$

Daraus folgt: $2a + 1 = 3 \quad | -1$

$2a = 2 \quad | : 2$

$a = 1$

Klassenarbeit 3.3

1 (1 + 1 + 1 + 1 VP)

a) $a^2 \cdot a^3 = (a \cdot a) \cdot (a \cdot a \cdot a) = a \cdot a \cdot a \cdot a \cdot a = a^5$

$(a^2)^3 = (a \cdot a)^3 = (a \cdot a) \cdot (a \cdot a) \cdot (a \cdot a)$

$= a \cdot a \cdot a \cdot a \cdot a \cdot a = a^6$

b) $a \cdot b^2 = a \cdot b \cdot b$

$(a \cdot b)^2 = (a \cdot b) \cdot (a \cdot b) = a \cdot b \cdot a \cdot b = a \cdot a \cdot b \cdot b$

c) $m^2 + m^2 = 2m^2 = 2 \cdot m \cdot m$

$m^4 = m \cdot m \cdot m \cdot m$

d) $\sqrt{a} + \sqrt{a} = 2 \cdot \sqrt{a}$

$\sqrt{2a} = \sqrt{2} \cdot \sqrt{a}$

2 (1 + 1 + 1 + 1 VP)

a) $2a^2 - 5a^2 + b^2 + 7a^2 - 4b^2 = 4a^2 - 3b^3$

b) $4x^5 + 5x^4 - 3x^5 - 5x^3 - 2x^5 + 7x^4$

$= -x^5 - 5x^3 + 12x^4$

c) $2x^2 \cdot x^6 + 5x^4 \cdot 2x^3 - x^{12} + 4x \cdot x^{11}$

$= 2x^{12} + 10x^{12} - x^{12} + 4x^{12} = 15x^{12}$

d) $a^3 + 2a^{-3} - 4a^3 + 4a^{-3} - 2a^6$

$= -3a^3 + 6a^{-3} + 2a^6$

3 (2 + 3 VP)

In dieser Aufgabe wird davon ausgegangen, dass sich alle geborenen Jungtiere auch vermehren.

a) In jeder Generation hat eine Katze fünf Junge. Jedes dieser fünf Jungtiere hat wieder fünf Jungtiere usw. In der sechsten Generation gibt es also $5^6 = 15\,625$ Jungtiere.

b) Eine Katze, die im März 2010 geboren wurde, hat im Herbst 2010 die ersten, im Frühjahr 2011 die nächsten fünf Jungtiere usw. Im Herbst 2012 hat sie bereits zum fünften Mal Jungtiere. Alle diese Jungtiere pflanzen sich mit derselben Quote fort. Die Tabelle gibt Auskunft über alle bis zum Winter 2012 geborenen Katzen. Die ganz rechts ausgefüllten Zellen sind die Jungen der ersten Katze, links davon stehen die Jungen dieses Wurfes usw.

	Herbst 2010	Frühjahr 2011	Herbst 2011	Frühjahr 2012	Herbst 2012
1. Gen.	5				
2. Gen.	25	5			
3. Gen.	125	25	5		
4. Gen.	625	125	25	5	
5. Gen.	3125	625	125	25	5
Summe	3905	780	155	30	5

Insgesamt hat eine Katze nach $2\frac{1}{2}$ Jahren $3905 + 780 + 155 + 30 + 5 = 4875$ Nachkommen.

Alternativ

Berechne die Nachkommen für jede Generation.

$(5^5 + 5^4 + 5^3 + 5^2 + 5) + (5^4 + 5^3 + 5^2 + 5)$

$+ (5^3 + 5^2 + 5) + (5^2 + 5) + 5 = 4875$

4 (3 VP)

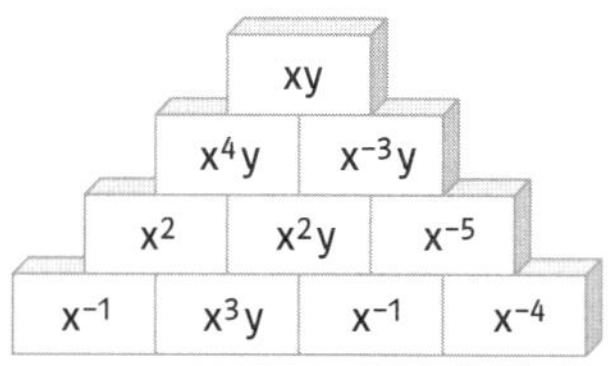

5 (1 + 1 + 1 + 1 VP)

a) $\frac{a^3 \cdot a^{-3}}{a^3} = \frac{a^3}{a^6} = \frac{1}{a^3}$

b) $-b^{-1} \cdot b^{-3} = -b^{-4} = \frac{1}{b^4}$

c) $\frac{4x^3 \cdot y^{-5}}{8x^{-2} \cdot y} = \frac{4x^5}{8y^6} = \frac{x^5}{2y^6}$

d) $\frac{-(a+b)^{-5}}{(a+b)^{-2}} = \frac{-(a+b)^2}{(a+b)^5} = -\frac{1}{(a+b)^3}$

6* (2 + 2 VP)

a) $420\,\text{kJ} = 420 \cdot 10^3\,\text{J}$

$2800\,\text{MW} = 2{,}8 \cdot 10^9\,\text{W}$

$12{,}3\,\text{Tg} = 12{,}3 \cdot 10^{12}\,\text{g}$

$0{,}0002\,\text{GHz} = 200 \cdot 10^3\,\text{Hz}$

b) $655\,\mu V = 655 \cdot 10^{-6} V$
$5300\,nm = 5{,}3 \cdot 10^{-6} m$
$75\,pg = 75 \cdot 10^{-12} g$
$0{,}03\,mA = 30 \cdot 10^{-6} A$

7 (3 VP)
$\sqrt{a} + \sqrt{a} = 2 \cdot \sqrt{a} = \sqrt{2^2 \cdot a} = \sqrt{4a}$
$\sqrt[3]{a} + \sqrt[3]{a} = 2 \cdot \sqrt[3]{a} = \sqrt[3]{2^3 \cdot a} = \sqrt[3]{8a}$

8 (1 + 1 + 1,5 + 1,5 VP)
a) $\sqrt{\frac{4x}{3y}} \cdot \sqrt{\frac{12}{3y}} = \sqrt{\frac{48x}{9y^2}} = \sqrt{\frac{16 \cdot 3x}{9y^2}} = \frac{4}{3y} \cdot \sqrt{3x}$
b) $\sqrt{\frac{11}{6a}} \cdot \sqrt{\frac{24a^2}{99}} = \sqrt{\frac{11 \cdot 24 \cdot a^2}{6 \cdot 99 \cdot a}} = \sqrt{\frac{4a}{9}} = \frac{2}{3}\sqrt{a}$
c) $\sqrt{\frac{27y}{2x^2}} : \sqrt{\frac{3y}{2x^3}} = \sqrt{\frac{27y \cdot 2x^3}{2x^2 \cdot 3y}} = \sqrt{9x} = 3\sqrt{x}$
d) $\sqrt{\frac{32a}{3b}} : \sqrt{\frac{16b}{15a}} = \sqrt{\frac{32 \cdot 15a^2}{16 \cdot 3b^2}} = \frac{a}{b}\sqrt{6}$

9 (2 + 2 VP)
Es gibt verschiedene Möglichkeiten, die Lösung anzugeben. Beispiele sind alle hier aufgeführten Terme ohne eine Wurzel im Nenner.
a) $\frac{\sqrt{18x} + \sqrt{50x}}{\sqrt{2x}} = \frac{\sqrt{18x} \cdot \sqrt{2x} + \sqrt{50x} \cdot \sqrt{2x}}{\sqrt{2x} \cdot \sqrt{2x}} = \frac{\sqrt{36x^2} + \sqrt{100x^2}}{\sqrt{4x^2}}$
$= \frac{6x + 10x}{2x} = \frac{16x}{2x} = 8$
b) $\frac{ab + b}{b \cdot \sqrt{a}} = \frac{ab \cdot \sqrt{a} + b \cdot \sqrt{a}}{b \cdot \sqrt{a} \cdot \sqrt{a}} = \frac{ab \cdot \sqrt{a} + b \cdot \sqrt{a}}{ab} = \sqrt{a} + \frac{\sqrt{a}}{a}$
$= \sqrt{a} \cdot \left(1 + \frac{1}{a}\right) = \frac{a+1}{a} \cdot \sqrt{a}$

10 (3 + 2 VP)
a)
Gegeben: Sonnenradius $r = 7{,}0 \cdot 10^8 m$
$r = 7{,}0 \cdot 10^9 dm$
Sonnenmasse $m = 2{,}0 \cdot 10^{30} kg$
Gesucht: Dichte $\frac{m}{V}$
Rechnung: $V = 4{,}1888 \cdot r^3$
$V = 4{,}1888 \cdot (7{,}0 \cdot 10^9)^3$
$V = 4{,}1888 \cdot 343 \cdot 10^{27}$
$V = 1436{,}7584 \cdot 10^{27}$
$\approx 1{,}437 \cdot 10^{30}$
Dichte $\frac{m}{V} = \frac{2{,}0 \cdot 10^{30}}{1{,}437 \cdot 10^{30}} \approx 1{,}392 \approx 1{,}4$
Antwort: Die mittlere Dichte der Sonne beträgt etwa $1{,}4 \frac{kg}{dm^3}$.

b)
Gegeben: Sonnenmasse $m = 2{,}0 \cdot 10^{30} kg$
Die Erdmasse hat etwa das $3 \cdot 10^{-6}$-Fache der Sonnenmasse.
Gesucht: Erdmasse
Rechnung: Erdmasse $m_E = 2{,}0 \cdot 10^{30} \cdot (3 \cdot 10^{-6})$
$= 6{,}0 \cdot 10^{24}$
Antwort: Die Erdmasse beträgt $6{,}0 \cdot 10^{24} kg$.

11 (3 + 4 VP)
a) Einsetzen der Zahl 2:
$2 \cdot \sqrt{\frac{2}{2^2 - 1}} = 2 \cdot \sqrt{\frac{2}{3}} = \sqrt{2^2 \cdot \frac{2}{3}}$
$= \sqrt{4 \cdot \frac{2}{3}} = \sqrt{\frac{8}{3}} = \sqrt{2 + \frac{2}{3}} = \sqrt{2 + \frac{2}{2^2 - 1}}$
Die Behauptung gilt für die Zahl 2.
Einsetzen der Zahl 3:
$3 \cdot \sqrt{\frac{3}{3^2 - 1}} = 3 \cdot \sqrt{\frac{3}{8}} = \sqrt{3^2 \cdot \frac{3}{8}}$
$= \sqrt{9 \cdot \frac{3}{8}} = \sqrt{\frac{27}{8}} = \sqrt{3 + \frac{3}{8}} = \sqrt{3 + \frac{3}{3^2 - 1}}$
Die Behauptung gilt für die Zahl 3.
Einsetzen der Zahl 5:
$5 \cdot \sqrt{\frac{5}{5^2 - 1}} = 5 \cdot \sqrt{\frac{5}{24}} = \sqrt{5^2 \cdot \frac{5}{24}}$
$= \sqrt{25 \cdot \frac{5}{24}} = \sqrt{\frac{125}{24}} = \sqrt{5 + \frac{5}{24}} = \sqrt{5 + \frac{5}{5^2 - 1}}$
Die Behauptung gilt für die Zahl 5.
b) Beweisführung von rechts nach links:
$\sqrt{n + \frac{n}{n^2 - 1}} = \sqrt{\frac{n^3 - n}{n^2 - 1} + \frac{n}{n^2 - 1}} = \sqrt{\frac{n^3 - n + n}{n^2 - 1}}$
$= \sqrt{\frac{n^3}{n^2 - 1}} = n \cdot \sqrt{\frac{n}{n^2 - 1}}$

Klassenarbeit 3.4

1 (1 + 1 + 1 VP)
Folgende Terme haben den gleichen Wert.
a) $2^4 = (-2)^4 = 16$ und $2^{-4} = (-2)^{-4} = \frac{1}{16}$
b) $a^{2n} = (-a)^{2n}$ und $a^{-2n} = (-a)^{-2n} = \frac{1}{a^{2n}}$
c) $-5^3 = (-5)^3 = -125$ und $-5^{-3} = (-5)^{-3} = -\frac{1}{125}$

2 (1 + 1 + 1 + 1 VP)
a) $4^2 \cdot 4^5 = 4^{2+5} = 4^7$
b) $5^4 \cdot 5^2 = 5^{4+2} = 5^6$
c) $8^{10} : 8^7 = 8^{10-7} = 8^3$
d) zum Beispiel $6^8 : 6^3 = 6^{8-3} = 6^5$
allgemein: $6^{n+5} : 6^n = 6^5 = 7776$

3 (1 + 1 + 1 + 1 VP)

a) $49^6 = (7^2)^6 = 7^{12}$

b) $100^3 = (10^2)^3 = 10^6$

c) $512^5 = (2^9)^5 = 2^{45}$

d) $0{,}0081^2 = (0{,}3^4)^2 = 0{,}3^8$

4 (1,5 + 1,5 + 1,5 + 1,5 VP)

a) $\frac{a^3b^2c}{a^{-1}b^{-2}c^2} \cdot \frac{ab^{-1}c^{-2}}{a^2b^3c^{-4}}$

$= \frac{a^{3+1}b^{2-1}c^{1-2}}{a^{-1+2}b^{-2+3}c^{2-4}}$

$= \frac{a^4b^1c^{-1}}{a^1b^1c^{-2}}$

$= a^{4-1}b^{1-1}c^{-1-(-2)}$

$= a^3b^0c^1$

$= a^3c$

b) $\frac{a^{k+1} \cdot b}{a^2} \cdot \left(\frac{1}{ab}\right)^{k+1}$

$= \frac{a^{k+1} \cdot b \cdot 1^{k+1}}{a^2 \cdot (ab)^{k+1}}$

$= \frac{a^{k+1} \cdot b}{a^2 \cdot a^{k+1} \cdot b^{k+1}}$

$= \frac{b}{a^2b^{k+1}}$

$= a^{-2}b^{1-(k+1)}$

$= a^{-2}b^{-k}$

c) $(4a)^{-k+3} : a^{-k}$

$= 4^{-k+3} \cdot a^{-k+3} \cdot a^{-(-k)}$

$= (2^2)^{-k+3} \cdot a^{-k+3+k}$

$= 2^{-2k+6} \cdot a^3$

d) $\frac{(2a+b)^{-3}}{(2a-b)^2} : \frac{(2a+b)^4}{(2a-b)^{-3}}$

$= ((2a+b)^{-3} \cdot (2a-b)^{-2}) : ((2a+b)^4 \cdot (2a-b)^{-(-3)})$

$= (2a+b)^{-3} \cdot (2a-b)^{-2} \cdot (2a+b)^{-4} \cdot (2a-b)^{-3}$

$= (2a+b)^{-7} \cdot (2a-b)^{-5}$

5 (1 + 1 + 1 + 1 + 1 VP)

		w	f
a)	Wenn a und b rationale Zahlen sind, dann ist auch das Produkt $a \cdot b$ rational.	X	
b)	Wenn a und b irrationale Zahlen sind, dann ist auch das Produkt $a \cdot b$ irrational.		X
c)	Es gibt natürliche Zahlen a und b, für die gilt $2 \cdot (\sqrt{a} + \sqrt{b}) = a + b$.	X	
d)	Für alle rationalen Zahlen a gilt $(a^m)^n = a^{m^n}$.		X
e)	Für alle natürlichen Zahlen n größer 0 gilt: $\underbrace{x^n + x^n + \ldots + x^n}_{x\text{-mal}} = x^{n+1}$	X	

Beispiele bzw. Gegenbeispiele:

a) $\frac{3}{5}$ und $\frac{2}{7}$ sind rational. Das Produkt $\frac{3}{5} \cdot \frac{2}{7} = \frac{6}{35}$ ist ebenfalls rational.

b) $\sqrt{2}$ und $\sqrt{8}$ sind irrational. Das Produkt $\sqrt{2} \cdot \sqrt{8} = \sqrt{16} = 4$ ist aber natürlich.

c) Wähle die Zahlen $a = 0$ und $b = 4$. Dann gilt $2 \cdot (\sqrt{0} + \sqrt{4}) = 2 \cdot (0 + 2) = 2 \cdot 2 = 4 = 0 + 4$

d) $(2^4)^3 = 2^{12} = 4096$

$2^{4^3} = 2^{64} \approx 1{,}8 \cdot 10^{19}$

Da $4096 \neq 1{,}8 \cdot 10^{19}$ ist, folgt $(2^4)^3 \neq 2^{4^3}$

e) $3^5 + 3^5 + 3^5 = 3 \cdot 3^5 = 3^6$

Allgemein:

$x^n + x^n + \ldots x^n = x \cdot x^n = x^{n+1}$

6 (3 VP)

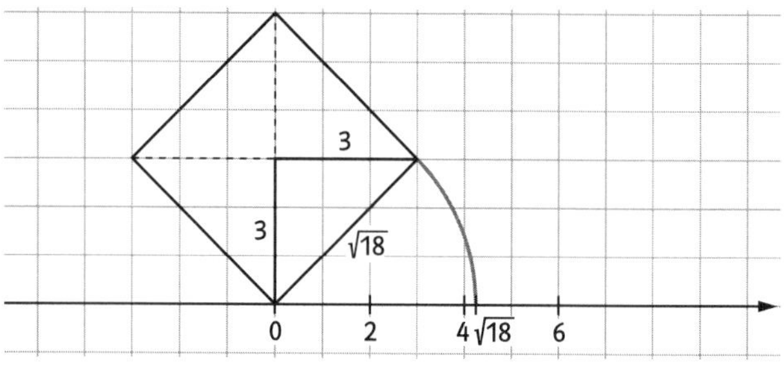

Das abgebildete Quadrat hat einen Flächeninhalt von $4 \cdot \frac{3 \cdot 3}{2} = 18$ Einheiten. Damit beträgt die Seitenlänge des Quadrats $\sqrt{18}$ Einheiten.

7 (3 VP)

Die Wurzel aus b soll eine Zahl a sein, deren Quadrat b ergibt. Es muss also gelten $a^2 = a \cdot a = b$.

Wenn b eine negative Zahl sein soll, so muss das Produkt $a \cdot a$ negativ sein.

- Entweder ist a größer 0, dann ist aber $a \cdot a > 0$ (Das Produkt zweier positiver Zahlen ist immer positiv.)
- Oder a ist kleiner 0, dann ist aber $a \cdot a > 0$ (Das Produkt zweier negativer Zahlen ist immer positiv.)
- Oder a ist gleich null, dann ist aber $a \cdot a = 0$ und somit nicht negativ.

Es kann also keine Zahl a gefunden werden, sodass $a \cdot a < 0$ gilt.

Es gibt also keine reelle Zahl a, für die gilt $a^2 = b < 0$.

Also kann es auch für $\sqrt{b}$ keine reelle Lösung geben.

8 (3 + 4 VP)

a)

Gegeben: Welle: 200 Umdrehungen pro Minute
Untersetzung von Zahnrad zu Zahnrad
$u = \frac{1}{50}$

Gesucht: Umdrehungszeit t_2 des 2. Zahnrades

Rechnung: 2. Zahnrad:
$200 \cdot u^2 = 200 \cdot \left(\frac{1}{50}\right)^2$
$= 0{,}08$ Umdrehungen pro Minute
Umdrehungszeit $t_2 = \frac{1}{0{,}08} = 12{,}5$

Antwort: Das zweite Zahnrad braucht für eine Umdrehung 12,5 Minuten.

b)

Gegeben: *siehe Teilaufgabe a)*

Gesucht: t_{12}

Rechnung: 12. Zahnrad: $200 \cdot u^{12} = 200 \cdot \left(\frac{1}{50}\right)^{12}$
$= 2 \cdot 10^2 \cdot (2 \cdot 10^{-2})^{12} = 2 \cdot 10^2 \cdot 2^{12} \cdot 10^{-24}$
$= 2^{13} \cdot 10^{-22} = 8192 \cdot 10^{-22}$ Umdrehungen pro Minute
$t_{12} = \frac{1}{8192 \cdot 10^{-22}} \approx 0{,}000\,122\,07 \cdot 10^{22}$
$= 1{,}2207 \cdot 10^{18}$

Antwort: Das 12. Zahnrad braucht für eine Umdrehung $1{,}2207 \cdot 10^{18}$ min
$\approx 2{,}0345 \cdot 10^{16}$ h $\approx 8{,}4771 \cdot 10^{14}$ Tage
$\approx 2{,}3224 \cdot 10^{12}$ Jahre
Das zwölfte Zahnrad würde tatsächlich, wie behauptet, mehr als zwei Billionen Jahre für eine Umdrehung brauchen.

9 (1,5 + 1,5 + 2 VP)

a) 80 MB = $80 \cdot 2^{20}$ Byte = 83 886 080 Byte
80 Mb = $80 \cdot 2^{23}$ Bit = 671 088 640 Bit

b) 1 006 632 960 Bit = 1 006 632 960 : 2^3 Byte
= 125 829 120 Byte = 125 829 120 : 2^{20} MB = 120 MB

c)

Gegeben: Anschläge $a = 120\,\frac{\text{Byte}}{\text{min}}$
Arbeitszeit $t = 40\,\frac{\text{h}}{\text{Woche}} = 2400\,\frac{\text{min}}{\text{Woche}}$
Festplattenspeicher f = 20 GB
$= 20 \cdot 2^{30}$ Byte $\approx 2{,}1475 \cdot 10^{10}$ Byte

Gesucht: Gesamtzeit t_g

Rechnung: Anzahl der getippten Byte pro Woche:
$a \cdot t = 120 \cdot 2400 = 288\,000$
Anzahl der benötigten Wochen:
$t_g = \frac{20 \cdot 2^{30}}{288\,000} \approx 74\,565{,}4$

Antwort: Wenn man von 48 Arbeitswochen pro Jahr ausgeht, benötigt die Schreibkraft etwa 74 565,4 : 48 ≈ 1553 Jahre, um die 20-GB-Festplatte vollzuschreiben.

10 (4 VP)

Gegeben: Länge der Brücke s = 918 m
Ausdehnung pro Grad Celsius
$\alpha = 1{,}2 \cdot 10^{-5}\,\frac{\text{m}}{°\text{C}}$
Tiefsttemperatur $T_{min} = -35\,°C$
Höchsttemperatur $T_{max} = 45\,°C$
Anzahl der Dehnungsfugen n = 4

Gesucht: Längenausgleich L_B für die gesamte Brücke;
Längenausgleich a pro Dehnungsfuge

Rechnung: Temperaturdifferenz $T_D = T_{max} - T_{Min}$
$= 45 - (-35) = 80$
Maximaler Längenausgleich für die Brücke:
$L_B = s \cdot T_D \cdot \alpha = 918 \cdot 80 \cdot 1{,}2 \cdot 10^{-5}$
$= 0{,}881\,28$
Längenausgleich pro Dehnungsfuge
$a = \frac{L_B}{4} = \frac{0{,}881\,28}{4} = 0{,}220\,32 \approx 0{,}22$

Antwort: Jede Dehnungsfuge muss ungefähr eine Verschiebungsfuge von 0,22 m = 22 cm ausgleichen können.

11 (4 VP)

Max behauptet, wenn a^2 durch eine natürliche Zahl $n \neq a$, $n > 1$ teilbar ist, dann ist auch a durch n teilbar.
Er hat Unrecht. Als Gegenbeispiel kann man $a^2 = 64$, $n = 16$ wählen.
Dann ist a^2 durch n teilbar: 64 : 16 = 4.
Aber $a = \sqrt{64} = 8$, und 8 ist nicht durch 16 teilbar.
Petra behauptet, wenn a durch eine natürliche Zahl $n \neq a$, $n > 1$ teilbar ist, dann ist auch a^2 durch n teilbar.
Sie hat Recht, denn:
Wenn a durch n teilbar ist, so lässt sich a in der Form $n \cdot a'$ schreiben. Damit gilt:
$a \cdot a = (n \cdot a') \cdot (n \cdot a') = n \cdot (n \cdot a'^2) = a^2$
Somit ist a^2 in jedem Fall durch n teilbar.

Pinboard – Ähnlichkeit

Vergrößern und Verkleinern

Beispiele

Vergrößert oder **verkleinert** man eine Figur maßstäblich, so werden alle Streckenlängen mit demselben positiven Faktor k multipliziert. Alle Winkel bleiben gleich groß.
Ist $k > 1$, so wird die Figur vergrößert,
ist $k < 1$, so wird sie verkleinert.

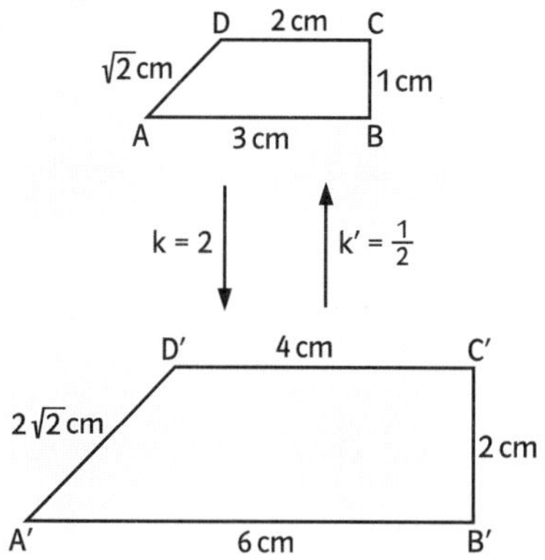

Bemerkung
Beim maßstäblichen Vergrößern bzw. Verkleinern entsteht aus einer **Originalfigur** eine **Bildfigur**. Der **Maßstab** k legt das Längenverhältnis zwischen den Längen der Bildfigur und der Originalfigur fest.

$k = \frac{\text{Länge der Bildstrecke}}{\text{Länge der Originalstrecke}}$

Der Maßstab k wird auch **Ähnlichkeitsfaktor** genannt.

Vergrößern:
$k = \frac{\overline{A'B'}}{\overline{AB}} = \frac{6\,\text{cm}}{3\,\text{cm}} = 2$

Verkleinern:
$k' = \frac{\overline{AB}}{\overline{A'B'}} = \frac{3\,\text{cm}}{6\,\text{cm}} = \frac{1}{2}$

Bild und Originalfigur haben die gleiche Form.
- Das Bild eines Dreiecks ist ein Dreieck.
- Das Bild eines Rechtecks ist ein Rechteck.
- Das Bild eines Quadrats ist ein Quadrat.
- Das Bild einer Raute eine Raute.
- Das Bild eines Kreises ist ein Kreis.
usw.

Ändert man die Seiten einer Fläche oder die Kanten eines Körpers mit dem Faktor k, so ändert sich der Flächeninhalt einer Fläche mit dem Faktor $f = k^2$ und das Volumen eines Körpers mit dem Faktor $v = k^3$.

$A = \frac{2\,\text{cm} + 3\,\text{cm}}{2} \cdot 1\,\text{cm} = 2{,}5\,\text{cm}^2$

$A' = \frac{4\,\text{cm} + 6\,\text{cm}}{2} \cdot 2\,\text{cm} = 10\,\text{cm}^2$

$\frac{A'}{A} = \frac{10\,\text{cm}^2}{2{,}5\,\text{cm}^2} = 4 = 2^2.$

Ähnliche Figuren

Durch maßstäbliches Vergrößern oder Verkleinern einer Figur entsteht eine **ähnliche** Figur.

Bemerkung
Ähnliche Figuren stimmen im Verhältnis entsprechender Seiten und der Größe entsprechender Winkel überein.
Die Form ähnlicher Figuren ist gleich.

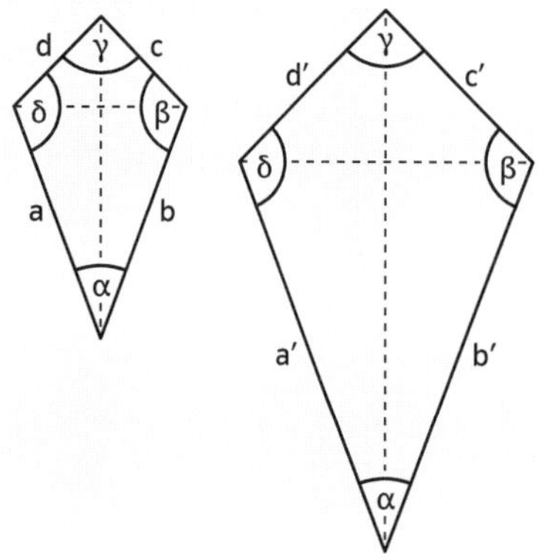

Ähnliche Dreiecke

Die Ähnlichkeit von Dreiecken kann man auf verschiedene Weise zeigen.

1. Möglichkeit
Zwei Dreiecke sind ähnlich, wenn sie in der Größe zweier Winkel übereinstimmen.

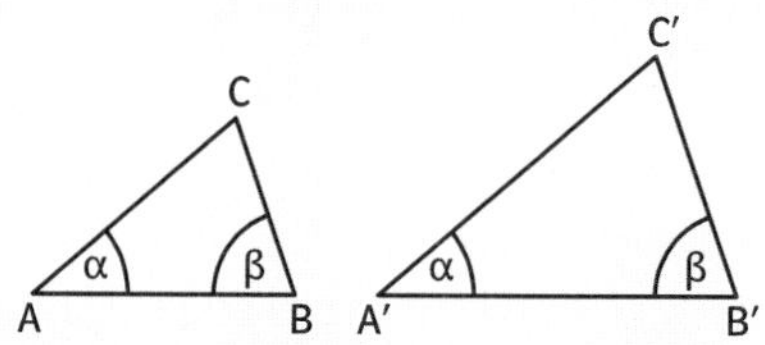

2. Möglichkeit
Zwei Dreiecke sind ähnlich, wenn sie im Verhältnis zweier Seiten und der Größe des von diesen beiden Seiten eingeschlossenen Winkels übereinstimmen.

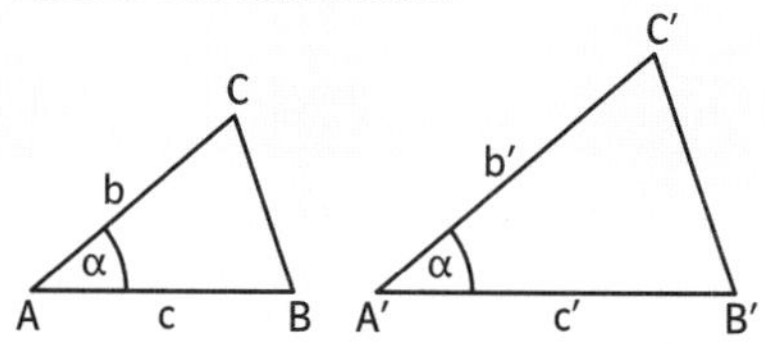

$\frac{\overline{A'B'}}{\overline{AB}} = \frac{\overline{A'C'}}{\overline{AC}}$

3. Möglichkeit
Zwei Dreiecke sind ähnlich, wenn sie im Verhältnis der drei Seiten übereinstimmen.

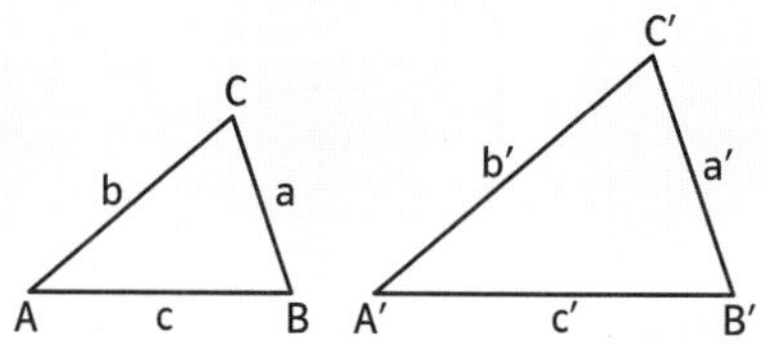

$\frac{\overline{A'B'}}{\overline{AB}} = \frac{\overline{B'C'}}{\overline{BC}} = \frac{\overline{A'C'}}{\overline{AC}}$

4. Möglichkeit
Zwei Dreiecke sind ähnlich, wenn sie im Verhältnis zweier Seiten und der Größe des Winkels, der der größeren Seite gegenüberliegt, übereinstimmen.

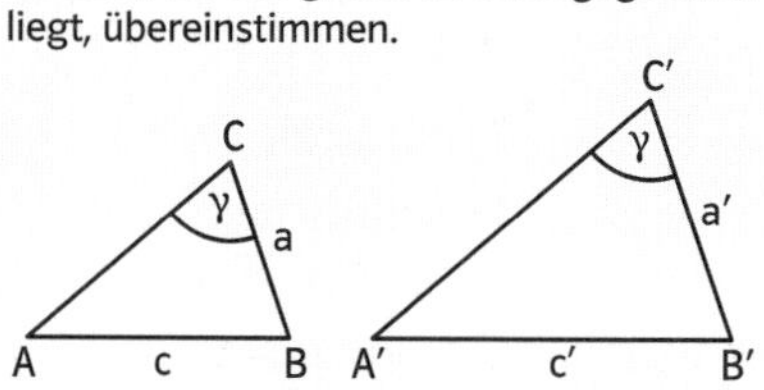

$\frac{\overline{A'B'}}{\overline{AB}} = \frac{\overline{A'C'}}{\overline{AC}}$ oder $\frac{\overline{A'B'}}{\overline{AB}} = \frac{\overline{B'C'}}{\overline{BC}}$

Bemerkung
Diese vier Möglichkeiten werden auch als die vier **Ähnlichkeitssätze** bezeichnet.

„Wissen nennen wir jenen Teil unserer Unwissenheit, den wir geordnet und katalogisiert haben."
Ambrose Bierce

Strahlensätze

Beispiele

Werden zwei von einem gemeinsamen Punkt S ausgehende **Strahlen** von zwei **parallelen Geraden** geschnitten, so gelten zwei Strahlensätze.

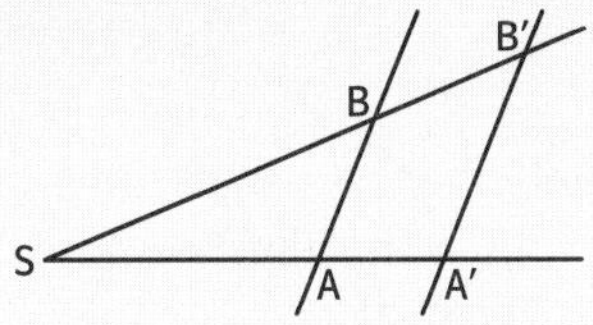

$\overline{AB} \parallel \overline{A'B'}$ $\quad \overline{SA} = 2$, $\overline{SB} = 3$, $\overline{SA'} = 3$, $\overline{SA'} = 4{,}5$

1. Strahlensatz

Die Längen der Abschnitte auf einem Strahl stehen im gleichen Verhältnis wie die Längen der entsprechenden Abschnitte auf dem anderen Stahl: $\frac{\overline{SA'}}{\overline{SA}} = \frac{\overline{SB'}}{\overline{SB}}$.

$\frac{\overline{SA'}}{\overline{SA}} = \frac{3}{2} = 1{,}5$

$\frac{\overline{SB'}}{\overline{SB}} = \frac{4{,}5}{3} = 1{,}5$

2. Strahlensatz

Die Längen der von S aus gemessenen Abschnitte auf dem einen Strahl stehen im gleichen Verhältnis wie die Längen der entsprechenden Abschnitte auf den parallelen Geraden.
$\frac{\overline{SA'}}{\overline{SA}} = \frac{\overline{A'B'}}{\overline{AB}}$ oder $\frac{\overline{SB'}}{\overline{SB}} = \frac{\overline{A'B'}}{\overline{AB}}$

$\frac{\overline{SA'}}{\overline{SA}} = \frac{3}{2} = 1{,}5$

$\frac{\overline{A'B'}}{\overline{AB}} = \frac{1{,}5}{1} = 1{,}5$

Bemerkungen
Die Strahlensätze gelten auch, wenn eine der zwei parallelen Geraden die rückwärtige Verlängerung der beiden Strahlen schneidet.

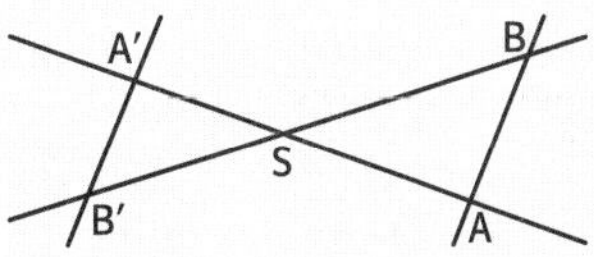

$\overline{AB} \parallel \overline{A'B'}$

Als Folgerung aus dem ersten Strahlensatz gilt auch $\frac{\overline{SA}}{\overline{AA'}} = \frac{\overline{SB}}{\overline{BB'}}$.
Der erste Strahlensatz ist umkehrbar, das heißt wenn $\frac{\overline{SA'}}{\overline{SA}} = \frac{\overline{SB'}}{\overline{SB}}$ gilt, dann liegen die Geraden $\overline{AB}$ und $\overline{A'B'}$ parallel zueinander.
Der zweite Strahlensatz ist nicht umkehrbar, das heißt wenn $\frac{\overline{SA'}}{\overline{SA}} = \frac{\overline{A'B'}}{\overline{AB}}$ oder $\frac{\overline{SB'}}{\overline{SB}} = \frac{\overline{A'B'}}{\overline{AB}}$ gilt, so müssen die beiden Geraden $\overline{AB}$ und $\overline{A'B'}$ nicht unbedingt parallel zueinander liegen.

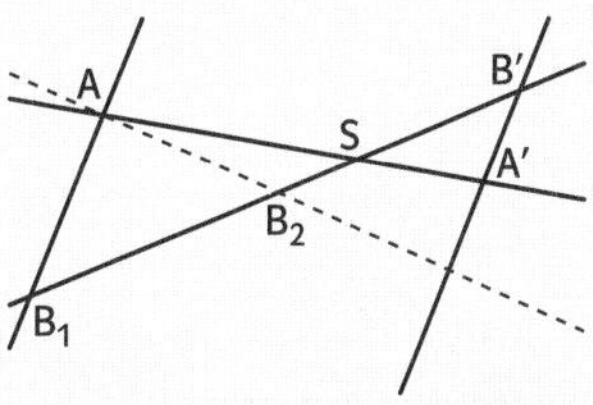

$\overline{AB_2} = \overline{AB_1}$ und $\overline{AB_1} \parallel \overline{A'B'}$
$\frac{\overline{SA'}}{\overline{SA}} = \frac{\overline{A'B'}}{\overline{AB_1}} = \frac{\overline{A'B'}}{\overline{AB_2}}$, aber $\overline{AB_2} \nparallel \overline{A'B'}$

Anwendung der Strahlensätze

- Trage gegebene Werte in eine Skizze ein.
- Trage ggf. Hilfslinien ein, um eine Strahlensatzfigur zu erhalten.
- Prüfe, ob die Voraussetzungen der Strahlensätze erfüllt sind.
- Bringe gleichartige Größen auf die gleiche Einheit und rechne dann ohne Einheiten.
- Prüfe, ob das Ergebnis sinnvoll ist.
- Gib im Antwortsatz die Größen mit Einheiten an.

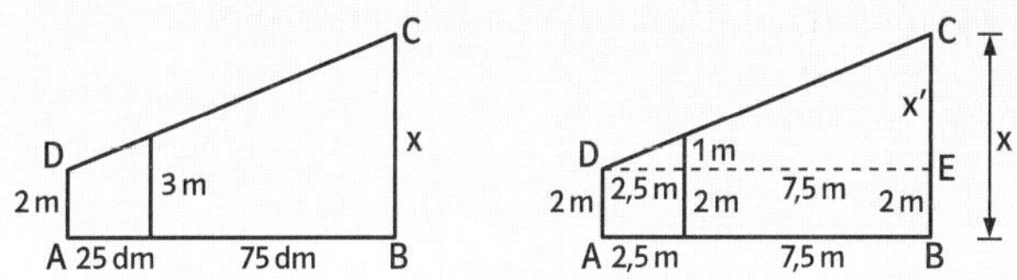

Im Dreieck DEC sind die Voraussetzungen für den Strahlensatz erfüllt.
$\frac{x'}{2{,}5 + 7{,}5} = \frac{1}{2{,}5} \iff x' = \frac{10}{2{,}5} = 4 \qquad x = x' + 2 = 4 + 2 = 6$
Die Strecke x ist 6 m lang.

Bist du sicher?

1 Berechne die Streckenlänge x (alle Angaben in cm).
a)

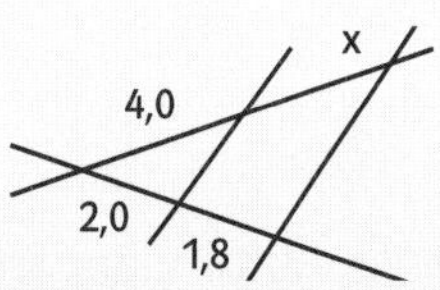

b)

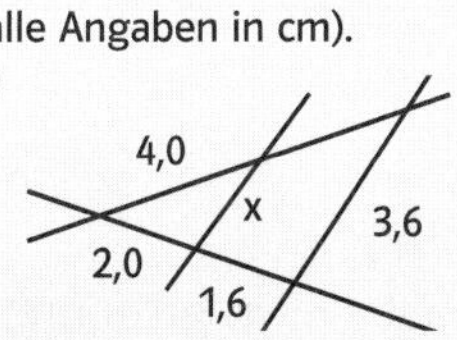

2 Berechne die Streckenlängen x und y.
a)

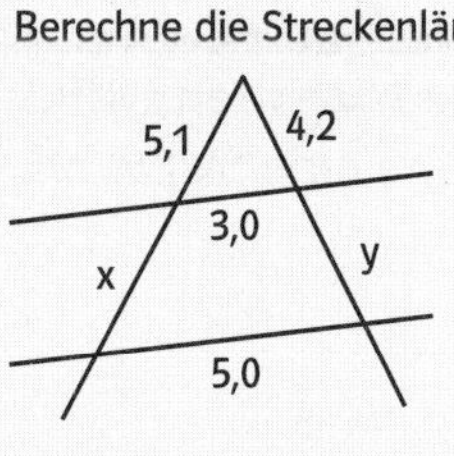

b)

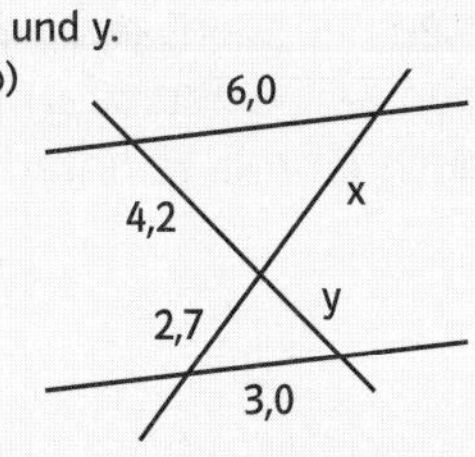

3 Welche Dreiecke im linken Bild, welche Rechtecke im rechten Bild sind ähnlich (alle Angaben in cm)?

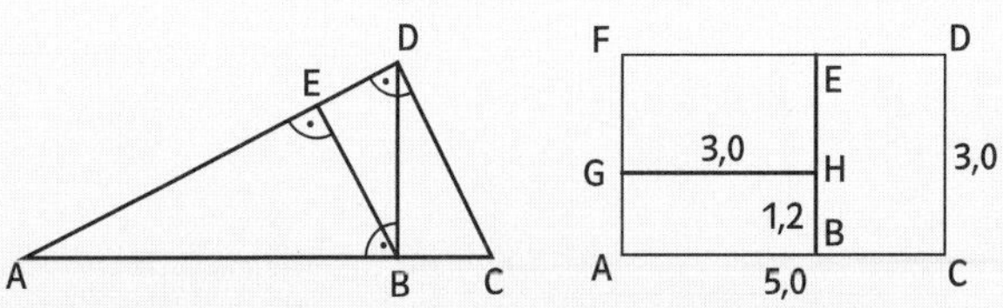

4 Bestimme den Ähnlichkeitsfaktor und die fehlenden Seitenlängen.

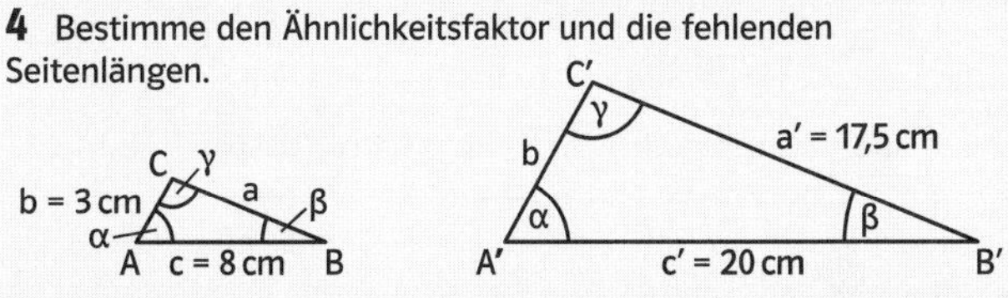

Klassenarbeit 4.1

Anfangszeit: ____________ **90 min** **Abgabe:** ____________

1 (4 + 3 VP)
a) Ein Rechteck hat die Seitenlängen $a = 8\,\text{cm}$ und $b = 6\,\text{cm}$. Zeichne das mit $k = 1{,}5$ vergrößerte und das mit $k = 0{,}75$ verkleinerte Rechteck.
b) Ein Dreieck hat einen Flächeninhalt von $24\,\text{cm}^2$. Welchen Flächeninhalt hat das mit $k = 3{,}5$ vergrößerte Dreieck?

2 (6 VP)
Übertrage die Tabelle in dein Heft und vervollständige sie.

	Originallänge	Bildlänge	Ähnlichkeitsfaktor
a)	12 m	2,40 m	
b)	3 mm	21 cm	
c)	28 mm		5
d)		1,8 m	3
e)	14 km		0,005
f)		300 µm	2000

3 (6 VP)
Prüfe nach, ob die beiden abgebildeten Dreiecke ähnlich sind. Es gibt mehrere Möglichkeiten, dies zu überprüfen. Beschreibe deine Vorgehensweise und begründe.

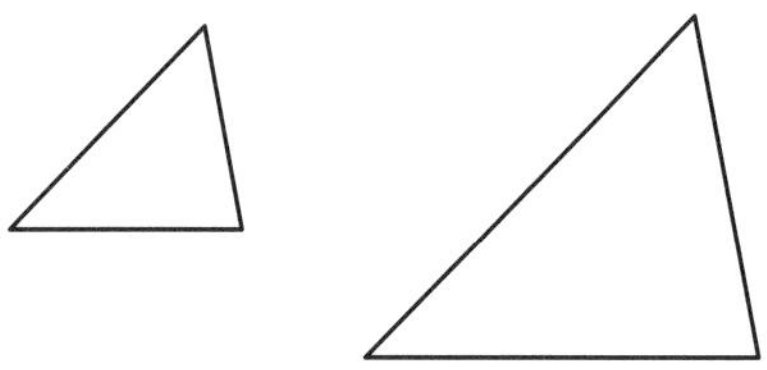

4 (4 + 4 VP)
a) Berechne die Strecke $\overline{SB'}$.

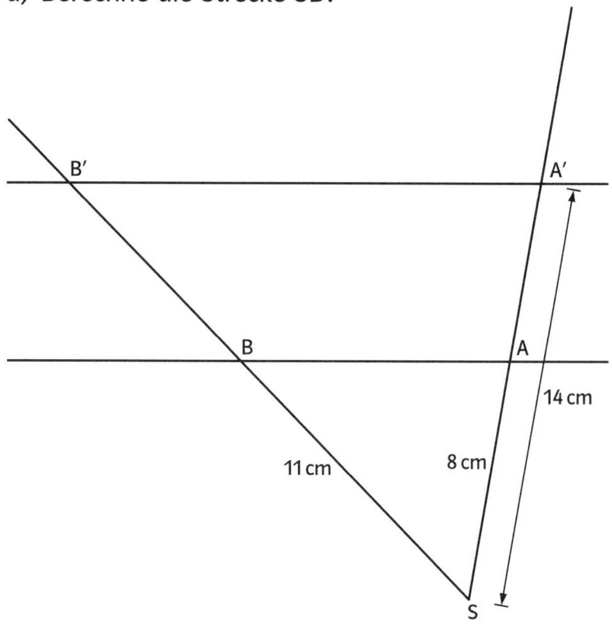

b) Berechne die Strecke $\overline{AB}$.

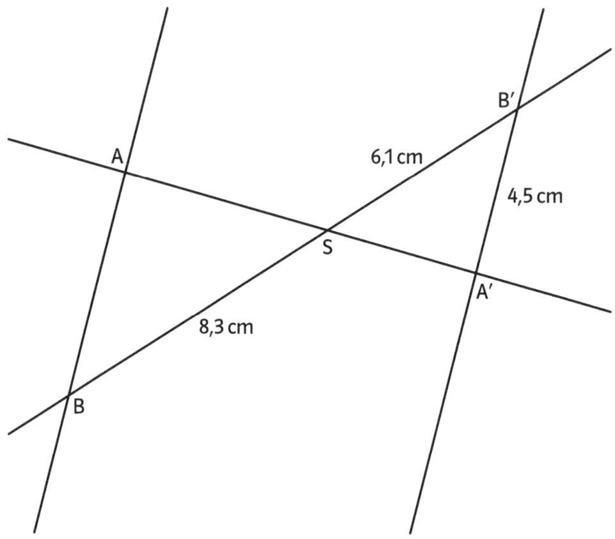

5 (6 VP)
Petra ist 1,65 m groß und wirft einen 2,10 m langen Schatten. Sie steht neben einem Windrad, das zur gleichen Zeit einen 62,5 m langen Schatten wirft. Wie hoch ist das Windrad? Fertige eine Skizze an.

6 (7 VP)
Eine Passstraße hat eine Steigung von 13%.
Welchen Höhenunterschied überwindet die Straße, die auf einer Karte im Maßstab 1:25000 eine Länge von 7,2 cm hat?

7 (4 VP)
Mit der abgebildeten Messlehre können Durchmesser von Drähten gemessen werden.
Wie dick ist der Draht in der Abbildung?

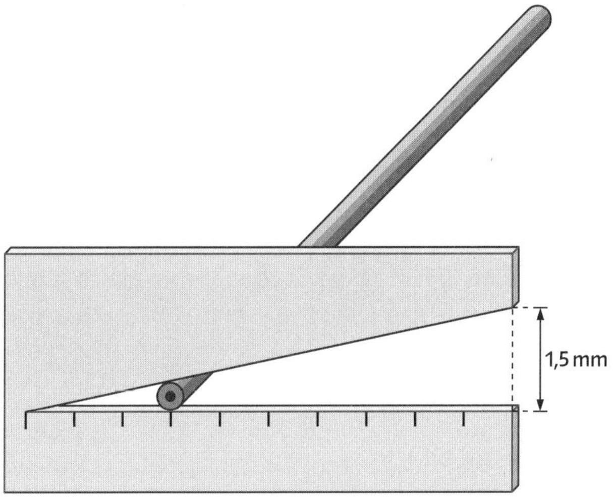

8 (4 VP)
Lies am abgebildeten Nomogramm die Geschwindigkeit in $\frac{km}{h}$ bzw. $\frac{m}{s}$ ab.

a) $40\frac{km}{h}$; $25\frac{km}{h}$

b) $24\frac{m}{s}$; $17\frac{m}{s}$

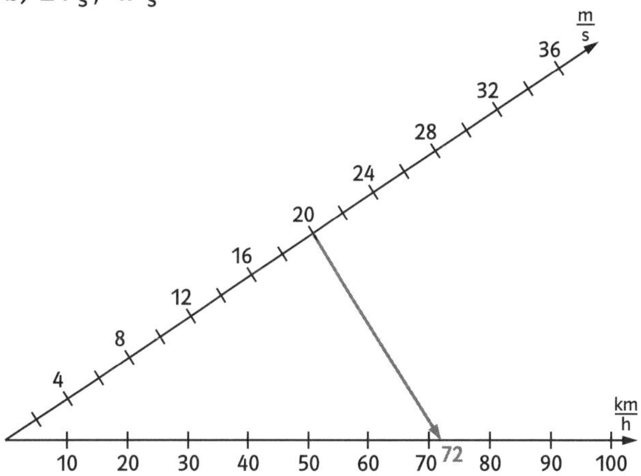

Lerntipps

zu Aufgabe 2
Der Ähnlichkeitsfaktor gibt das Längenverhältnis von Bildstrecke zur Originalstrecke an.
zu Aufgabe 3
Nutze einen Ähnlichkeitssatz für Dreiecke.
zu Aufgabe 5
Nutze die Strahlensätze.
zu Aufgabe 6
Hat eine Straße eine Steigung von p%, so steigt sie auf 100 m horizontal gemessen um p Meter.

Klassenarbeit 4.2

Anfangszeit: ____________ **90 min** **Abgabe:** ____________

1 (4 + 4 VP)
a) Die Spurweite der Bundesbahn beträgt 1435 mm. Welche Spurweite hat eine Gartenbahn im Maßstab 1 : 32 und die kleinste Modellbahnspur Z im Maßstab 1 : 220?
b) Ein Eisenbahnmodell in der Spurweite H0 (Maßstab 1 : 87) nimmt eine Fläche von $4{,}2\,m^2$ ein. Welche Fläche würde das gleiche Modell in der Spurweite Z einnehmen?

2 (5 VP)
Konstruiere zu dem Dreieck ABC mit a = 8 cm; b = 6 cm; c = 10 cm ein ähnliches Dreieck A'B'C' mit c' = 7,5 cm.

3 (5 VP)
Die Geraden g und h sind parallel und es gilt:
$\overline{AE} = 6{,}0\,cm$; $\overline{AD} = 9{,}0\,cm$; $\overline{BC} = 2{,}0\,cm$; $\overline{BE} = 2{,}4\,cm$.
Berechne die Streckenlängen $\overline{AB}$ und $\overline{CD}$.

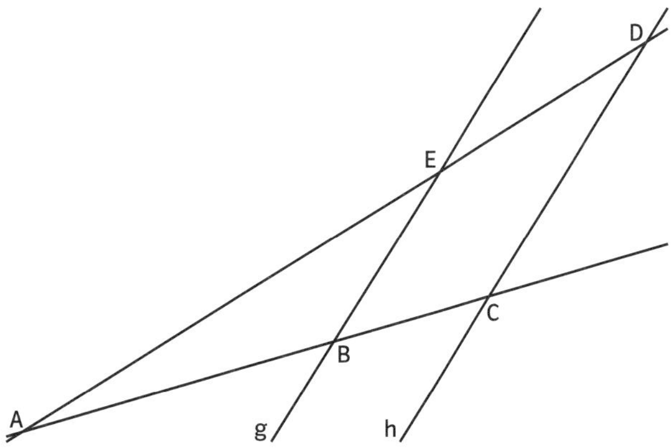

4 (6 VP)
Drei Streckenlängen a, b und c sind unten abgebildet. Konstruiere mithilfe eines Strahlensatzes eine Strecke x, für die gilt $\frac{a}{b} = \frac{c}{x}$.

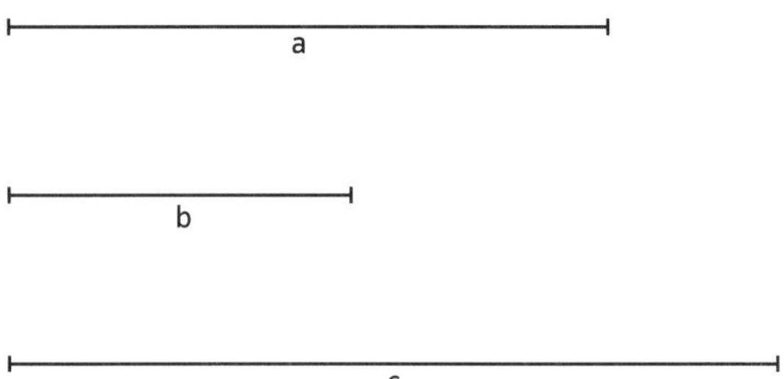

5 (2 + 3 + 3 VP)

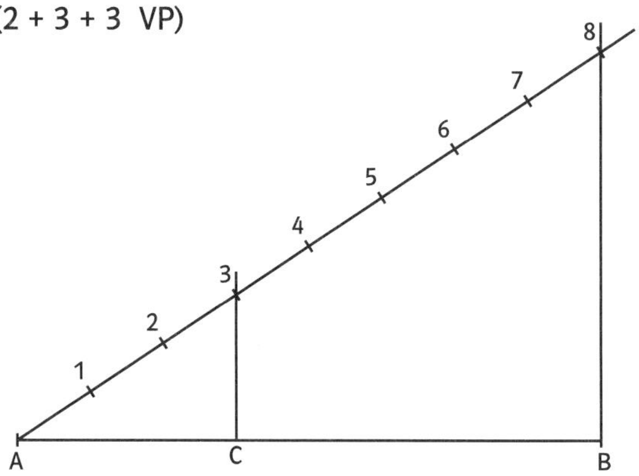

Die Strecke $\overline{AB}$ ist durch den Punkt C geteilt worden.
a) In welchem Verhältnis steht $\overline{AC}$ zu $\overline{BC}$?
b) Teile nach dem in Teilaufgabe a) vorgestellten Verfahren die Strecke a = 6,3 cm im Verhältnis 7 : 2 und lies die Länge der Teilstrecken ab.
Kontrolliere dein Ergebnis durch Rechnung.
c) Teile eine 8,3 cm lange Stecke in drei gleich lange Abschnitte.

6 (5 VP)
Wie breit ist der Fluss?

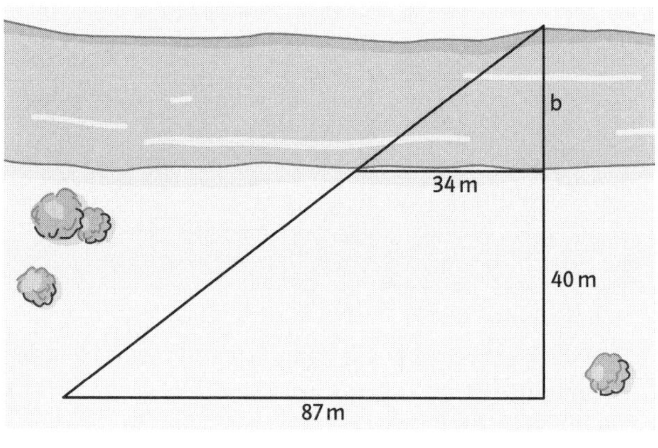

7 (5 VP)
Bestimme die Seitenlänge x in Abhängigkeit von a.

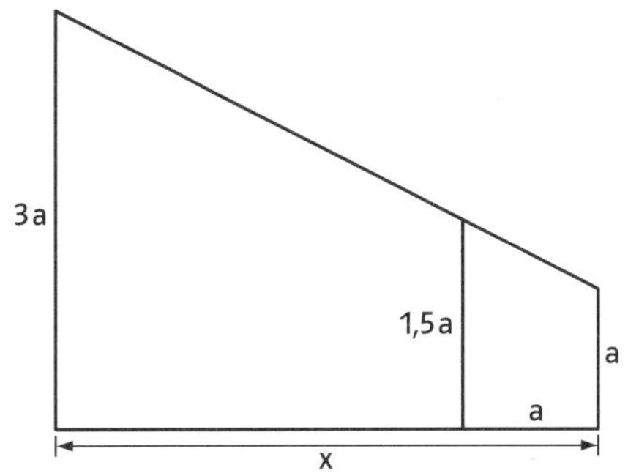

8 (6 VP)
Die beiden Geraden g und h liegen parallel.
Zeige, dass $c = 10b$ ist.

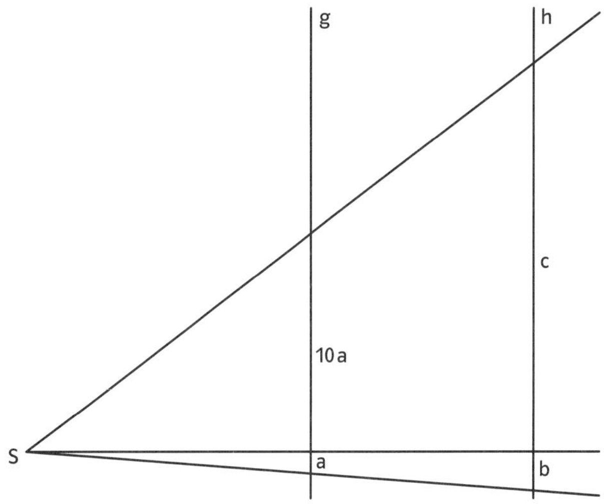

Lerntipps

zu Aufgabe 1b)
Ein möglicher Weg, die Lösung zu finden, ist, zunächst die Größe der Originalfläche zu bestimmen.

zu Aufgabe 2
Es genügt, das Bilddreieck mit der Seite $c' = 7{,}5\,\text{cm}$ zu konstruieren. Das Originaldreieck muss nicht unbedingt konstruiert werden. Wenn du aber zuerst das Originaldreieck konstruierst, findest du das Bilddreieck sogar, ohne zu rechnen.

zu Aufgabe 4
Nutze den ersten Strahlensatz. Die Strecken a und b befinden sich auf demselben Strahl, die Strecke c befindet sich auf dem anderen Strahl.

zu Aufgabe 7
Zeichne geeignete Hilfslinien, um mit dem zweiten Strahlensatz die Lösung zu finden.

zu Aufgabe 8
Nutze den zweiten Strahlensatz für den unteren und für den oberen Teil der Figur. Es ergibt sich damit ein Gleichungssystem mit zwei Variablen.

Anfangszeit: ______ **90 min** **Abgabe:** ______

1 (2 + 3 + 2 VP)
Bei einem Fotokopierer kann mit der Zoomtaste der Maßstab, in dem die Kopie angefertigt werden soll, in Prozent eingestellt werden.
a) Auf wie viel Prozent muss der Kopierer eingestellt werden, wenn das Original im Maßstab 3 : 4; 1 : 5; 5 : 4; 3 : 2 verändert werden soll?
b) Ein Kopierer kann maximal auf 150 % eingestellt werden.
Wie muss man vorgehen, um eine Vergrößerung von 225 % zu erreichen?
c) Ein Kopierer kann maximal auf 175 % vergrößern. Wie musst du vorgehen, um eine Vergrößerung von 200 % zu erreichen?

2 (3 VP)
Welche der folgenden Figuren sind immer ähnlich?

	immer	nicht immer
Rechtecke		
Quadrate		
gleichschenklige Dreiecke		
rechtwinklige Dreiecke		
kongruente Dreiecke		
gleichseitige Dreiecke		
regelmäßige Fünfecke		
gleichschenklige Trapeze		
Kreise		
Drachen		

3 (3 + 3 VP)
Die Kantenlängen a = 6 cm; b = 9 cm; c = 5 cm eines Quaders werden um den Faktor k = 2,5 vergrößert.
a) Passen in den vergrößerten Quader fünf Liter Wasser?
b) Mit welchem Faktor k müssen die Kanten des ursprünglichen Quaders vergrößert werden, damit der vergrößerte Quader genau drei Liter Wasser fasst?

4 (6 VP)
Die Gerade g schneidet den Kreis um O mit dem Radius von drei Längeneinheiten in den Punkten A(3 | 0) und B(0 | 3). Die Gerade h ist parallel zur x-Achse und geht durch C(0 | 1).
Begründe, dass die Dreiecke OAB und CEB ähnlich sind.

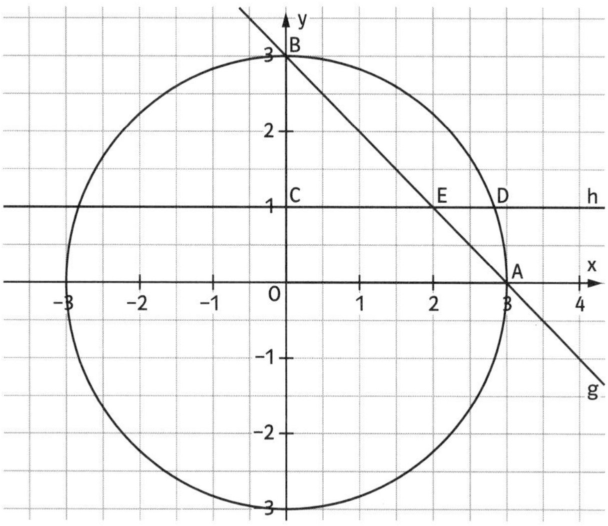

5 (3 + 4 VP)
Ein dreieckiges Papierstück wird parallel zu einer Seite durchgeschnitten.
Welche Seitenlängen haben die Teilstücke?
a)

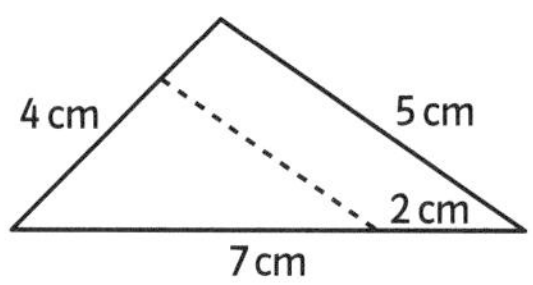

b)

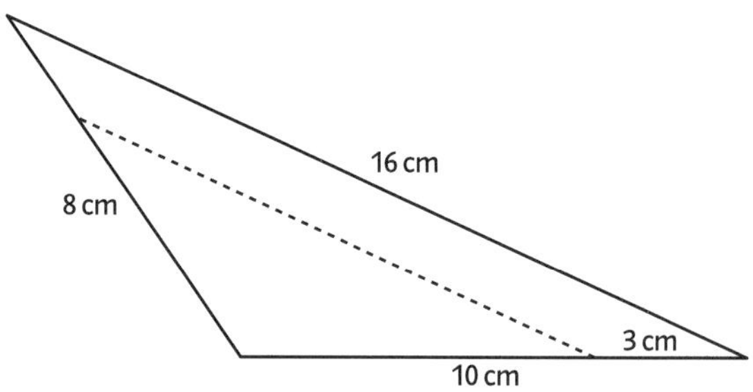

6 (3 + 4 VP)
Um einen Gegenstand ohne Linse auf einer Mattscheibe oder Fotoplatte abzubilden, verwendet man schon seit Jahrhunderten eine sogenannte Lochkamera.

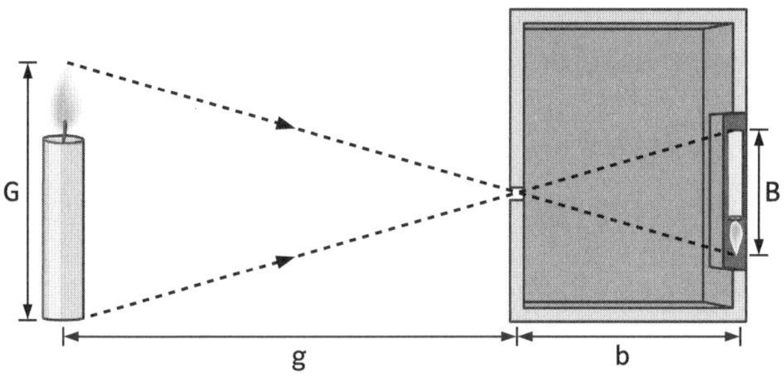

Begriffe: Gegenstandsgröße G
Gegenstandsweite g
Bildgröße B
Bildweite b

Die vom Gegenstand (Kerze) ausgehenden Lichtstrahlen treten durch das Loch in die Kamera ein und erzeugen auf der Rückwand (Mattscheibe) ein umgekehrtes Bild.

a) Wie groß ist eine Kerze, die 1,5 m vor der Kamera steht, wenn die Bildweite 20 cm und die Bildgröße 12 cm beträgt?

b) Erläutere, inwiefern sich eine Lochkamera bei bekannter Gegenstandsgröße als Entfernungsmesser benutzen lässt.

7 (6 VP)
Mit einem 16 cm langen Bleistift, den sich Tobias im Abstand von 61 cm vor seinen Augen hält, deckt er die Länge einer Brücke zur Hälfte ab. Auf einer Karte im Maßstab 1 : 20 000 liest er ab, dass sein Standort 2,7 cm von der Brücke entfernt ist. Wie lang ist die Brücke?
Fertige eine Planskizze an.

8 (6 VP)
Zwei von einem gemeinsamen Punkt S ausgehende Strahlen werden von zwei Geraden geschnitten. Auf einem Strahl entsteht dadurch ein großer Abschnitt (gemessen von S aus) von 8 cm und ein kleiner Abschnitt von 4 cm. Auf den beiden Geraden entstehen die Abschnitte von 6 cm bzw. 3 cm.
Max Schlaumeier behauptet, dass die beiden Geraden nicht unbedingt parallel liegen müssen.
Hat er Recht? Begründe mit einer Konstruktion.

Klassenarbeit 4.4

Anfangszeit: ______________ **90 min** **Abgabe:** ______________

1 (4 + 3 VP)
Aus dem Quadrat Q_1 ist das um den Faktor k vergrößerte Bildquadrat Q_2 hervorgegangen.

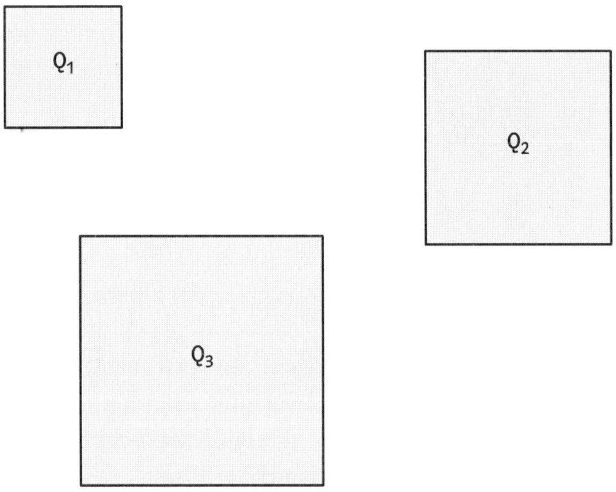

a) Ist das Quadrat Q_3 das Bild von Q_2 mit demselben Faktor k?
b) Mit welchem Faktor muss das Originalquadrat Q_1 vergrößert werden, um das Bildquadrat Q_3 zu erhalten?

2 (2 + 2 + 3 VP)
Ein Brief mit der Schriftgröße Perl (Buchstabenhöhe 1,88 mm) wird durch eine Fotokopie auf 140 % vergrößert.
a) In welchem Maßstab a : b (a, b natürliche Zahlen) wurde vergrößert?
b) Welche Buchstabenhöhe hat die Schrift in der Kopie?
c) Die Schrift wird erst um 30 % verkleinert, anschließend die Kopie um 70 % vergrößert.
Auf wie viel Prozent hätte man den Kopierer einstellen müssen, um die gleiche maßstäbliche Veränderung sofort zu erhalten?

3 (5 VP)
Ein Blumenbeet setzt sich aus zwei Kreisen mit 8 m Durchmesser zusammen. Der Abstand der beiden Mittelpunkte beträgt 3 m.
Zeichne das Blumenbeet im Maßstab 1 : 200.

4 (1 + 1 + 1 + 1 + 1 VP)
Ergänze in den folgenden Sätzen die Worte „manchmal", „immer" oder „nie", sodass wahre Aussagen entstehen.

a) Wenn zwei Dreiecke in den Größen zweier Winkel übereinstimmen, dann sind diese Dreiecke

______________________ ähnlich.

b) Wenn zwei Dreiecke ähnlich sind, dann sind sie

______________________ kongruent.

c) Wenn ein Dreieck spitzwinklig und ein anders stumpfwinklig ist, dann sind diese beiden Dreiecke

______________________ ähnlich.

d) Wenn zwei Dreiecke ähnlich, jedoch nicht kongruent sind, dann haben sie ______________________ den gleichen Flächeninhalt.

e) Wenn zwei Dreiecke gleichschenklig sind, dann sind sie ______________________ ähnlich.

5 (4 VP)
Die Geraden g und h sind parallel. Es gilt $\overline{AB} = 4{,}0\,\text{cm}$, $\overline{BC} = 2{,}4\,\text{cm}$, $\overline{BD} = 2{,}0\,\text{cm}$ und $\overline{AE} = 2{,}8\,\text{cm}$.
Berechne die Streckenlängen $\overline{CD}$ und $\overline{BE}$.

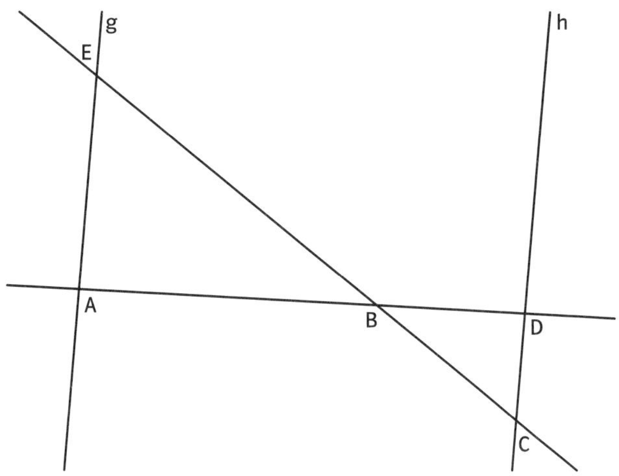

6 (3 + 2 + 2 VP)
a) Weise nach, dass die Dreiecke ADE und BCD ähnlich sind.
Zeige, dass dann $\overline{AD} \cdot \overline{DC} = \overline{BD} \cdot \overline{DE}$ gilt.
b) Wie lang ist die Strecke $\overline{AE}$?
c) Sind auch die Dreiecke ABC und ABE ähnlich?

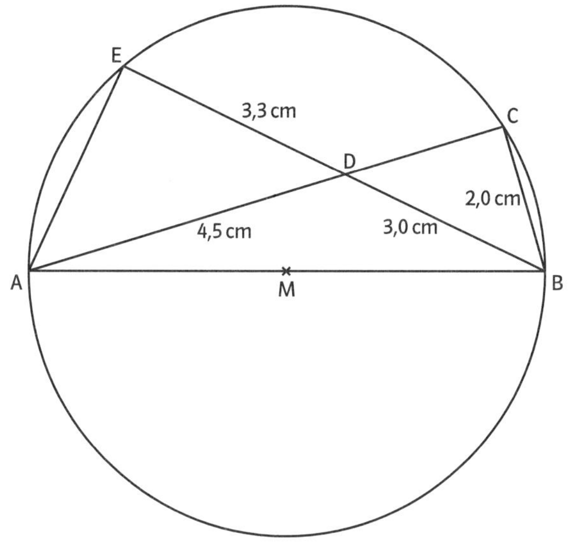

7 (6 VP)
In welcher Höhe befindet sich der Fesselballon?

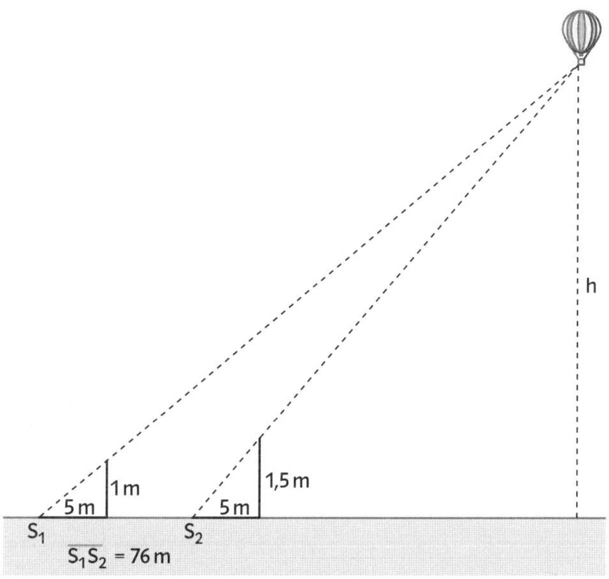

8 (7 VP)
Auf der Abbildung entsteht der Eindruck, dass die Person die Sonne „umarmt".

Wie weit muss ein Beobachter von der abgebildeten Person entfernt sein, um diesen optischen Eindruck zu haben?
Beachte, dass die Armlänge einer Person etwa 70 cm beträgt.
Nutze die Angaben aus dem Lexikon.

Aus dem Lexikon
Durchmesser der Sonne
$d = 1{,}4 \cdot 10^6$ km
Abstand der Sonne von der Erde
$s = 1{,}5 \cdot 10^8$ km

Bemerkung zum Lösen mithilfe der Strahlensätze.
Wird ein Strahlensatz benutzt, so erhält man eine Gleichung, bei der die beiden Terme rechts und links des Gleichheitszeichens Brüche sind. Achte darauf, dass die gesuchte Größe möglichst im linken Term der Gleichung im Zähler steht. Damit ersparst du dir komplizierte Termumformungen.

Pinboard – Ähnlichkeit

1
a) $x = 3{,}6\,\text{cm}$ b) $x = 2{,}0\,\text{cm}$

2
a) $x = 3{,}4\,\text{cm}$, $y = 2{,}8\,\text{cm}$
b) $x = 5{,}4\,\text{cm}$, $y = 2{,}1\,\text{cm}$

3
Die Dreiecke ABE, CDB, BDE, ABD und ACD sind ähnlich. Die Rechtecke ACDF und GHEF sind ähnlich.

4
$k = 2{,}5$; $a = 7\,\text{cm}$; $b' = 7{,}5\,\text{cm}$

Klassenarbeit 4.1

1 (4 + 3 VP)
a) Das vergrößerte Rechteck hat die Seitenlängen
$a' = 1{,}5 \cdot a = 1{,}5 \cdot 8\,\text{cm} = 12\,\text{cm}$ und
$b' = 1{,}5 \cdot b = 1{,}5 \cdot 6\,\text{cm} = 9\,\text{cm}$.
Das verkleinerte Rechteck hat die Seitenlängen
$a'' = 0{,}75 \cdot a = 0{,}75 \cdot 8\,\text{cm} = 6\,\text{cm}$ und
$b'' = 0{,}75 \cdot b = 0{,}75 \cdot 6\,\text{cm} = 4{,}5\,\text{cm}$.
Zeichnung im Maßstab 1:2

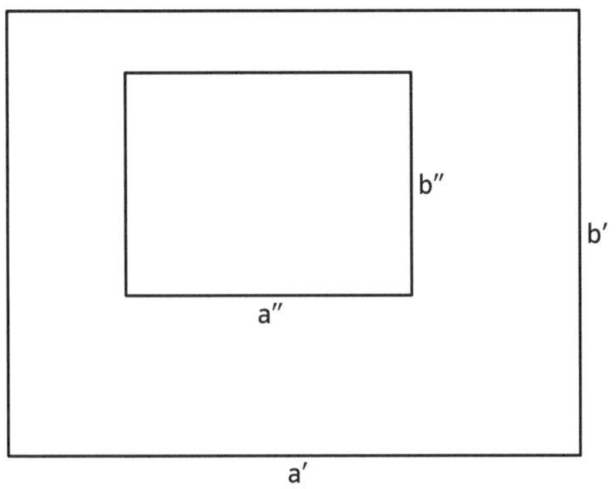

b) Wird eine Figur mit dem Faktor k vergrößert, so vergrößert sich der Flächeninhalt mit dem Faktor k^2.
$A' = k^2 \cdot A = 3{,}5^2 \cdot 24\,\text{cm}^2 = 12{,}25 \cdot 24\,\text{cm}^2 = 294\,\text{cm}^2$

2 (6 VP)

	Originallänge	Bildlänge	Ähnlichkeitsfaktor
a)	12 m	2,40 m	***0,2***
b)	3 mm	21 cm	***70***
c)	28 mm	***140 mm***	5
d)	***0,6 m***	1,8 m	3
e)	14 km	***0,07 km***	0,005
f)	***0,15 µm***	300 µm	2000

3 (6 VP)
Die Prüfung kann nach einem der Ähnlichkeitssätze für Dreiecke erfolgen. Am besten prüft man, ob die Dreiecke in der Größe zweier Winkel übereinstimmen.
In beiden Dreiecken sind die Winkel 45°, 57° und 78°. Die beiden Dreiecke sind also ähnlich.
Alternative
- *Ein Winkel ist in beiden Dreiecken 45° und die Verhältnisse der beiden anliegenden Seiten sind*
  kleines Dreieck: $\frac{16\,\text{mm}}{19\,\text{mm}} \approx 0{,}84$
  großes Dreieck: $\frac{27\,\text{mm}}{32\,\text{mm}} \approx 0{,}84$
  Die beiden Dreiecke sind also ähnlich.
  Für die beiden anderen Winkel kann analog verfahren werden.
- *Die Verhältnisse der drei Seiten werden bestimmt.*
  kleines Dreieck: $\frac{16\,\text{mm}}{19\,\text{mm}} \approx 0{,}84$
  großes Dreieck: $\frac{27\,\text{mm}}{32\,\text{mm}} \approx 0{,}84$
  und
  kleines Dreieck: $\frac{13\,\text{mm}}{19\,\text{mm}} \approx 0{,}68$
  großes Dreieck: $\frac{22\,\text{mm}}{32\,\text{mm}} \approx 0{,}69$
  und
  kleines Dreieck: $\frac{13\,\text{mm}}{16\,\text{mm}} \approx 0{,}81$
  großes Dreieck: $\frac{22\,\text{mm}}{27\,\text{mm}} \approx 0{,}81$
  Die beiden Dreiecke sind ähnlich, da sie im Verhältnis aller drei Seiten (bis auf Messgenauigkeit) übereinstimmen.

4 (4 + 4 VP)

a) Nach dem ersten Strahlensatz gilt:

$\frac{\overline{SB'}}{\overline{SB}} = \frac{\overline{SA'}}{\overline{SA}}$

$\frac{\overline{SB'}}{11\,cm} = \frac{14\,cm}{8\,cm}$ $\quad | \cdot 11\,cm$

$\overline{SB'} = \frac{14\,cm}{8\,cm} \cdot 11\,cm = \underline{\underline{19{,}25\,cm}}$

b) Nach dem zweiten Strahlensatz gilt:

$\frac{\overline{AB}}{\overline{A'B'}} = \frac{\overline{SB}}{\overline{SB'}}$

$\frac{\overline{AB}}{4{,}5\,cm} = \frac{8{,}3\,cm}{6{,}1\,cm}$ $\quad | \cdot 4{,}5\,cm$

$\overline{AB} = \frac{8{,}3\,cm}{6{,}1\,cm} \cdot 4{,}5\,cm \approx \underline{\underline{6{,}12\,cm}}$

5 (6 VP)

Skizze:

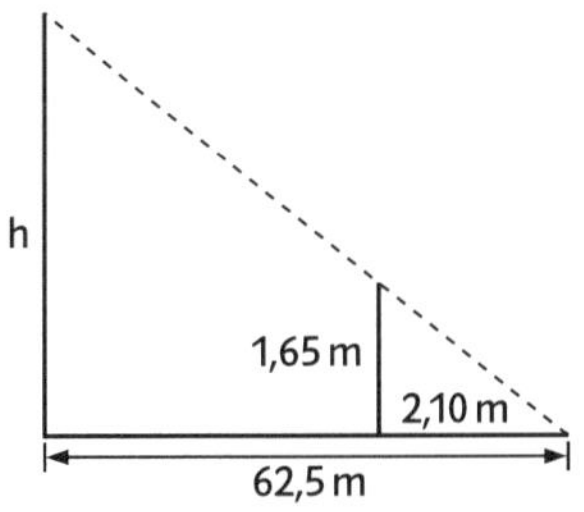

Nach dem zweiten Strahlensatz gilt:

$\frac{h}{62{,}5} = \frac{1{,}65}{2{,}10}$ $\quad | \cdot 62{,}5$

$h = \frac{1{,}65}{2{,}10} \cdot 62{,}5 \approx 49{,}11$

Das Windrad ist ungefähr 49 m hoch.

6 (7 VP)

Skizze:

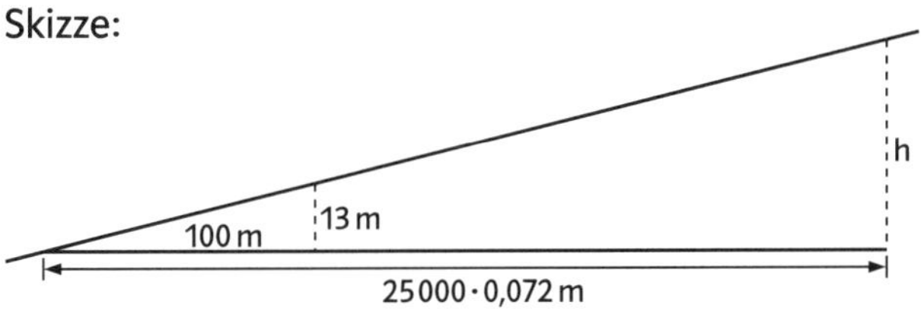

Gegeben: Steigung 13 %
Horizontaler Abstand 7,2 cm = 0,072 m
Maßstab 1 : 25 000

Gesucht: Höhenunterschied h

Rechnung: Horizontaler Abstand a = 0,072 · 25 000

a = 1800

$\frac{h}{1800} = \frac{13}{100}$ $\quad | \cdot 1800$

$h = \frac{13}{100} \cdot 1800 = 234$

Antwort: Die Straße überwindet einen Höhenunterschied von 234 m.

7 (4 VP)

Nach dem zweiten Strahlensatz gilt:

$\frac{d}{3} = \frac{1{,}5}{10}$ $\quad | \cdot 3$

$d = \frac{1{,}5}{10} \cdot 3 = 0{,}45$

Der Draht ist 0,45 cm = 4,5 mm dick.

8 (4 VP)

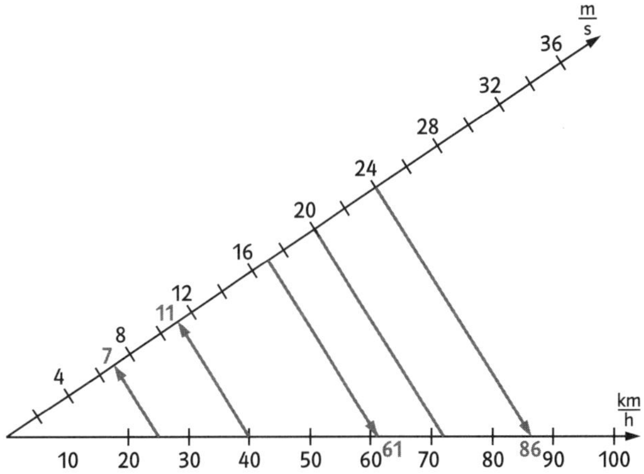

a) $40\frac{km}{h} = 11\frac{m}{s}$; $25\frac{km}{h} = 7\frac{m}{s}$

b) $24\frac{m}{s} = 86\frac{km}{h}$; $17\frac{m}{s} = 61\frac{km}{h}$

Klassenarbeit 4.2

1 (4 + 4 VP)

a) Gegeben: Originalspurweite s = 1435 mm
Maßstab 1 : 32 bzw. 1 : 220

Gesucht: Bildspurweite s′ bzw. s″

Rechnung:

$\frac{s'}{s} = \frac{1}{32}$

$\frac{s'}{1435} = \frac{1}{32}$ $\quad | \cdot 1435$

$s' = \frac{1}{32} \cdot 1435 \approx 44{,}8$

$\frac{s''}{s} = \frac{1}{220}$

$\frac{s''}{1435} = \frac{1}{220}$ $\quad | \cdot 1435$

$s' = \frac{1}{220} \cdot 1435 \approx 6{,}5$

Antwort: Die Gartenbahn im Maßstab 1 : 32 hat eine Spurweite von etwa 44,8 mm, die Modellbahn der Spur Z hat eine Spurweite von etwa 6,5 mm.

b) Gegeben: Fläche in H0: $A_{H0} = 4{,}2\,m^2$
Maßstab H0: $k_{H0} = 1:87$ bzw.
Maßstab Z: $k_Z = 1:220$

Gesucht: Fläche in Z: A_Z

Rechnung: Originalfläche: A
Fläche in H0: $A_{H0} = A \cdot k_{H0}^2$

$A = \frac{A_{H0}}{k^2} = \frac{4{,}2}{\left(\frac{1}{87}\right)^2} = 31789{,}8$

$A_Z = A \cdot k_Z^2$

$= 31789{,}8 \cdot \left(\frac{1}{220}\right)^2 \approx 0{,}6568$

Antwort: Im Maßstab 1:220 nimmt die Modellbahn eine Fläche von $0{,}6568\,m^2$ ein.

Alternative Rechnung:

(1) $A_{H0} = A \cdot k_{H0}^2$

(2) $A_Z = A \cdot k_Z^2$

(1) $A = \frac{A_{H0}}{k_{H0}^2}$

(2) $A = \frac{A_Z}{k_Z^2}$

(1) = (2)

$\frac{A_{H0}}{k_{H0}^2} = \frac{A_Z}{k_Z^2}$

$A_Z = A_{H0} \cdot \frac{k_Z^2}{k_Z^2} = A_{H0} \cdot \left(\frac{k_Z}{k_{H0}}\right)^2$

$A_Z = 4{,}2 \cdot \left(\frac{\frac{1}{220}}{\frac{1}{87}}\right)^2 = 4{,}2 \cdot \left(\frac{87}{220}\right)^2$

$A_Z \approx 0{,}6568$

2 (5 VP)

Gegeben: Originalstrecken a = 8 cm; b = 6 cm; c = 10 cm
Bildstrecke c′ = 7,5 cm

Gesucht: Bildstrecken a′ und b′

Rechnung: Maßstab $\frac{c'}{c} = \frac{7{,}5}{10} = 0{,}75$
Bildstrecke
$a' = 0{,}75 \cdot a = 0{,}75 \cdot 8 = 6$
$b' = 0{,}75 \cdot b = 0{,}75 \cdot 6 = 4{,}5$

Ergebnis: Die Strecken des verkleinerten Dreiecks sind a′ = 6 cm; b′ = 4,5 cm; c′ = 7,5 cm

Konstruktion:

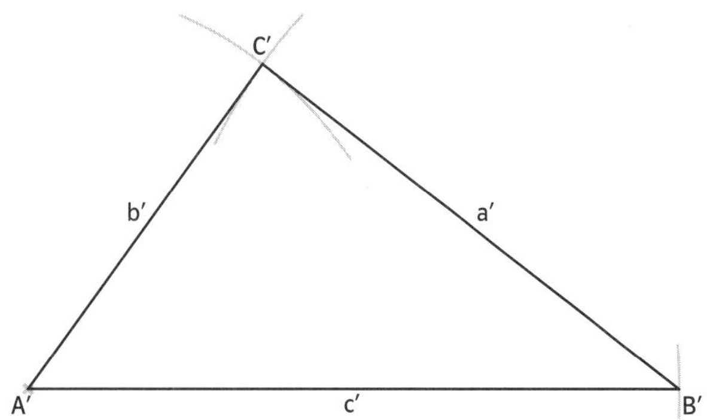

Alternative
Konstruiere das Originaldreieck ABC. Trage auf der Strecke $\overline{AB}$ die Strecke c′ = 7,5 cm ab und erhalte B′. Zeichne eine Parallele durch zu $\overline{BC}$ durch B′ und erhalte C′ auf der Strecke $\overline{AC}$. Das Dreieck AB′C′ ist das gesuchte Dreieck.

Skizze:

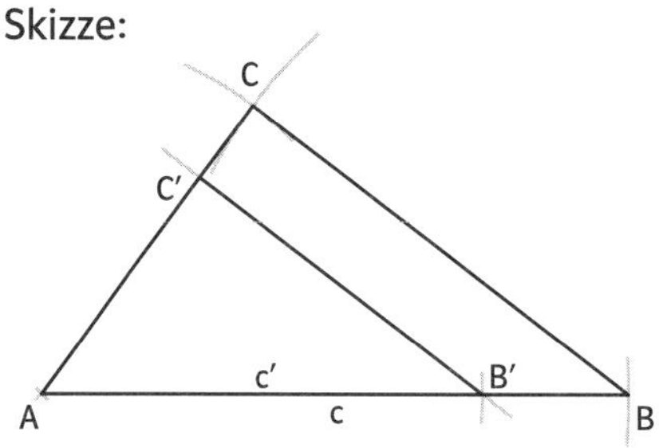

3 (5 VP)

Skizze:

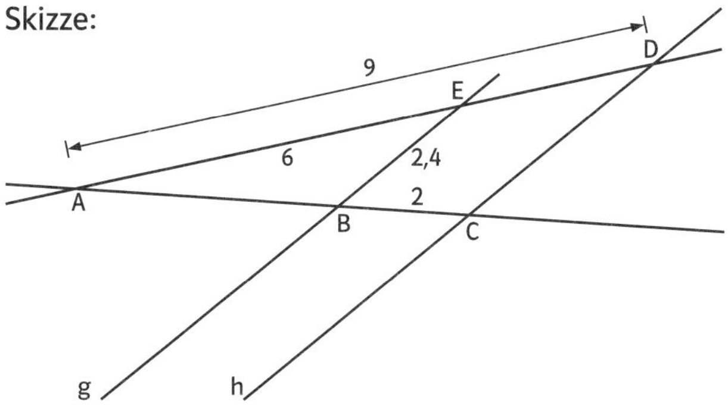

Nach dem zweiten Strahlensatz gilt:

$\frac{\overline{DC}}{\overline{AD}} = \frac{\overline{BE}}{\overline{AE}}$

$\frac{\overline{DC}}{9} = \frac{2{,}4}{6} \quad | \cdot 9$

$\overline{DC} = \frac{2{,}4}{6} \cdot 9 = 3{,}6$

$\overline{DC} = 3{,}6$

Nach dem ersten Strahlensatz gilt:

$\frac{\overline{AC}}{\overline{AD}} = \frac{\overline{AB}}{\overline{AE}}$

$\frac{2 + \overline{AB}}{9} = \frac{\overline{AB}}{6} \quad | \cdot 9 \cdot 6$

$12 + 6 \cdot \overline{AB} = 9 \cdot \overline{AB} \quad | - 6 \cdot \overline{AB}$

$3 \cdot \overline{AB} = 12 \quad | : 3$

$\overline{AB} = 4$

$\overline{AB} = 4\,cm$

Alternative

$\frac{\overline{AC}}{\overline{CD}} = \frac{\overline{AB}}{\overline{BE}}$

$\frac{\overline{AC}}{3{,}6} = \frac{\overline{AB}}{2{,}4} \quad | \cdot 3{,}6$

$\overline{AC} = \frac{\overline{AB}}{2{,}4} \cdot 3{,}6$

$2 + \overline{AB} = 1{,}5 \cdot \overline{AB} \quad | - \overline{AB}$

$0{,}5 \cdot \overline{AB} = 2 \quad | \cdot 2$

$\overline{AB} = 4$

4 (6 VP)

Zeichne zwei Strahlen von einem gemeinsamen Punkt S aus. Die Strecken a und b werden von S aus auf dem ersten Strahl abgetragen. So erhält man die Punkte A und B (siehe Skizze). Die Strecke c wird auf dem zweiten Strahl abgetragen und man erhält den Punkt C. Zeichne zur Geraden durch $\overline{AC}$ die Parallele durch B und erhalte D auf dem zweiten Strahl. Die Strecke $\overline{SD}$ hat nach dem ersten Strahlensatz die gesuchte Länge x.

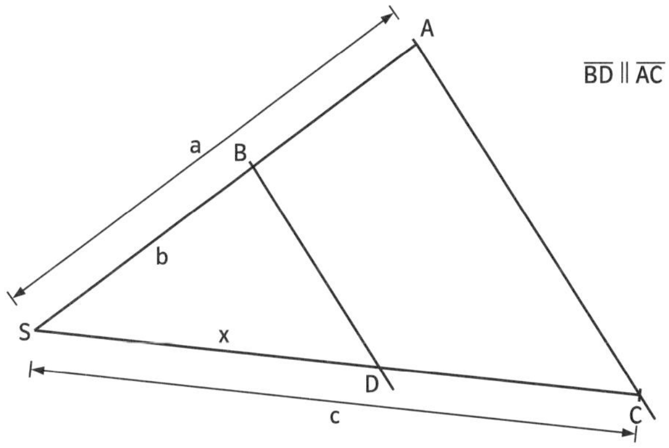

5 (2 + 3 + 3 VP)

a) Nach dem ersten Strahlensatz gilt:

$\frac{\overline{AC}}{\overline{BC}} = \frac{3}{5}$

b)

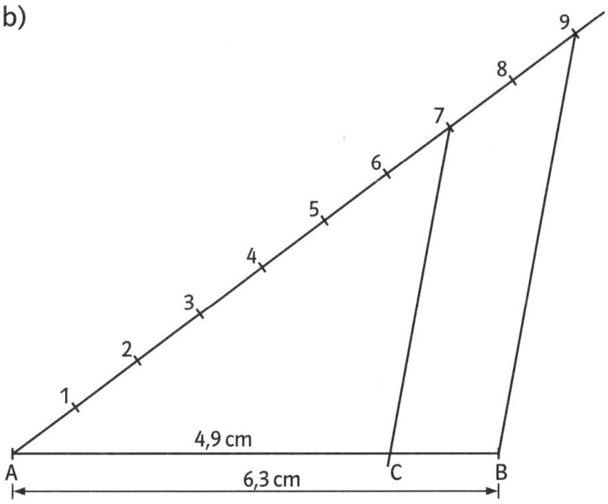

Abgelesene Strecke $\overline{AC}$ = 4,9 cm

Rechnung: $\frac{x}{7} = \frac{6{,}3\,\text{cm}}{9}$ $\quad | \cdot 7$

$x = \frac{6{,}3\,\text{cm}}{9} \cdot 7 = 4{,}9\,\text{cm}$

c) Zeichne zur Strecke $\overline{AB}$ von A aus einen beliebigen Strahl. Markiere auf diesem Strahl von A aus drei gleich lange Streckenabschnitte und erhalte P_1, P_2 und P_3.
Zeichne eine Gerade durch P_3 und B. Zeichne zu P_3B die Parallelen durch P_1 und P_2 und erhalte die Punkte C_1 und C_2 auf der Strecke $\overline{AB}$. Die Punkte C_1 und C_2 teilen die Strecke $\overline{AB}$ in drei gleich große Abschnitte auf.

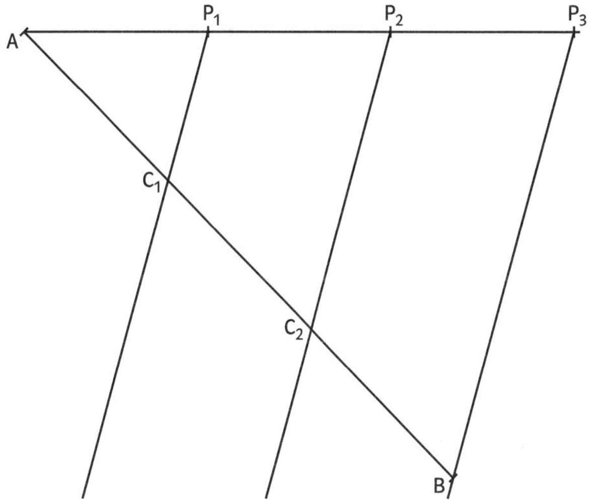

6 (5 VP)

Gegeben: Siehe Bild in der Aufgabenstellung

Gesucht: Flussbreite b

Rechnung: Nach dem zweiten Strahlensatz gilt:

$\frac{b + 40}{87} = \frac{b}{34}$ $\quad | \cdot 87 \cdot 34$

$34b + 40 \cdot 34 = 87b$ $\quad | - 34b$

$1360 = 53b$ $\quad | : 53$

$b \approx 25{,}66$

Antwort: Der Fluss ist etwa 26 m breit.

7 (5 VP)

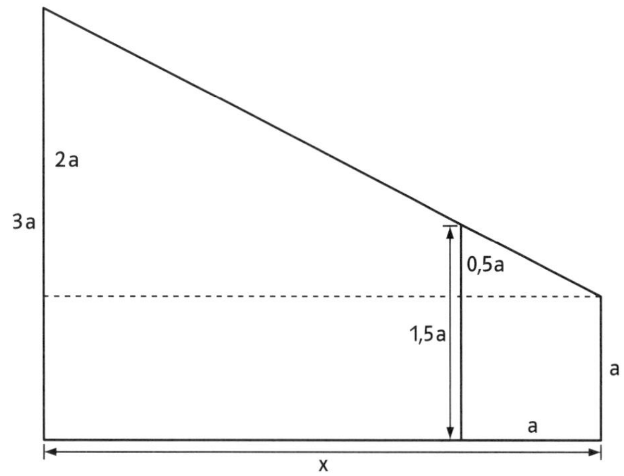

Nach dem zweiten Strahlensatz gilt:

$\frac{x}{2a} = \frac{a}{0{,}5a} \quad | \cdot 2a$

$x = \frac{1}{0{,}5} \cdot 2a$

$x = 4a$

8 (6 VP)

Nach dem zweiten Strahlensatz gilt:

(1) $\frac{\overline{SA}}{\overline{SB}} = \frac{10a}{c}$

(2) $\frac{\overline{SA}}{\overline{SB}} = \frac{a}{b}$

(1) = (2)

$\frac{10a}{c} = \frac{a}{b} \quad | \cdot c : a$

$10 = \frac{c}{b} \quad | \cdot b$

$c = 10b$

Klassenarbeit 4.3

1 (2 + 3 + 2 VP)

a) $3:4 = \frac{3}{4} = 0{,}75 = 75\,\%$

$1:5 = \frac{1}{5} = 0{,}2 = 20\,\%$

$5:4 = \frac{5}{4} = 1{,}25 = 125\,\%$

$3:2 = \frac{3}{2} = 1{,}5 = 150\,\%$

b) Man muss das Original vergrößern und dann die Kopie nochmals vergrößern. Der gewünschte Vergrößerungsfaktor $k = 225\,\% = 2{,}25$ setzt sich also zusammen aus der ersten Vergrößerung mit dem Faktor k′ und der zweiten Vergrößerung mit dem Faktor k″. Es gilt also, zwei Faktoren so zu finden, dass $k' \cdot k'' = k = 2{,}25$ beträgt. Dabei muss k′ bzw. k″ kleiner gleich 1,5 sein.
Zweckmäßigerweise vergrößert man zuerst mit dem Faktor $k' = 1{,}5$.
Dann gilt $1{,}5 \cdot k'' = 2{,}25$.
Daraus folgt $k'' = \frac{2{,}25}{1{,}5} = 1{,}5$.
Das Original muss auf 150 %, das Bild nochmals auf 150 % vergrößert werden, um schließlich eine Vergrößerung des Originals auf 225 % zu erhalten.

c) Verfahre wie in Teilaufgabe b)
$1{,}75 \cdot k'' = 2$
$k'' = \frac{2}{1{,}75} \approx 1{,}143 = 114{,}3\,\%$
Das Original muss auf 175 %, das Bild nochmals auf 114 % vergrößert werden, um schließlich eine Vergrößerung des Originals auf 200 % zu erhalten.
Alternative
Suche zwei Faktoren $k' \leqq 1{,}75$ und $k'' \leqq 1{,}75$, deren Produkt 2 ergibt. Zum Beispiel $k' = 1{,}25$ und $k'' = 1{,}6$:
$k = k' \cdot k'' = 1{,}25 \cdot 1{,}6 = 2$
Das Original muss auf 125 %, das Bild nochmals auf 160 % vergrößert werden, um schließlich eine Vergrößerung des Originals auf 200 % zu erhalten.

2 (3 VP)

	immer	nicht immer
Rechtecke		x
Quadrate	x	
gleichschenklige Dreiecke		x
rechtwinklige Dreiecke		x
kongruente Dreiecke	x	
gleichseitige Dreiecke	x	
regelmäßige Fünfecke	x	
gleichschenklige Trapeze		x
Kreise	x	
Drachen		x

3 (3 + 3 VP)

Gegeben: Kantenlängen des Quaders a = 6 cm, b = 9 cm, c = 5 cm
Vergrößerungsfaktor k = 2,5

Gesucht: Volumen des vergrößerten Quaders V′

Rechnung: $V = a \cdot b \cdot c = 6 \cdot 9 \cdot 5 = 270$
$V' = k^3 \cdot V = 2{,}5^3 \cdot 270 = 4218{,}75$

Antwort: In den vergrößerten Quader passen $4218{,}75\,cm^3 = 4{,}218\,75$ Liter.
Somit passen in den vergrößerten Quader keine fünf Liter Wasser.

Alternative Rechnung: $a' = k \cdot a = 2{,}5 \cdot 6 = 15$
$b' = k \cdot b = 2{,}5 \cdot 9 = 22{,}5$
$c' = k \cdot c = 2{,}5 \cdot 5 = 12{,}5$
$V' = a' \cdot b' \cdot c' = 15 \cdot 22{,}5 \cdot 12{,}5$
$= 4218{,}75$

b) Gegeben: Aus Teilaufgabe a) $V = 270\,cm^3$
$V' = 3$ Liter $= 3000\,cm^3$

Gesucht: Vergrößerungsfaktor k

Rechnung: $V' = k^3 \cdot V \quad | :V$
$k^3 = \frac{V'}{V}$
$k = \sqrt[3]{\frac{V'}{V}} = \sqrt[3]{\frac{3000}{270}} \approx 2{,}2315$

Antwort: Wird der Originalquader mit dem Vergrößerungsfaktor k = 2,2315 vergrößert, so passen in den vergrößerten Quader genau drei Liter Wasser.

4 (6 VP)

Weise nach, dass es zu jedem Winkel im Dreieck OAB einen gleich großen Winkel im Dreieck CEB gibt. Es reicht aus, zwei Winkel als gleich groß zu erkennen. Denke an Stufenwinkel, Wechselwinkel, Scheitelwinkel und die Winkelsumme im Dreieck.

Die Gerade h ist parallel zur x-Achse. Daher haben die Dreiecke OAB und CEB beide einen rechten Winkel.

∡ AOB = ∡ ECB = 90°

Da die Gerade h und die x-Achse von der Geraden durch A und B geschnitten werden, sind auch die Winkel ∡ BAO und ∡ BEC gleich groß (Wechselwinkel an Parallelen).

Wenn zwei Dreiecke in den Größen zweier Winkel übereinstimmen, dann sind sie ähnlich.

Folglich ist Dreieck OAB ähnlich dem Dreieck CEB.

5 (3 + 4 VP)

a)

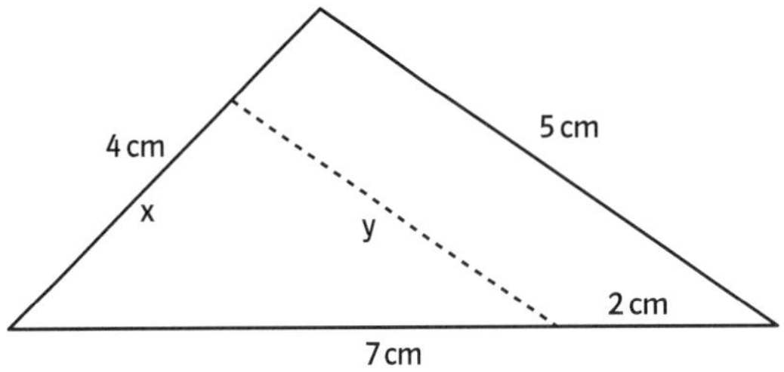

$\frac{x}{4\,cm} = \frac{7\,cm}{5\,cm} \quad | \cdot 4\,cm$

$x = \frac{7\,cm}{5\,cm} \cdot 4\,cm = 5{,}6\,cm$

$\frac{y}{5\,cm} = \frac{5\,cm}{7\,cm} \quad | \cdot 5\,cm$

$y = \frac{5\,cm}{7\,cm} \cdot 5\,cm \approx 3{,}57\,cm$

b)

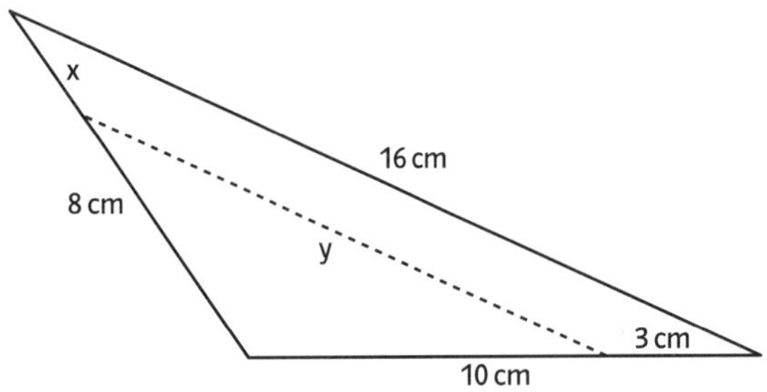

$\frac{8\,cm - x}{7}cm = \frac{8\,cm}{10\,cm} \quad | \cdot 7\,cm$

$8\,cm - x = \frac{8\,cm}{10\,cm} \cdot 7\,cm = 5{,}6\,cm \quad | - 5{,}6\,cm + x$

$x = 2{,}4\,cm$

$\frac{y}{7\,cm} = \frac{16\,cm}{10\,cm} \quad | \cdot 7\,cm$

$y = \frac{16\,cm}{10\,cm} \cdot 7\,cm = 11{,}2\,cm$

6 (3 + 4 VP)

a) Gegeben: Gegenstandsweite g = 1,5 m = 150 cm
Bildweite b = 20 cm
Bildgröße B = 12 cm

Gesucht: Gegenstandsgröße G

Rechnung: Nach dem zweiten Strahlensatz gilt:
$\frac{G}{g} = \frac{B}{b} \quad | \cdot g$
$G = \frac{B}{b} \cdot g = \frac{12}{20} \cdot 150 = 90$

Antwort: Die Kerze ist 90 cm groß.

b) Nach dem zweiten Strahlensatz gilt $\frac{g}{G} = \frac{b}{B}$.
Durch Termumformung ergibt sich daraus
$g = \frac{b}{B} \cdot G$.
Da nach Voraussetzung die Gegenstandsgröße G bekannt ist und sich die Bildgröße B und die Bildweite b an der Kamera abmessen lassen, ist die Gegenstandweite g mit dieser Beziehung berechenbar und damit ist die Lochkamera als Entfernungsmesser geeignet.

7 (6 VP)
Hilfsskizze:

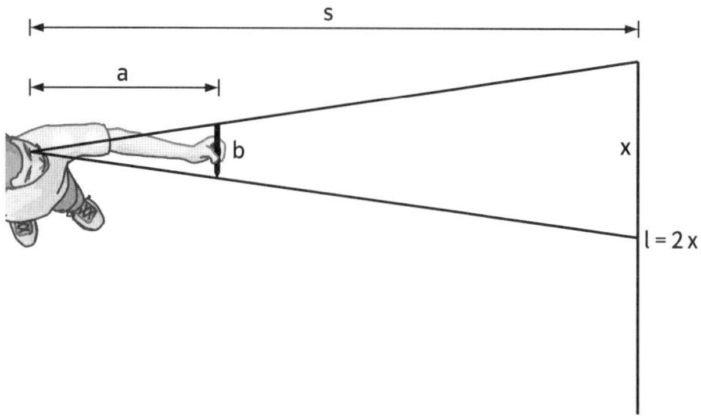

Gegeben: Armlänge $a = 61\,cm = 0{,}61\,m$
Bleistiftlänge $b = 16\,cm = 0{,}16\,m$
Entfernung auf der Karte
$s' = 2{,}7\,cm = 0{,}027\,m$
Maßstab 1:20 000
Gesucht: abgedeckte Brückenlänge x
Brückenlänge $l = 2x$
Rechnung: tatsächliche Entfernung $s = s' \cdot 20\,000$
$s = 0{,}027 \cdot 20\,000 = 540$
$\frac{x}{s} = \frac{b}{a} \qquad | \cdot s$
$x = \frac{b}{a} \cdot s = \frac{0{,}16}{0{,}61} \cdot 540 \approx 141{,}64$
$l = 2x = 2 \cdot 141{,}64 = 283{,}28$
Antwort: Die Brücke ist ungefähr 283 m lang.

8 (6 VP)

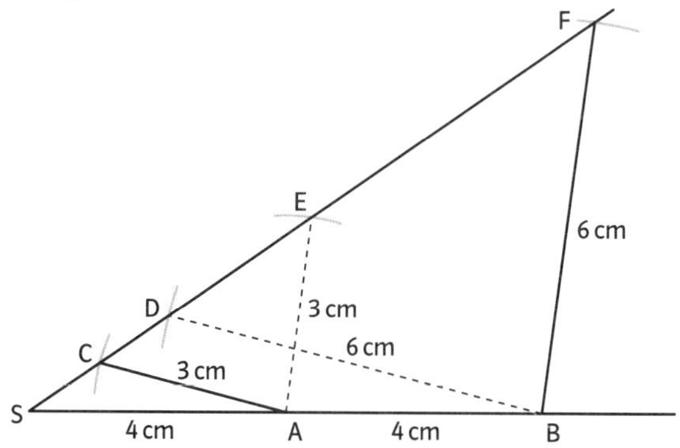

Die Gerade durch die Punkte A und C liegt **nicht** parallel zur Geraden durch die Punkte B und F.
Die Gerade durch die Punkte A und E liegt **nicht** parallel zur Geraden durch die Punkte B und D.
Die Gerade durch die Punkte A und C liegt parallel zur Geraden durch die Punkte B und D.
Die Gerade durch die Punkte A und E liegt parallel zur Geraden durch die Punkte B und F.
Je nachdem, welche Punkte man auf dem Strahl s_2 wählt, liegen die beiden Geraden parallel oder nicht.
Max Schlaumeier hat also Recht, die beiden Geraden müssen nicht unbedingt parallel liegen.

Klassenarbeit 4.4

1 (4 + 3 VP)
a) *Miss die drei Seiten a_1, a_2 und a_3 der Quadrate Q_1, Q_2 und Q_3.*
Bestimme die beiden Ähnlichkeitsfaktoren $k' = \frac{a_2}{a_1}$ und $k'' = \frac{a_3}{a_2}$. Ist $k' = k''$, dann wurde das Quadrat Q_3 aus dem Quadrat Q_2 mit demselben Ähnlichkeitsfaktor konstruiert, wie das Quadrat Q_2 aus dem Quadrat Q_1.
$a_1 = 1{,}5\,cm$; $a_2 = 2{,}4\,cm$; $a_3 = 3{,}1\,cm$

$k' = \frac{a_2}{a_1} = \frac{2{,}4\,cm}{1{,}5\,cm} = 1{,}6$

$k'' = \frac{a_3}{a_2} = \frac{3{,}1\,cm}{2{,}4\,cm} \approx 1{,}3$

Da $k' \neq k''$ ist, wurde Q_3 mit einem anderen Faktor vergrößert als Q_2.

b) Bestimmung des Ähnlichkeitsfaktors zur Vergrößerung von Q_1 auf Q_3.
$k = \frac{a_3}{a_1} = \frac{3{,}1\,cm}{1{,}5\,cm} \approx 2{,}1$

Q_1 wurde mit dem Faktor $k = 2{,}1$ vergrößert, um Q_3 zu erhalten.

2 (2 + 2 + 3 VP)

a) Der Vergrößerungsfaktor k beträgt 140 %, das heißt $k = 140\,\% = 1{,}4 = \frac{1{,}4}{1} = \frac{14}{10} = \frac{7}{5}$

Der Maßstab beträgt 7 : 5

b) Gegeben: Vergrößerungsfaktor $k = 1{,}4$
Buchstabenhöhe $h = 1{,}88\,\text{mm}$
Gesucht: Höhe des vergrößerten Buchstabens h′
Rechnung: $h' = k \cdot h = 1{,}4 \cdot 1{,}88 = 2{,}632$
Antwort: Die Buchstabenhöhe in der Kopie beträgt 2,632 mm.

c) Um 30 % verkleinern heißt auf 70 % der Originalgröße verkleinern. Damit ist $k_1 = 0{,}7$.
Um 70 % vergrößern heißt auf 170 % der Originalgröße vergrößern. Damit ist $k_2 = 1{,}7$.
Hat eine Strecke im Original die Länge a, so beträgt die Strecke a_1 in der Verkleinerung 0,7 a. Wird die Strecke a_1 anschließend auf 170 % vergrößert, so beträgt die Strecke a_2 in der Vergrößerung $a_2 = 1{,}7\,a_1 = 1{,}7 \cdot 0{,}7\,a = 1{,}19\,a$.
Der Kopierer hätte auf 119 % gestellt werden müssen, um aus dem Original sofort das zweite Bild zu erhalten.

3 (5 VP)

Gegeben: Durchmesser $d = 8\,\text{m} = 800\,\text{cm}$
Mittelpunktabstand $s = 3\,\text{m} = 300\,\text{cm}$
Maßstab 1 : 200
Gesucht: Bildradius r′
Mittelpunktabstand im Bild s′
Rechnung: Radius $r = \frac{d}{2} = \frac{800}{2} = 400$
Bildradius $r' = \frac{r}{200} = \frac{400}{200} = 2$
Mittelpunktabstand im Bild
$s' = \frac{s}{200} = \frac{300}{200} = 1{,}5$
Zeichnung im Maßstab 1 : 200
$r' = 2\,\text{cm}$ $s' = 1{,}5\,\text{cm}$

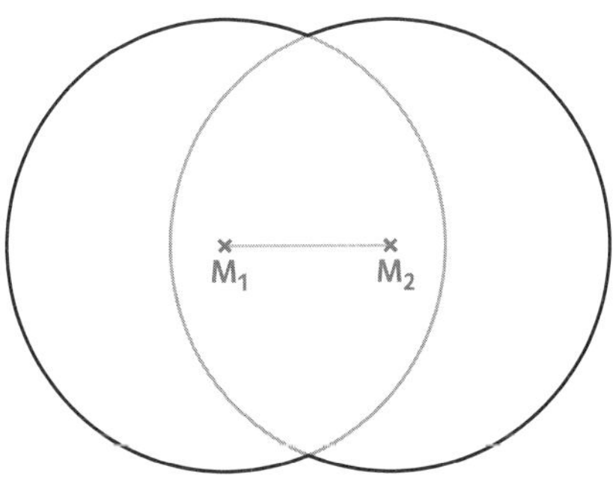

4 (1 + 1 + 1 + 1 + 1 VP)

a) Wenn zwei Dreiecke in den Größen zweier Winkel übereinstimmen, dann sind diese Dreiecke immer ähnlich.

b) Wenn zwei Dreiecke ähnlich sind, dann sind sie manchmal kongruent.

c) Wenn ein Dreieck spitzwinklig und ein anders stumpfwinklig ist, dann sind diese beiden Dreiecke nie ähnlich.

d) Wenn zwei Dreiecke ähnlich, jedoch nicht kongruent sind, dann haben sie nie den gleichen Flächeninhalt.

e) Wenn zwei Dreiecke gleichschenklig sind, dann sind sie manchmal ähnlich.

Begründungen

a) Wenn zwei Dreiecke in den Größen zweier Winkel übereinstimmen, dann sind sie nach dem Ähnlichkeitssatz immer ähnlich.

b) Ähnliche Dreiecke können kongruent sein, müssen es aber nicht.

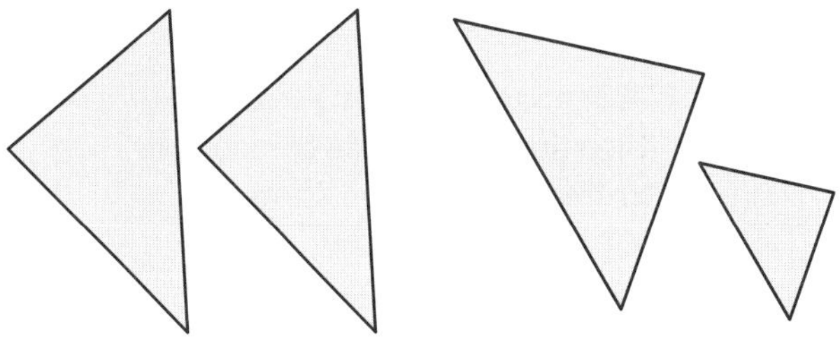

ähnlich und kongruent ähnlich, aber nicht kongruent

c) *Wenn ein Dreieck spitzwinklig ist, dann hat es keinen stumpfen Winkel. Ein dazu ähnliches Dreieck hat gleiche Winkelgrößen, kann also auch keinen stumpfen Winkel haben.*

d) *Wenn zwei Dreiecke ähnlich, aber nicht kongruent sind, dann geht das eine Dreieck aus dem anderen durch eine Vergrößerung bzw. Verkleinerung mit dem Ähnlichkeitsfaktor $k \neq 1$ hervor. Der Flächeninhalt des Bilddreiecks ist dann k^2-mal so groß wie der des Originals.*

e) *Gleichschenklige Dreiecke können ähnlich sein, müssen es aber nicht.*

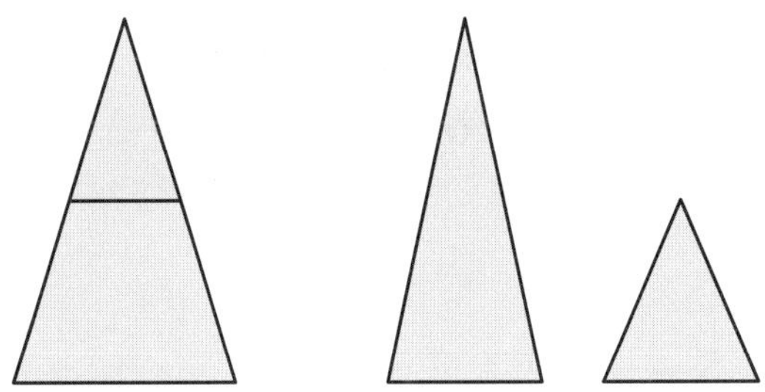

gleichschenklig und ähnlich gleichschenklig und nicht ähnlich

5 (4 VP)

$\overline{AB} = 4{,}0\,cm$; $\overline{BC} = 2{,}4\,cm$; $\overline{BD} = 2{,}0\,cm$; $\overline{AE} = 2{,}8\,cm$

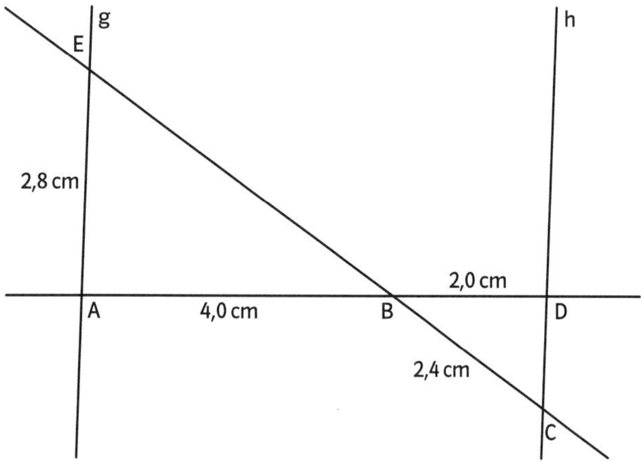

Berechnung von $\overline{CD}$

Nach dem zweiten Strahlensatz gilt:

$\frac{\overline{CD}}{\overline{AE}} = \frac{\overline{BD}}{\overline{AB}} \quad | \cdot \overline{AE}$

$\overline{CD} = \frac{\overline{BD}}{\overline{AB}} \cdot \overline{AE} = \frac{2{,}0\,cm}{4{,}0\,cm} \cdot 2{,}8\,cm = 1{,}4\,cm$

Berechnung von $\overline{BE}$

Nach dem ersten Strahlensatz gilt:

$\frac{\overline{BE}}{\overline{BC}} = \frac{\overline{AB}}{\overline{BD}} \quad | \cdot \overline{BC}$

$\overline{BE} = \frac{\overline{AB}}{\overline{BD}} \cdot \overline{BC} = \frac{4{,}0\,cm}{2{,}0\,cm} \cdot 2{,}4\,cm = 4{,}8\,cm$

6 (3 + 2 + 2 VP)

a) Die Dreieck ADE und BCD sind ähnlich, denn sie stimmen in zwei Winkeln überein.

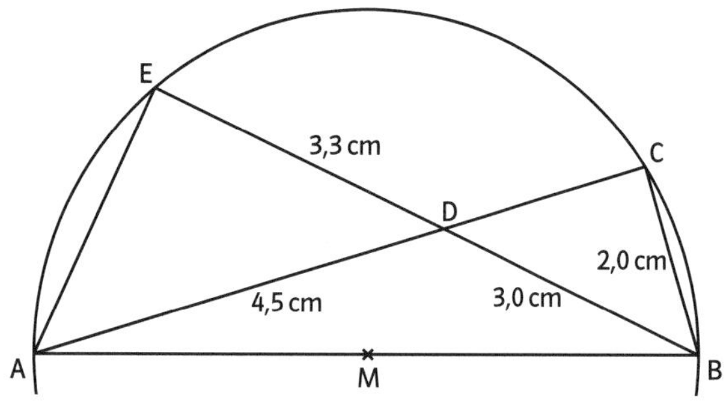

1. ∡ EDA = ∡ BDC (Scheitelwinkel)
2. ∡ AED = ∡ DCB = 90° (Satz des Thales).

Wegen der Ähnlichkeit der Dreieck ADE und BCD stimmen die Längenverhältnisse überein.

Somit: $\frac{\overline{AD}}{\overline{DE}} = \frac{\overline{BD}}{\overline{DC}} \quad | \cdot \overline{DE} \cdot \overline{DC}$

$\overline{AD} \cdot \overline{DC} = \overline{BD} \cdot \overline{DE}$

b) Wegen der Ähnlichkeit der Dreieck ADE und BCD gilt:

$\frac{\overline{AE}}{\overline{AD}} = \frac{\overline{BC}}{\overline{BD}} \quad | \cdot \overline{AD}$

$\overline{AE} = \frac{\overline{BC}}{\overline{BD}} \cdot \overline{AD} = \frac{1{,}5\,cm}{2{,}5\,cm} \cdot 4{,}0\,cm = 2{,}4\,cm$

c) Die Dreiecke ABC und ABE sind nicht ähnlich, da sie nur in der Größe eines einzigen Winkels, des rechten Winkels bei C bzw. E übereinstimmen.

7 (6 VP)

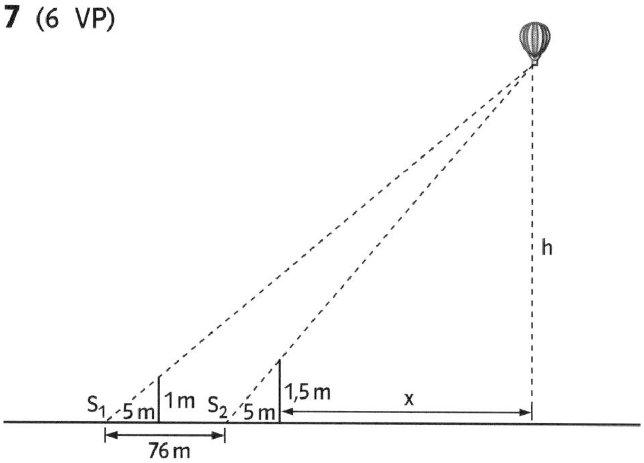

Aus der Skizze entnimmt man nach dem zweiten Strahlensatz:

(1) $\frac{h}{5 + x} = \frac{1{,}5}{5} \quad | \cdot (5 + x)$

(2) $\frac{h}{76 + 5 + x} = \frac{1}{5} \quad | \cdot (76 + 5 + x)$

(1′) $h = \frac{1{,}5}{5} \cdot (5 + x)$

(2′) $h = \frac{1}{5} \cdot (81 + x)$

(1′) = (2′)

$\frac{1{,}5}{5} \cdot (5 + x) = \frac{1}{5} \cdot (81 + x) \quad | \cdot 5$

$1{,}5 \cdot (5 + x) = 81 + x$

$7{,}5 + 1{,}5x = 81 + x \quad | - 7{,}5 - x$

$0{,}5x = 73{,}5 \quad | \cdot 2$

$x = 147$

Einsetzen in (2′):

$h = \frac{81 + 147}{5} = \frac{228}{5} = 45{,}6$

Der Fesselballon steht 45,6 m hoch über der Erdoberfläche.

8 (7 VP)
Modellierung der Situation:

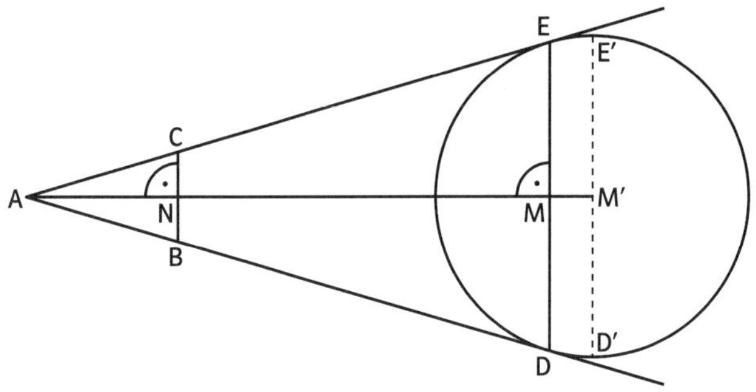

In der nicht maßstabsgetreuen Skizze bedeuten die Strecken und Punkte Folgendes:

A Auge des Beobachters
B, C Handflächen des Beobachters
$\overline{BC}$ Im Bild sichtbarer Durchmesser der Sonne
$\overline{ED}$ Scheinbarer Sonnendurchmesser
$\overline{E'D'}$ Tatsächlicher Sonnendurchmesser

Wegen des sehr großen Abstands der Sonne von der Erde wird zwischen dem scheinbaren und tatsächlichen Sonnendurchmesser nicht unterschieden. Entsprechendes gilt für den scheinbaren und tatsächlichen Sonnenabstand. Damit können wir schreiben:

$\overline{ED} \approx \overline{E'D'}$; $\overline{ED} = d = 1{,}4 \cdot 10^6\,\text{km}$
$\overline{AM} \approx \overline{AM'}$; $\overline{AM} = s = 1{,}5 \cdot 10^8\,\text{km}$

Da die 70 cm lange Armlänge im Bild 5 cm lang ist, entspricht 1 cm im Bild etwa 14 cm im Original. Die Sonne hat im Bild einen Durchmesser von 3,5 cm. Folglich beträgt der Abstand der beiden Handflächen in Wirklichkeit etwa $3{,}5 \cdot 14\,\text{cm} = 49\,\text{cm} \approx 0{,}5\,\text{m} = 0{,}0005\,\text{km}$

Berechnung des Abstands $\overline{AN}$:
Es gilt der zweite Strahlensatz.

$$\frac{\overline{AN}}{\overline{AM}} = \frac{\overline{CN}}{\overline{EM}} \qquad | \cdot \overline{AM}$$

$$\overline{AN} = \frac{\overline{CN}}{\overline{EM}} \cdot \overline{AM}$$

$$\overline{AN} = 0{,}5 \cdot \frac{\overline{BC}}{0{,}5} \cdot \overline{ED} \cdot \overline{AM} = \frac{\overline{BC}}{\overline{ED}} \cdot \overline{AM}$$

$$\overline{AN} = \frac{0{,}0005}{1{,}4 \cdot 10^6} \cdot 1{,}5 \cdot 10^8$$

$$\overline{AN} = \frac{0{,}0005}{1{,}4} \cdot 1{,}5 \cdot 10^2$$

$$\overline{AN} \approx 35{,}7\,\text{m}$$

Ein Beobachter muss also etwa 36 m von der abgebildeten Person entfernt stehen, um den dargestellten optischen Eindruck zu haben.

Pinboard – Pythagoras

Satz des Pythagoras

Rechtwinklige Dreiecke | **Beispiele**

Die längste Seite eines rechtwinkligen Dreiecks heißt **Hypotenuse**, jede der beiden anderen Seiten heißt **Kathete**.

Die Hypotenuse liegt immer dem rechten Winkel gegenüber, die Katheten liegen immer am rechten Winkel.

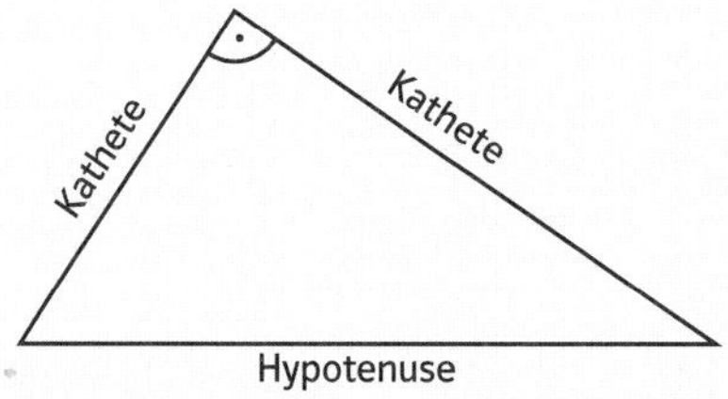

Satz des Pythagoras

Ist ein Dreieck rechtwinklig, so haben die Quadrate über den Katheten zusammen denselben Flächeninhalt wie das Quadrat über der Hypotenuse.

Werden die beiden Katheten mit a und b und die Hypotenuse mit c bezeichnet, so gilt:
$a^2 + b^2 = c^2$

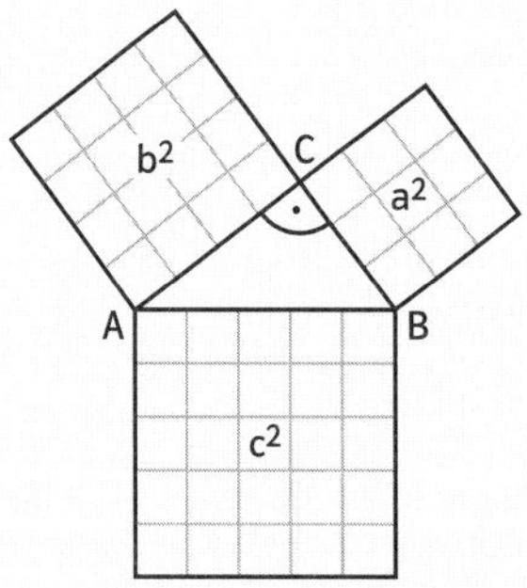

Bemerkung
Wenn in einem rechtwinkligen Dreieck zwei der drei Seitenlängen bekannt sind, kann mit dem Satz des Pythagoras die dritte Seite berechnet werden.

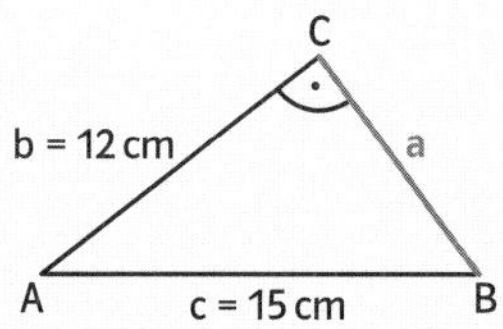

$a^2 + b^2 = c^2 \quad | - b^2$
$a^2 = c^2 - b^2$
$a^2 = 15^2 - 12^2 = 81$
$a = \sqrt{81} = 9$
Die Seite a ist 9 cm lang.

Pythagoras

vor und ...

... nach der Entdeckung seines Lehrsatzes.

Umkehrung des Satzes des Pythagoras

Wenn in einem Dreieck die Quadrate über zwei Seiten zusammen denselben Flächeninhalt haben wie das Quadrat über der dritten Seite, dann ist das Dreieck rechtwinklig und der rechte Winkel liegt dieser dritten Seite gegenüber.

Ist das Dreieck ABC mit
a = 12 cm; b = 13 cm; c = 5 cm rechtwinklig?
Es gilt $a^2 + c^2 = b^2$, daher ist das Dreieck rechtwinklig. Der rechte Winkel liegt der Seite $\overline{AC}$ mit der Länge b = 13 cm gegenüber.

Exercise
Find x.

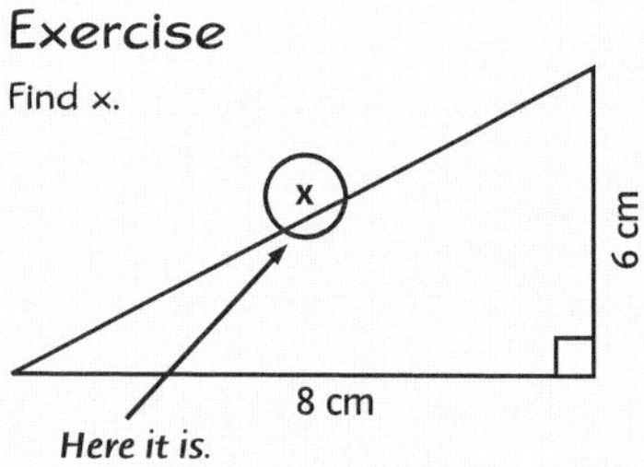

Dreiecke und die Quadrate über ihren Seiten

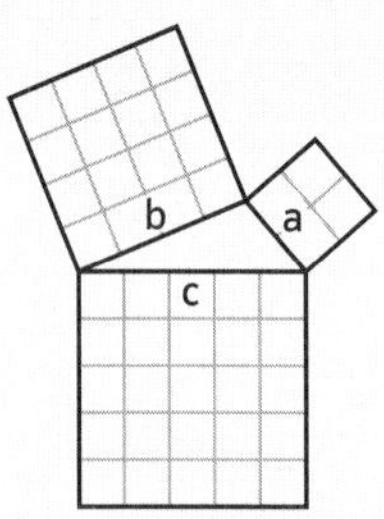

$a^2 + b^2 < c^2$
stumpfwinklig

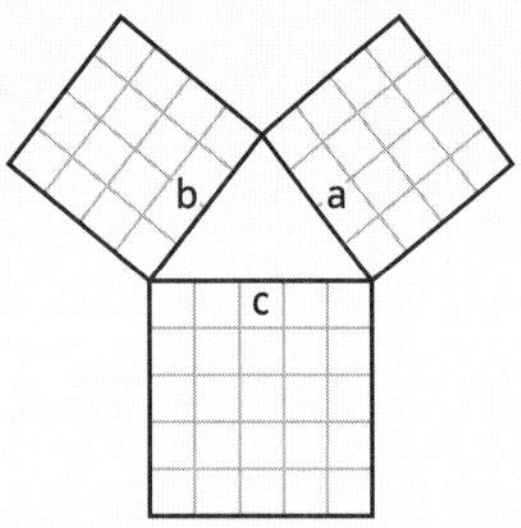

$a^2 + b^2 > c^2$
spitzwinklig

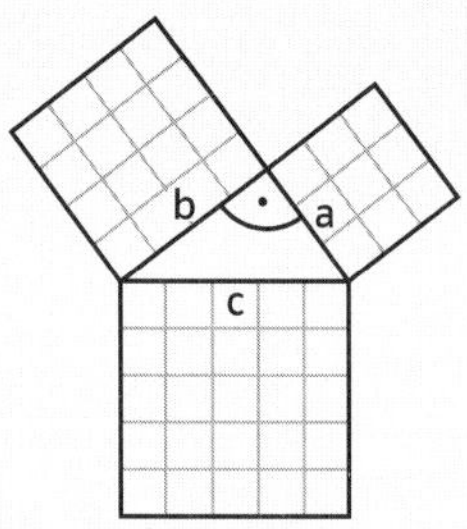

$a^2 + b^2 = c^2$
rechtwinklig

Wurzelschnecke

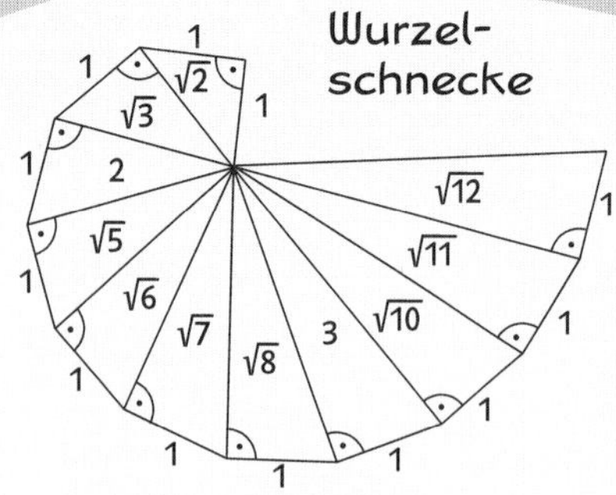

Anwendungen

Rechtwinklige Dreiecke in der Ebene

Beim Berechnen von Streckenlängen in ebenen Figuren hilft häufig eine **Zerlegung in rechtwinklige Dreiecke**.

Hinweis
Obwohl die Wurzel aus einer Zahl meistens ein gerundeter Wert ist, verwenden wir das Gleichheitszeichen.

Beispiele

Um im Viereck ABCD die Strecke a zu berechnen, zerlegt man das Viereck in zwei rechtwinklige Dreiecke ABC und ACD.
Berechnung der Strecke $\overline{AC}$:
$\overline{AC}^2 = 12{,}2^2 + 9{,}3^2$
$\overline{AC}^2 = 235{,}33$
Berechnung der Strecke a:
$a^2 = \overline{AC}^2 - 7{,}5^2$
$a = \sqrt{235{,}33 - 56{,}25} = \sqrt{178{,}08} = 13{,}4$
Die gesuchte Strecke a ist 13,4 cm lang.

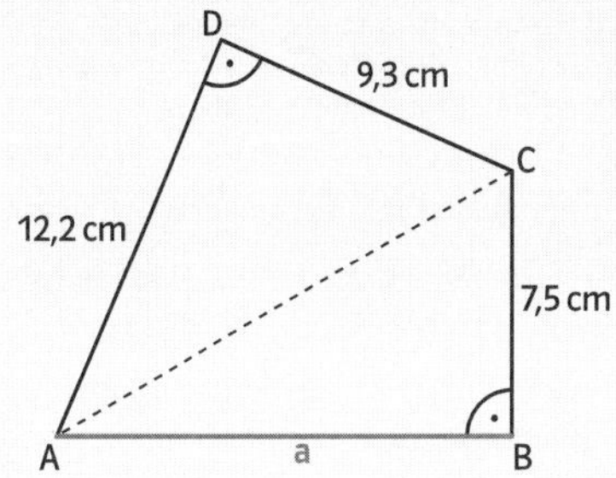

Rechtwinklige Dreiecke im Raum

Um Strecken in räumlichen Figuren zu berechnen, wählt man geeignete rechtwinklige Dreiecke.

Bemerkung
Auch um Sachprobleme mit dem Satz des Pythagoras lösen zu können, werden in den Figuren rechtwinklige Dreiecke gesucht. Diese müssen in vielen Fällen durch geeignete Hilfslinien erzeugt werden.

Um die Raumdiagonale d der quadratischen Säule zu berechnen, werden die beiden rechtwinkligen Dreiecke ABC und ACE genutzt.
Berechnung der Strecke e:
$e^2 = 6^2 + 6^2$
$e^2 = 36 + 36 = 72$
Berechnung der Strecke d:
$d^2 = e^2 + 10^2$
$d^2 = 72 + 100 = 172$
$d = \sqrt{172} = 13{,}1$

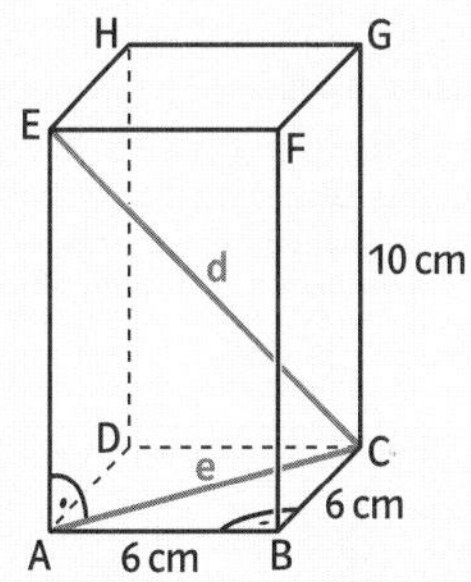

Der Satz des Pythagoras im Koordinatensystem

Die Entfernung zweier Punkte A und B lässt sich in einem rechtwinkligen Koordinatensystem mithilfe des Satzes des Pythagoras berechnen.

$\overline{AB}^2 = 4^2 + 2^2 = 16 + 4 = 20$
$\overline{AB} = \sqrt{20} = 4{,}47$

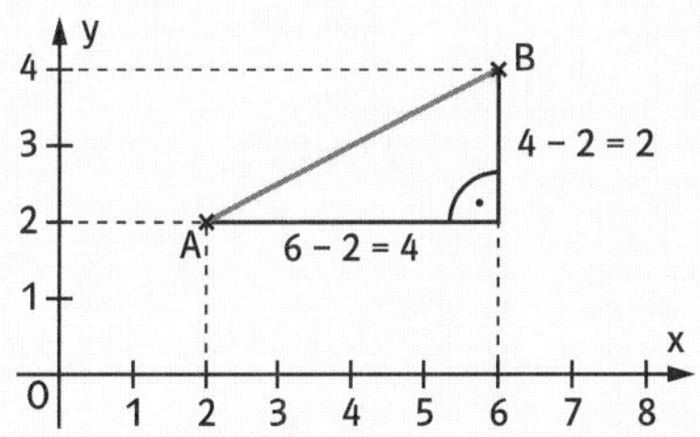

Satz des Thales

Liegt der Eckpunkt des Dreiecks ABC auf einem Halbkreis über dem Durchmesser $\overline{AB}$, so hat das Dreieck bei C einen rechten Winkel.

Bemerkung
Der Satz des Thales gilt auch umgekehrt. Hat das Dreieck ABC bei C einen rechten Winkel, so liegt C auf dem **Thaleskreis**.

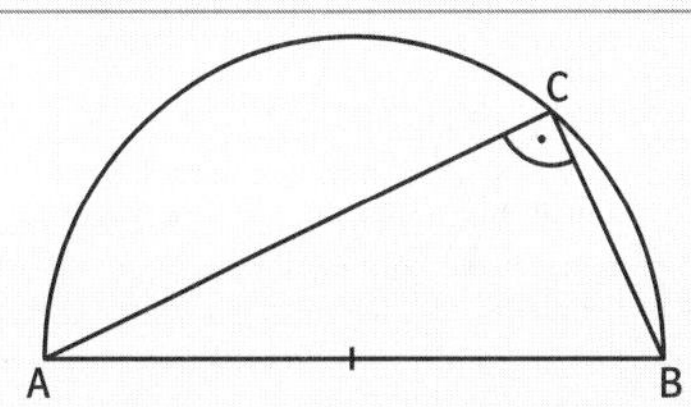

Bist du sicher?

1 Berechne die Streckenlänge x (alle Angaben in cm).

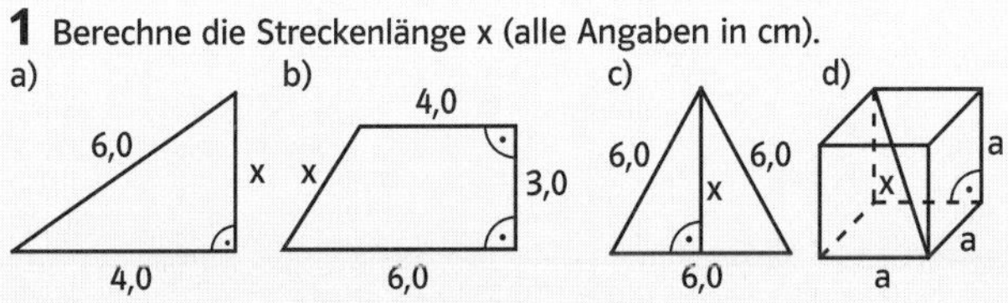

2 Die Abbildung zeigt den Querschnitt einer Wasserrinne. Wie tief ist sie?

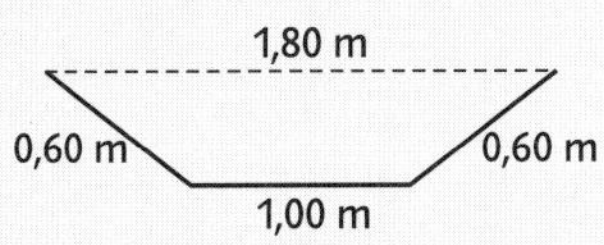

3 Wie lang ist die Strecke $\overline{AB}$?

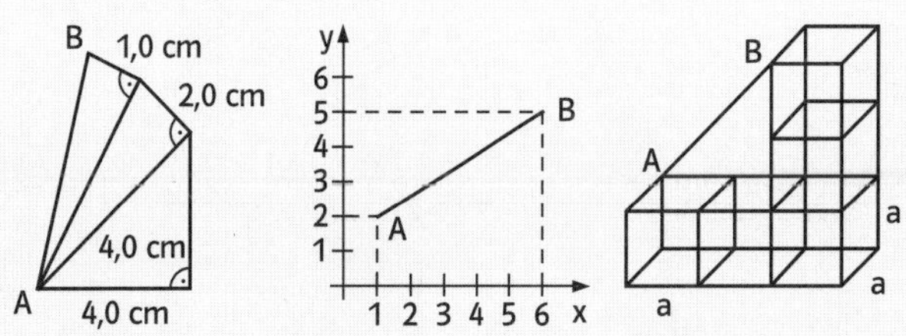

4 Konstruiere ein rechtwinkliges Dreieck mithilfe des Thaleskreises.
a) $\overline{AB} = 7\,cm$; $\overline{BC} = 5\,cm$; $\gamma = 90°$ b) $\overline{AC} = \overline{BC}$; $\overline{AB} = 8\,cm$

Klassenarbeit 5.1

Anfangszeit: ____________ **90 min** **Abgabe:** ____________

1 (2 + 2 + 2 VP)
Ist das Dreieck mit den angegebenen Seitenlängen rechtwinklig, spitzwinklig oder stumpfwinklig? Begründe deine Antwort durch Rechnung.

a) $a = 9\,cm$; $b = 5\,cm$; $c = 7\,cm$
b) $x = 7\,cm$; $y = 10\,cm$; $z = 12\,cm$
c) $r = 7{,}5\,cm$; $s = 10{,}0\,cm$; $t = 12{,}5\,cm$

2 (2 + 2 + 3 VP)
Berechne die Länge der Strecke s (Maße in cm).

a)

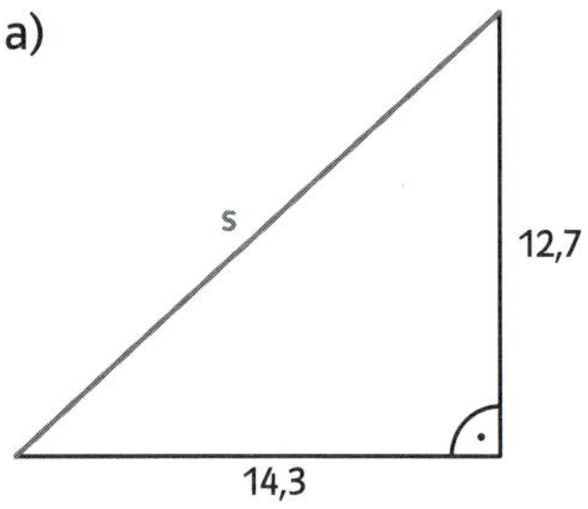

b)

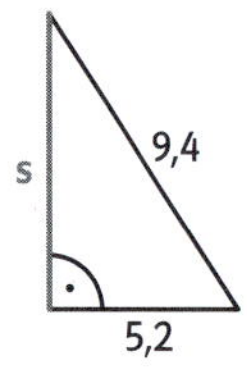

c)

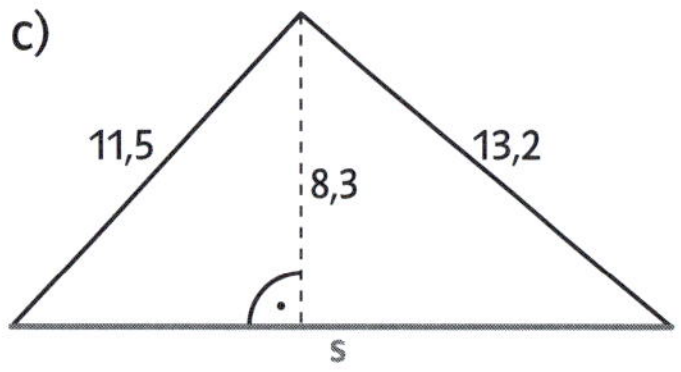

3 (4 + 4 VP)
a) Berechne den Umfang der Figur (alle Maße in dm).

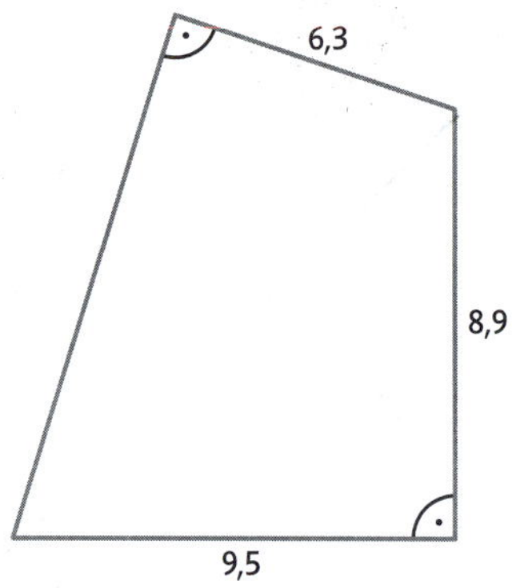

b) Berechne den Flächeninhalt der Figur (alle Maße in cm).

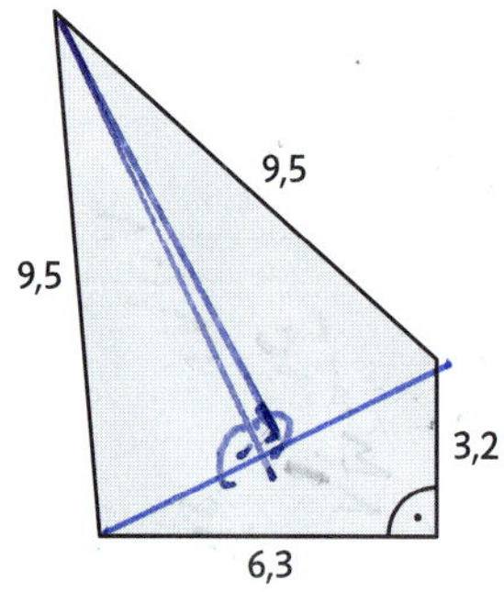

4 (7 VP)
Ein Quader hat die Kantenlängen $a = 16\,cm$; $b = 3{,}5\,cm$; $c = 2\,cm$.
Berechne die Länge der Raumdiagonale.

5 (7 VP)
Auf der Karte im Maßstab 1:125 000 bezeichnen die Punkte A und B die Tal- bzw. Bergstation einer Seilbahn. Wie lang muss das Halteseil mindestens sein?

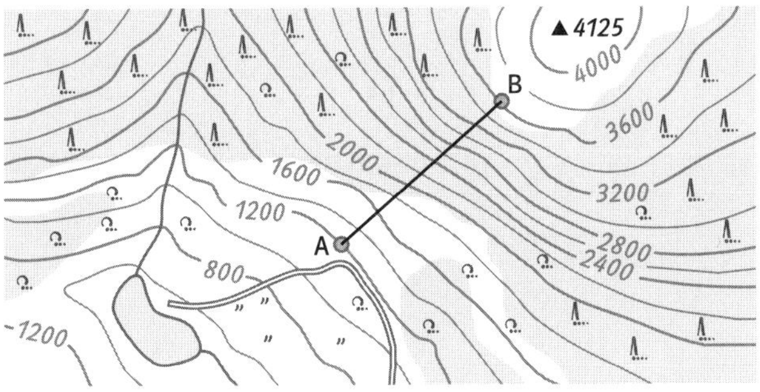

6 (7 VP)
a) Das Turmdach soll mit Schiefer neu gedeckt werden. Ein Quadratmeter kostet 83,40 € zuzüglich 19 % MwSt. Berechne die Gesamtkosten.
b) Wie hoch ist der ganze Turm?

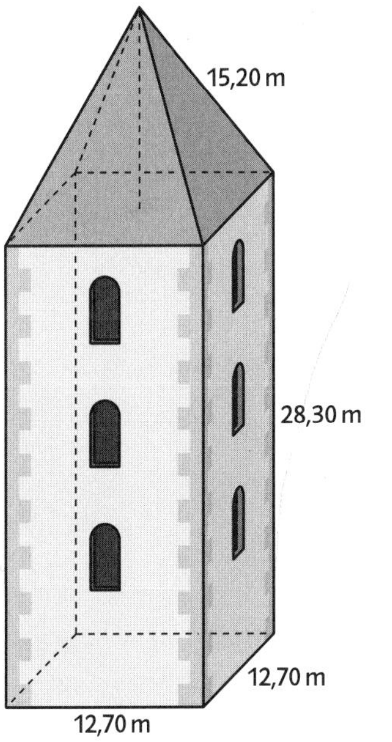

7 (6 VP)
Zeichne das rechtwinklige Dreieck ABC mit $\gamma = 90°$; $\alpha = 48°$ und der Hypotenuse von 7 cm.

Lerntipps

zu Aufgabe 1
Vergleiche die Summe der Quadrate der beiden kürzeren Seiten mit dem Quadrat der längsten Seite.
zu Aufgabe 3
Zerlege die Fläche in zwei rechtwinklige Dreiecke.
zu Aufgabe 5
Bedenke, dass auf Landkarten immer nur der horizontale Abstand zweier Orte gemessen werden kann. Beachte die Höhenlinien.
zu Aufgabe 6
Das Turmdach besteht aus vier gleichschenkligen Dreiecken mit der Schenkellänge 15,20 m.
zu Aufgabe 7
Denke an den Satz des Thales.

Anfangszeit: ____________ **90 min** **Abgabe:** ____________

1 (2 + 2 + 2 VP)
Berechne x (alle Maße in mm).

a)

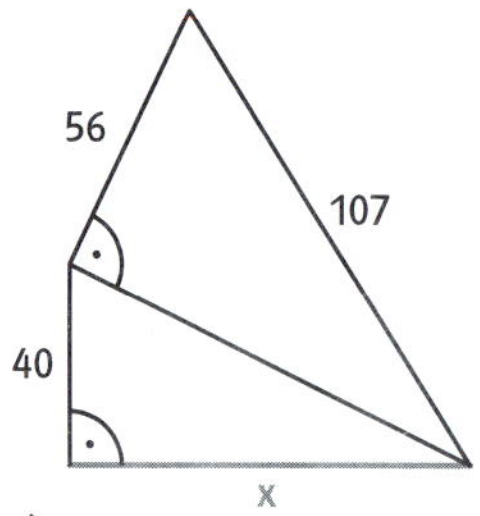

b)

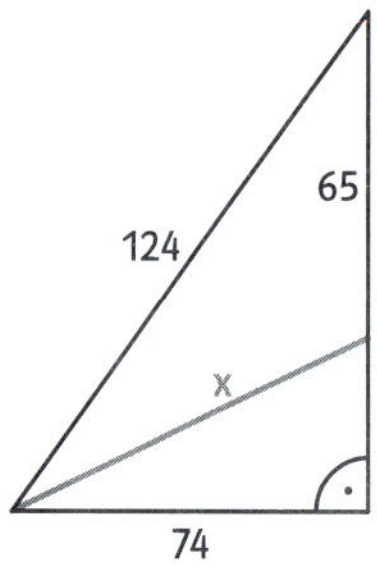

c)

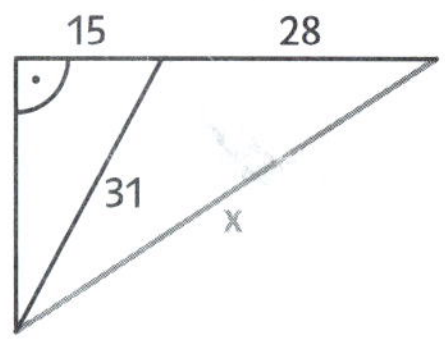

2 (3 + 4 VP)
a) Berechne den Flächeninhalt einer Raute mit der Seitenlänge 7,0 cm und der Diagonalenlänge 6,2 cm. Fertige eine Planfigur an.
b) Von einem Drachen sind die Diagonalen e = 9 cm f = 14 cm und die Seiten a = b = 7 cm bekannt. Bestimme den Umfang des Drachens. Fertige eine Planfigur an.

3 (5 + 4 VP)
Ein Körper ist aus Würfeln mit der Kantenlänge 1 zusammengebaut.
a) Welchen Abstand haben die Punkte B und C vom Punkt A?
b) Markiere am Körper einen Punkt D, der von A den Abstand $\sqrt{26}$ hat.

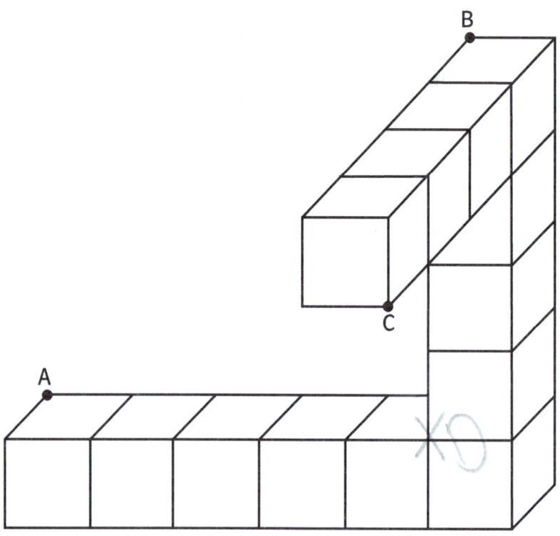

4 (7 VP)
Der abgebildete Quader hat die Maße a = 17 cm; b = 12,6 cm; c = 9,6 cm. Der Punkt C teilt die Quaderkante c im Verhältnis 2 : 1.
Berechne den Umfang der schraffierten Schnittfläche.

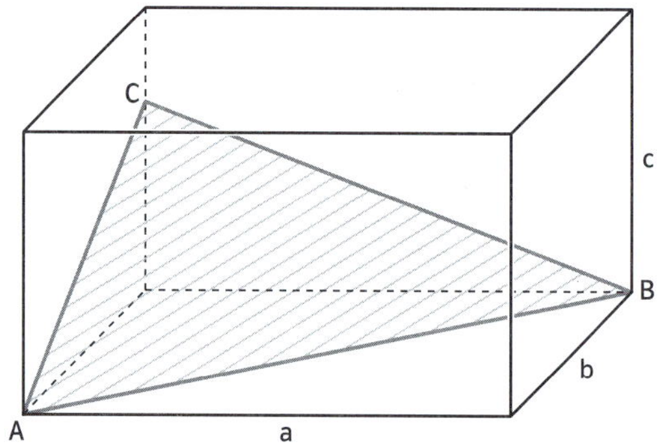

5 (3 + 4 VP)
Auf der Mantelfläche des Dreieckprismas ist der Streckenzug ABCD eingezeichnet (alle Maße in cm).

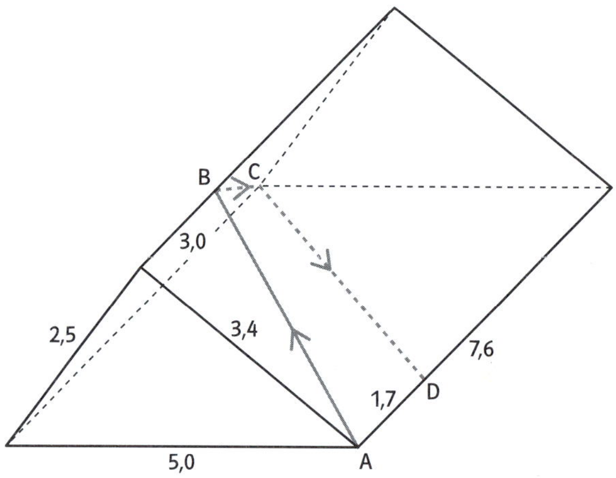

a) Zeichne das Netz des Prismas und trage den Streckenzug ein.
b) Berechne die Länge des Streckenzuges.

6 (5 VP)
Ein Fesselballon ist an einem 350 m langen Seil befestigt. Nachdem er lotrecht aufgestiegen ist, wird er durch aufkommenden Wind 80 m weit nach Osten abgetrieben.
Wie hoch steht er jetzt über der Ebene? Fertige eine Planfigur an.

7 (7 VP)
a) Berechne den Umfang des Dreiecks ABC.
b) Untersuche, ob das Dreieck rechtwinklig ist.

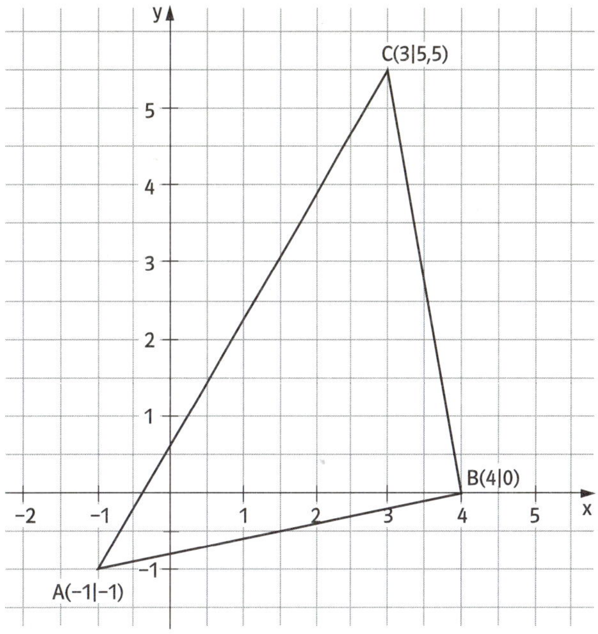

Lerntipps

zu Aufgabe 1
Rechne so lange wie möglich ohne Näherungswerte.
zu Aufgabe 2
a) In einer Raute schneiden sich die Diagonalen rechtwinklig und halbieren sich gegenseitig.
b) In einem Drachen schneiden sich die Diagonalen rechtwinklig.
zu Aufgabe 3
a) Zeichne geeignete rechtwinklige Dreiecke ein, sodass $\overline{AB}$ bzw. $\overline{AC}$ Hypotenusen sind.
b) Beachte: $26 = 5^2 + 1^2$
Es gibt mehrere Punkte am Körper, die von A den Abstand $\sqrt{26}$ haben.
zu Aufgabe 4
Wird eine Strecke im Verhältnis 2 : 1 geteilt, so ist die längere Strecke doppelt so lang wie die kürzere.
zu Aufgabe 5
b) Nutze dein Netz, um die Länge des Streckenzuges zu bestimmen.
zu Aufgabe 7
a) Jede Seite des Dreiecks kann als Hypotenuse eines rechtwinkligen Dreiecks aufgefasst werden. Die Katheten lassen sich aus den x- und y-Koordinaten der beiden Punkte durch Differenzbildung ermitteln.
b) Rechne so lange wie möglich ohne Näherungswerte.

Anfangszeit: ________ **90 min** **Abgabe:** ________

1 (3 + 4 VP)
a) Sind die Dreiecke BCF und ABE rechtwinklig? Begründe deine Antwort.
b) Berechne die Streckenlängen x und y.

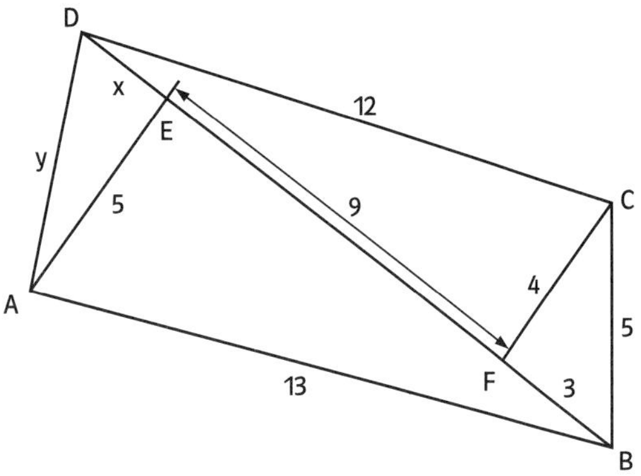

2 (7 VP)
Einem Kreis sind ein Quadrat ABCD mit der Seitenlänge 8 cm und ein Rechteck EFGH mit der Seitenlänge $\overline{EF}$ = 4 cm einbeschrieben. Die Rechteckseiten sind parallel zu den Quadratseiten.
Bestimme den Flächeninhalt des Rechtecks EFGH.

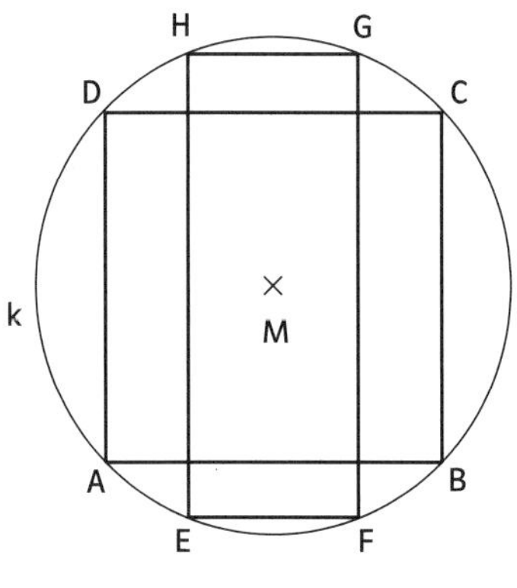

3 (8 VP)
Ein Lkw transportiert sechs Gasrohre mit einem Durchmesser von 0,80 m. Die Ladefläche befindet sich 1,65 m über dem Boden. Kann der Lkw unter einer 3,80 m hohen Brücke durchfahren?

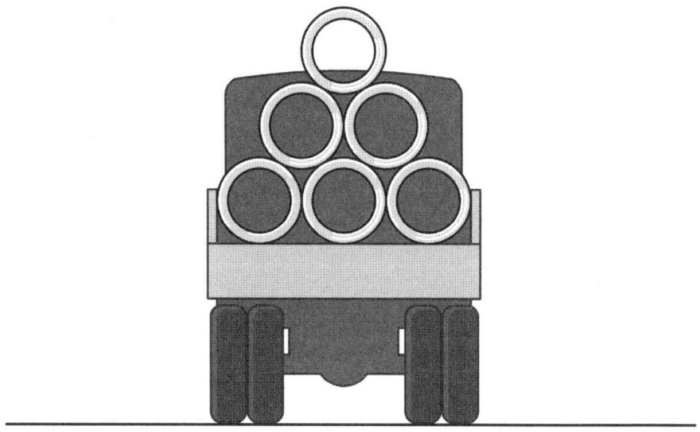

4 (6 VP)
Der Quader wird wie in der Abbildung durch einen Schnitt zerlegt.
Berechne den Flächeninhalt der getönten Fläche.

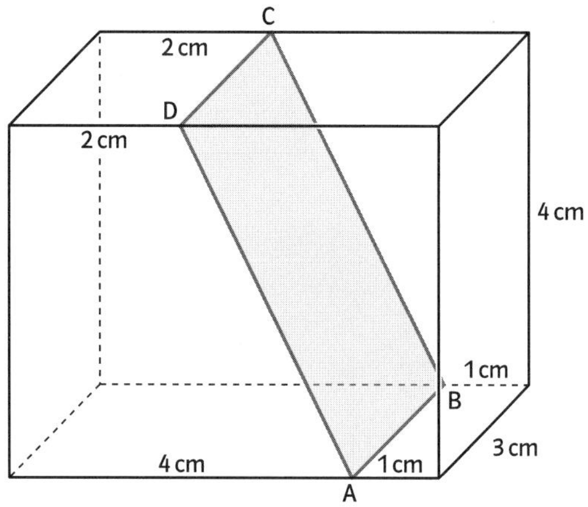

5 (2 + 2 + 3 VP)
Eine Straßenlaterne hängt in der Mitte eines zwischen zwei Hauswänden gespannten Seils. Die Aufhängepunkte sind auf gleicher Höhe und 8,00 m voneinander entfernt.
a) Fertige eine Planfigur an und bestimme den Durchhang d bei einer Seillänge von 9,00 m.
b) Wie lang darf das Seil höchstens sein, wenn der Durchhang maximal 0,50 m betragen soll?
c) Welches der drei Diagramme beschreibt am ehesten den Zusammenhang zwischen dem Durchhang d und der Länge l des Seiles?
Erläutere kurz deine Vorgehensweise.

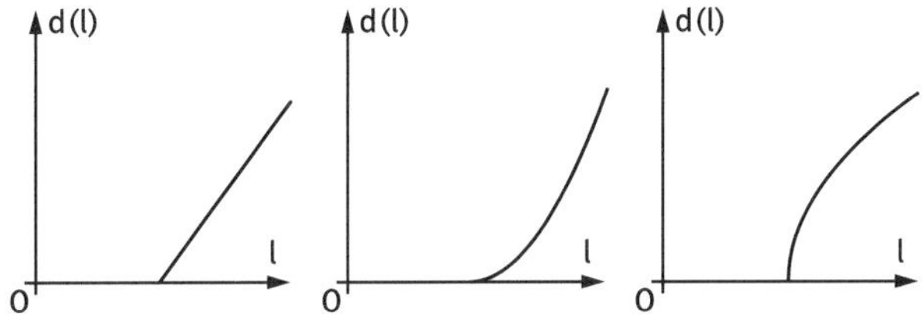

6 (4 VP)
Eine Seilbahn überwindet auf einer Fahrlänge von 2,478 km einen Höhenunterschied von 682 m. Wie lang ist die Strecke zwischen der Tal- und der Bergstation auf einer Landkarte im Maßstab 1 : 20 000?

7 (4 + 5 VP)
Wie lang ist x?

a)

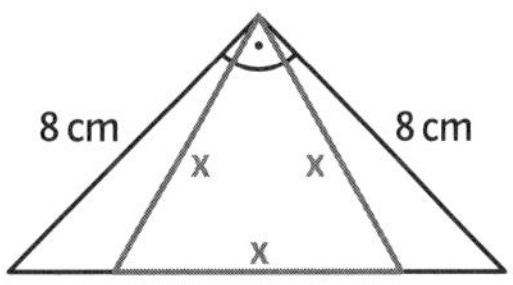

b)

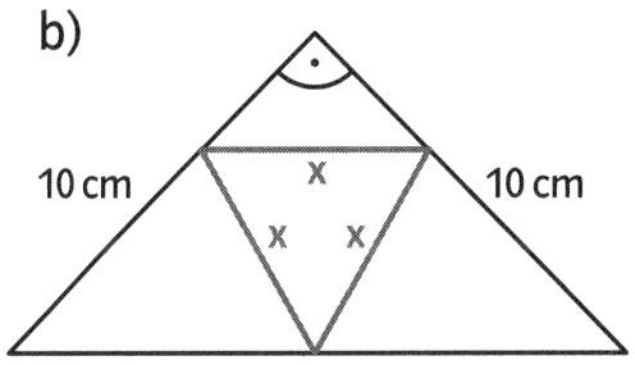

Anfangszeit: ____________ **90 min** Abgabe: ____________

1 (5 VP)
Ein Trinkbecher hat die in der Abbildung angegebenen Innenmaße. Der Trinkhalm ist 20,5 cm lang. Wie viel Prozent der Trinkhalmlänge ragt aus dem Becher hervor? Die Dicke des Trinkhalms bleibt unberücksichtigt.

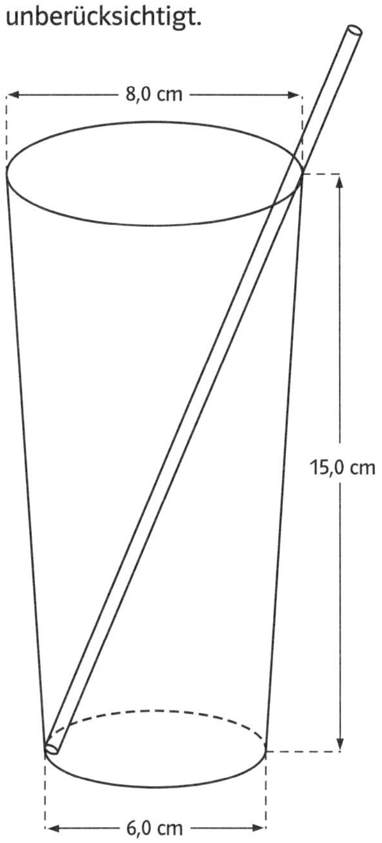

2 (4 + 6 VP)
a) Einem Kreis mit dem Radius r wird ein Quadrat einbeschrieben. Berechne die Seitenlänge a des Quadrats in Abhängigkeit von r.
b) Bestimme die Seitenlänge b des einbeschriebenen regelmäßigen Achtecks in Abhängigkeit vom Kreisradius r.

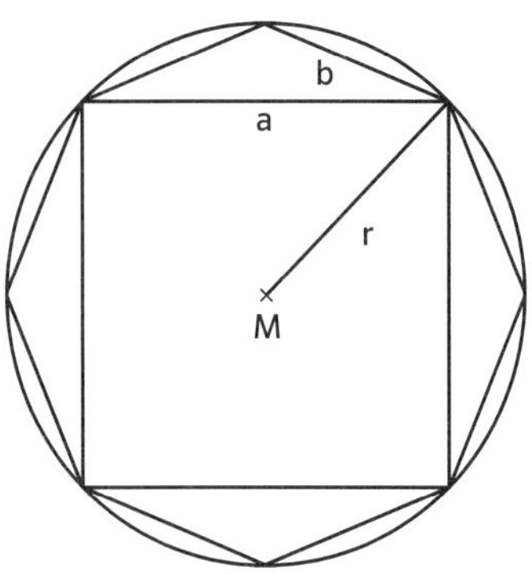

3 (6 VP)
Aus einem Holzwürfel mit der Kantenlänge a wird eine Pyramide ABDG herausgesägt.
Wie lang sind die Pyramidenkanten AG und BG in Abhängigkeit von der Kantenlänge a?

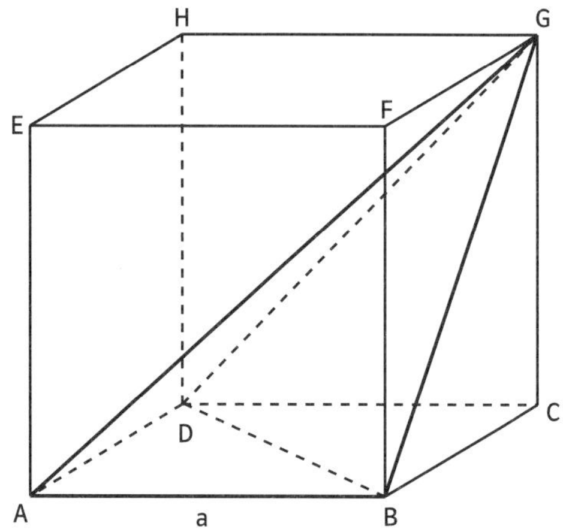

4 (10 VP)
Berechne die Dachfläche des abgebildeten Walmdaches mit $a = 19{,}25\,m$; $b = 7{,}80\,m$; $s = 6{,}75\,m$; $h = 2{,}63\,m$.

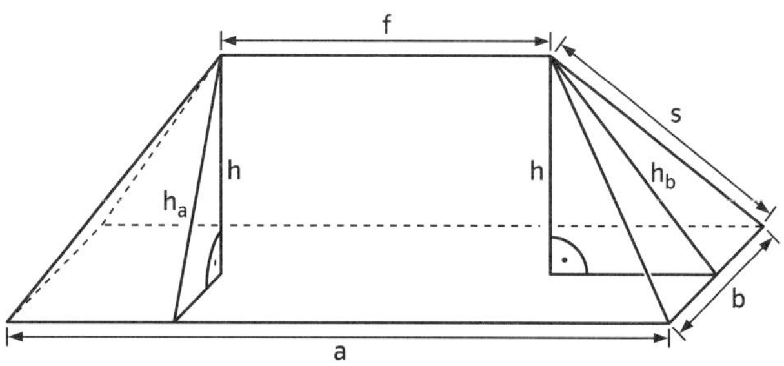

5 (6 VP)
In der Skizze ist der Starnberger See in Nord-Süd-Richtung dargestellt. Wie hoch muss man sich an der Nordspitze des Sees bei Starnberg befinden, um bei klarer Sicht das südliche Ufer bei Seeshaupt zu sehen?

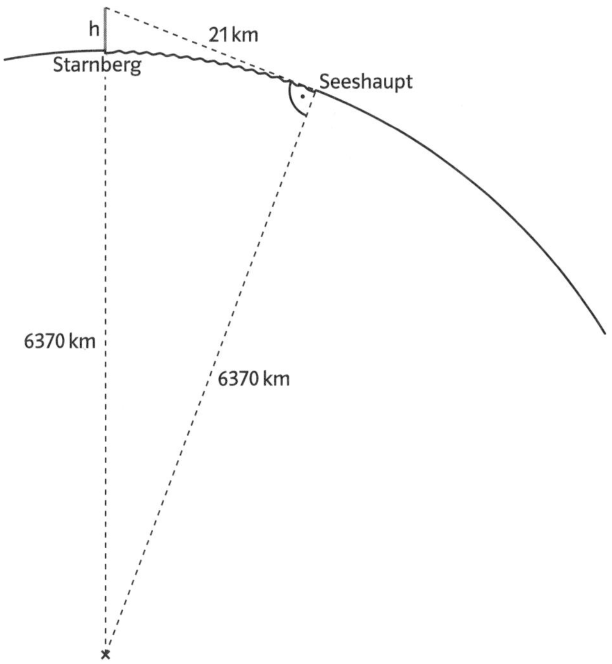

6 (6 VP)
Konstruiere mithilfe des Satzes des Pythagoras eine Strecke der Länge $\sqrt{11}$ und lies den Wert ab. Beschreibe und begründe deine Vorgehensweise.

7 (5 VP)
Die Abbildung zeigt, wie sich mithilfe des Satzes des Thales die Tangenten von einem Punkt P aus an einem Kreis konstruieren lassen.

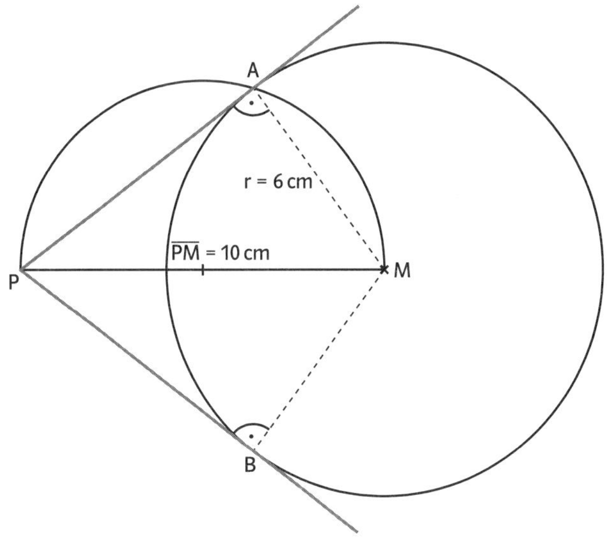

Wie lang sind die Tangentenabschnitte $\overline{PA}$ und $\overline{PB}$, wenn der Kreisradius 6,0 cm und die Strecke $\overline{PM}$ 10,0 cm beträgt?

Bemerkungen zum Runden und dem Umgang mit Einheiten

- *Rechne möglichst mit gegebenen Werten.*
- *Rechne erst dann mit gerundeten Werten weiter, wenn die Rechnung sonst zu unübersichtlich wird.*
- *Rechne Zwischenergebnisse mindestens zwei Stellen genauer, als du im Endergebnis angibst.*
- *Runde im Antwortsatz sinnvoll.*
- *Rechne zur besseren Übersicht ohne Einheiten.*
- *Achte darauf, dass die Einheiten passend sind. Damit ist gemeint, dass zum Beispiel alle Längen in cm, Flächen in cm^2, Volumen in cm^3 oder alle Längen in dm, Flächen in dm^2, Volumen in dm^3 usw. angegeben sind.*

Pinboard – Satz des Pythagoras

1

a) $x = \sqrt{6{,}0^2 - 4{,}0^2}\,\text{cm} = \sqrt{20}\,\text{cm} = 4{,}47\,\text{cm}$

b) $x = \sqrt{(6{,}0 - 4{,}0)^2 + 3{,}0^2}\,\text{cm} = \sqrt{13}\,\text{cm} = 3{,}61\,\text{cm}$

c) $x = \sqrt{6^2 - \left(\frac{6}{2}\right)^2}\,\text{cm} = \sqrt{27}\,\text{cm} = 5{,}20\,\text{cm}$

d) $x = \sqrt{a^2 + a^2 + a^2} = \sqrt{3a^2} = a\sqrt{3}$

2

$h = \sqrt{0{,}6^2 - \left(\frac{1{,}80 - 1{,}00}{2}\right)^2}\,\text{m} = \sqrt{0{,}36 - 0{,}16}\,\text{m}$
$= \sqrt{0{,}20}\,\text{m} = 0{,}45\,\text{m}$

3

a) $\overline{AB} = \sqrt{4{,}0^2 + 4{,}0^2 + 2{,}0^2 + 1{,}0^2}\,\text{cm} = \sqrt{37}\,\text{cm}$
$= 6{,}08\,\text{cm}$

b) $\overline{AB} = \sqrt{(6-1)^2 + (5-2)^2} = \sqrt{5^2 + 3^2} = \sqrt{34} = 5{,}83$

c) $\overline{AB} = \sqrt{(2a)^2 + (2a)^2 + (1a)^2} = \sqrt{4a^2 + 4a^2 + a^2}$
$= \sqrt{9a^2} = 3a$

4

a)

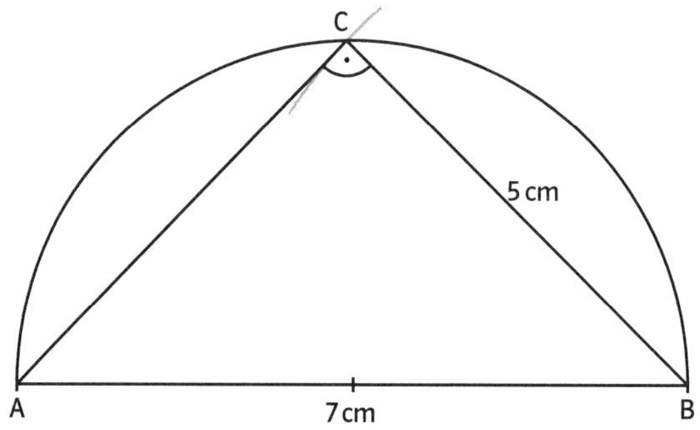

b)

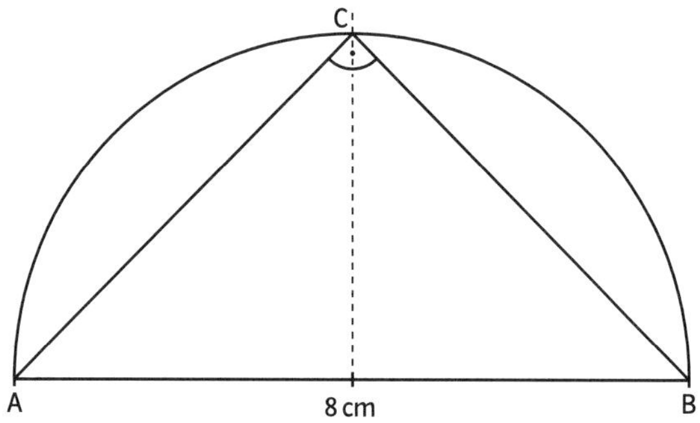

Klassenarbeit 5.1

1 (2 + 2 + 2 VP)

Die Summe der Quadrate der beiden kürzeren Seiten wird mit dem Quadrat der längsten Seite verglichen.

a) Quadrat der längsten Seite: $a^2 = (9\,\text{cm})^2 = 81\,\text{cm}^2$
Summe der Quadrate der beiden kürzeren Seiten:
$b^2 + c^2 = (5\,\text{cm})^2 + (7\,\text{cm})^2 = 25\,\text{cm}^2 + 49\,\text{cm}^2 = 74\,\text{cm}^2$
Aus $74\,\text{cm}^2 < 81\,\text{cm}^2$ folgt $b^2 + c^2 < a^2$.
Das Dreieck ist stumpfwinklig.

b) Quadrat der längsten Seite:
$z^2 = (12\,\text{cm})^2$
$= 144\,\text{cm}^2$
Summe der Quadrate der beiden kürzeren Seiten:
$x^2 + y^2 = (7\,\text{cm})^2 + (10\,\text{cm})^2 = 49\,\text{cm}^2 + 100\,\text{cm}^2$
$= 149\,\text{cm}^2$
Aus $149\,\text{cm}^2 > 144\,\text{cm}^2$ folgt $x^2 + y^2 > z^2$.
Das Dreieck ist spitzwinklig.

c) Quadrat der längsten Seite:
$t^2 = (12{,}5\,\text{cm})^2$
$= 156{,}25\,\text{cm}^2$
Summe der Quadrate der beiden kürzeren Seiten:
$r^2 + s^2 = (7{,}5\,\text{cm})^2 + (10\,\text{cm})^2 = 56{,}25\,\text{cm}^2 + 100\,\text{cm}^2$
$= 156{,}25\,\text{cm}^2$
Aus $156{,}25\,\text{cm}^2 = 156{,}25\,\text{cm}^2$ folgt $r^2 + s^2 = t^2$.
Das Dreieck ist rechtwinklig.

2 (2 + 2 + 3 VP)

a) $s = \sqrt{12{,}7^2 + 14{,}3^2}\,\text{cm} = \sqrt{365{,}78}\,\text{cm} = \underline{\underline{19{,}13\,\text{cm}}}$

b) $s = \sqrt{9{,}4^2 - 5{,}2^2}\,\text{cm} = \sqrt{61{,}32}\,\text{cm} = \underline{\underline{7{,}83\,\text{cm}}}$

c) Länge des linken Abschnitts der Strecke s:

$\sqrt{11{,}5^2 - 8{,}3^2}\,\text{cm} = \sqrt{63{,}36}\,\text{cm} = 7{,}96\,\text{cm}$

Länge des rechten Abschnitts der Strecke s:

$\sqrt{13{,}2^2 - 8{,}3^2}\,\text{cm} = \sqrt{105{,}35}\,\text{cm} = 10{,}26\,\text{cm}$

Bestimmung der Streckenlänge s:

$s = 7{,}96\,\text{cm} + 10{,}26\,\text{cm} = \underline{\underline{18{,}22\,\text{cm}}}$

3 (4 + 4 VP)

Die Figur wird in zwei rechtwinklige Dreiecke zerlegt.

a)

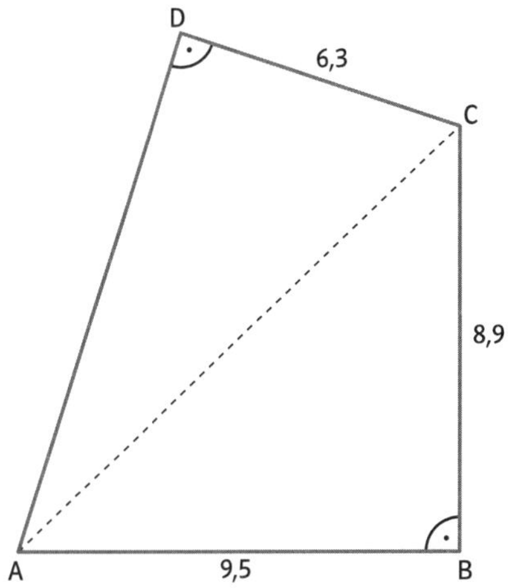

Bestimmung der Streckenlänge $\overline{AD}$ mithilfe von $\overline{AC}$:
$\overline{AC}^2 = 9{,}5^2 + 8{,}9^2 = 169{,}46$
$\overline{AD}^2 = \overline{AC}^2 - 6{,}3^2 = 169{,}46 - 39{,}69 = 129{,}77$
$\overline{AD} = \sqrt{129{,}77} = 11{,}39$
Bestimmung des Umfangs u:
$u = 9{,}5 + 8{,}9 + 6{,}3 + 11{,}39 = 36{,}09$
Antwort: Die Figur hat einen Umfang von 36,1 dm.

b)

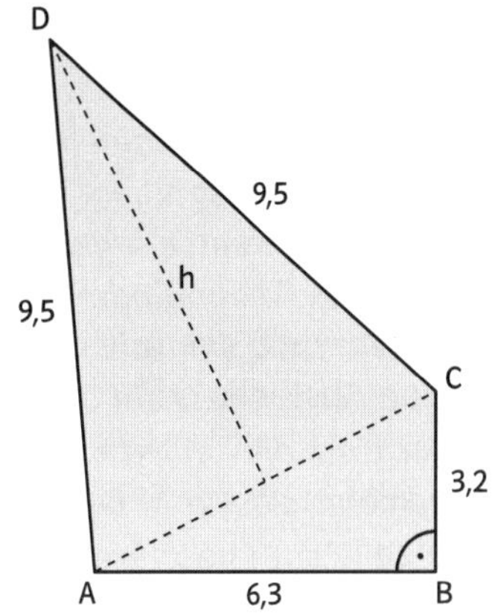

Bestimmung der Streckenlänge $\overline{AC}$:
$\overline{AC}^2 = 6{,}3^2 + 3{,}2^2 = 49{,}93$
Bestimmung der Höhe h:
$h^2 = 9{,}5^2 - \left(\frac{\overline{AC}}{2}\right)^2 = 9{,}5^2 - \frac{\overline{AC}^2}{4} = 9{,}5^2 - \frac{49{,}93}{4} = 77{,}77$
$h = \sqrt{77{,}77} = 8{,}82$
Bestimmung der Fläche A:
$A = 0{,}5 \cdot (7{,}07 \cdot 8{,}82 + 6{,}3 \cdot 3{,}2) = 0{,}5 \cdot 82{,}52 = 41{,}26$
Antwort: Die Figur hat einen Flächeninhalt von $41{,}26\,\text{cm}^2$.

4 (7 VP)

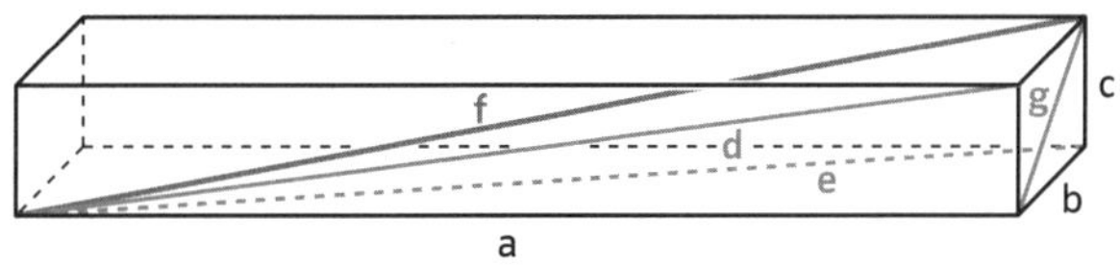

Bestimmung der Diagonale e:
$e^2 = a^2 + b^2$
Bestimmung der Raumdiagonale f:
$f^2 = e^2 + c^2 = a^2 + b^2 + c^2 = 16^2 + 3{,}5^2 + 2^2 = 272{,}25$
$f = \sqrt{272{,}25} = 16{,}5$
Antwort: Die Raumdiagonale hat eine Länge von 16,5 cm.
Alternativen
$d^2 = a^2 + c^2$
$f^2 = d^2 + b^2 = a^2 + c^2 + b^2 = a^2 + b^2 + c^2$
oder
$g^2 = b^2 + c^2$
$f^2 = a^2 + g^2 = a^2 + b^2 + c^2$

5 (7 VP)

Gegeben: Strecke $\overline{AB}$ auf der Karte:
$\overline{AB} = 2{,}3\,cm = 0{,}023\,m$
Maßstab 1:125 000
Höhenunterschied
$3600\,m - 1200\,m = 2400\,m$

Gesucht: Seillänge l

Rechnung: Bestimmung des tatsächlichen horizontalen Abstands der Orte A und B:
$0{,}023 \cdot 125\,000 = 2875$
Bestimmung der Seillänge l:
$l = \sqrt{2875^2 + 2400^2} = \sqrt{14\,025\,625}$
$= 3745{,}08$

Antwort: Die Seillänge beträgt 3745 m.

6 (7 VP)

a) *Es müssen die vier gleichschenkligen Dreiecke mit der Basis $a = 12{,}70\,m$ und der Schenkellänge $s = 15{,}20\,m$ mit Schiefer belegt werden.*

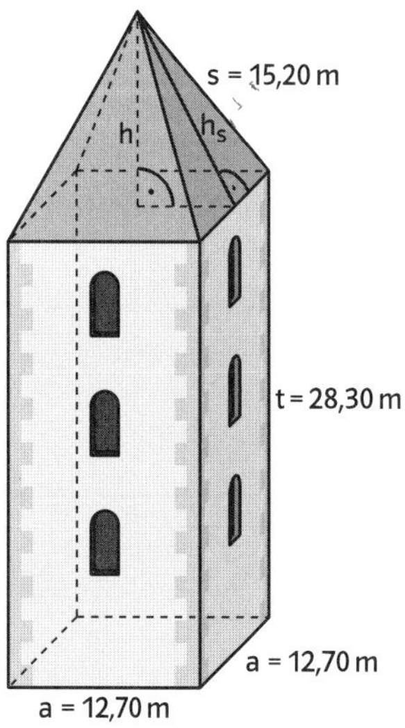

Gegeben: Basis $a = 12{,}70\,m$
Schenkellänge $s = 15{,}20\,m$
Kosten: $83{,}40\,\frac{€}{m^2}$
Mehrwertsteuer 19 %

Gesucht: Gesamtkosten

Rechnung: Bestimmung der Höhe h_s des gleichschenkligen Dreiecks:
$h_s = \sqrt{15{,}20^2 - \left(\frac{12{,}70}{2}\right)^2} = \sqrt{190{,}7175}$
$h_s = 13{,}81$
Bestimmung der Dachfläche A_D:
$A_D = 4 \cdot \frac{a \cdot h_s}{2} = 4 \cdot \frac{12{,}70 \cdot 13{,}81}{2}$
$= 2 \cdot 12{,}70 \cdot 13{,}81 = 350{,}774$
Bestimmung der Nettokosten:
$350{,}774 \cdot 83{,}40 = 29\,254{,}55$
Bestimmung der Gesamtkosten:
$29\,254{,}55 \cdot 1{,}19 = 34\,812{,}91$

Antwort: Das Decken des Dachs kostet einschließlich Mehrwertsteuer 34 812,91 €.

b)

Gegeben: Basis $a = 12{,}70\,m$
Schenkellänge $s = 15{,}20\,m$
Turmhöhe bis Unterkante Dach
$t = 28{,}30\,m$

Gesucht: Turmhöhe h

Rechnung: Bestimmung der Dachhöhe h_d:
$h_d = \sqrt{h_s^2 - \left(\frac{a}{2}\right)^2} = \sqrt{190{,}175 - 6{,}35^2}$
$h_d = \sqrt{149{,}8525} = 12{,}24$
Bestimmung der Turmhöhe h:
$h = t + h_d = 28{,}30 + 12{,}24 = 40{,}54$

Antwort: Der Turm ist 40,54 m hoch.

7 (6 VP)

Zeichne über die Strecke $\overline{AB} = 7\,cm$ den Thaleskreis.
Trage in A an AC den Winkel $\alpha = 48°$ an.
Der freie Schenkel von α schneidet den Thaleskreis in C. Das Dreieck ABC ist rechtwinklig.

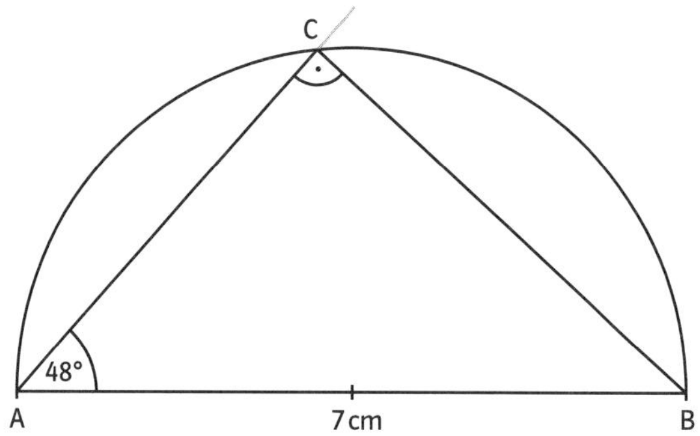

Klassenarbeit 5.2

1 (2 + 2 + 2 VP)

a) $s^2 = 107^2 - 56^2$
$x^2 = s^2 - 40^2 = 107^2 - 56^2 - 40^2 = 6713$
$x = \sqrt{6713} = 81{,}933$
$x = \underline{\underline{81{,}9\,mm}}$

b) $a = \sqrt{124^2 - 74^2} = \sqrt{9900} = 99{,}500$
$s = a - 65 = 99{,}500 - 65 = 34{,}500$
$x = \sqrt{74^2 + 34{,}500^2} = \sqrt{6666{,}25} = 81{,}647$
$x = \underline{\underline{81{,}6\,mm}}$

c) $a = \sqrt{31^2 - 15^2} = \sqrt{736} = 27{,}129$
$x = \sqrt{(15 + 28)^2 + 736} = \sqrt{2585} = 50{,}843$
$x = \underline{\underline{50{,}8\,mm}}$

2 (3 + 4 VP)

a) *Wie man der Planfigur entnehmen kann, ist die kürzere Diagonale e = 6,2 cm lang, da die längere Diagonale f größer als 7 cm sein muss.*

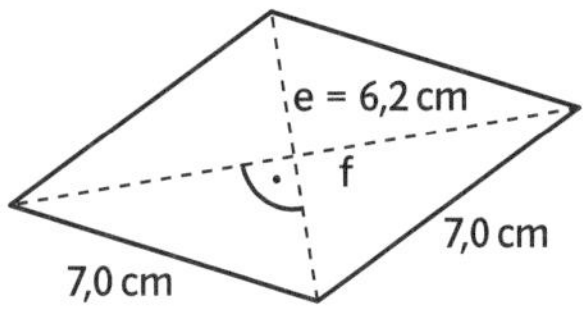

$\frac{f}{2} = \sqrt{7{,}0^2 - \left(\frac{6{,}2}{2}\right)} = \sqrt{39{,}39} = 6{,}276$

$f = 12{,}552$

$A = e \cdot f = 6{,}2 \cdot 12{,}552 = 77{,}822 \approx 77{,}8$

Die Raute hat einen Flächeninhalt von 77,8 cm².

b) *Die Diagonale f wird durch die Diagonale e in die beiden Abschnitte f_1 und f_2 zerlegt.*

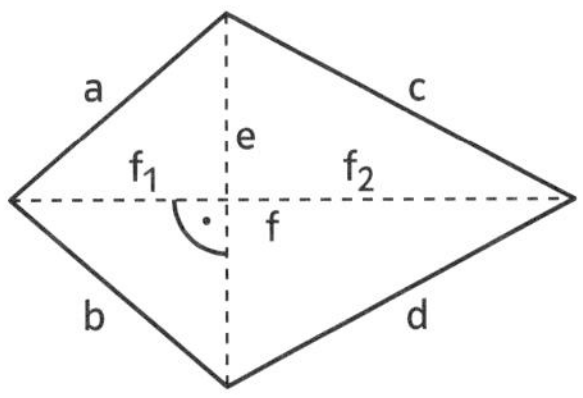

$f_1 = \sqrt{b^2 - \left(\frac{e}{2}\right)} = \sqrt{7^2 - 4{,}5^2} = \sqrt{28{,}75} = 5{,}362$

$f_2 = f - f_1 = 14 - 5{,}362 = 8{,}638$

$c = d = \sqrt{\left(\frac{e}{2}\right)^2 + {f_2}^2} = \sqrt{4{,}5^2 + 8{,}638^2} = \sqrt{94{,}865}$

$= 9{,}740$

$u = 2a + 2c = 2 \cdot 7 + 2 \cdot 9{,}740 = 33{,}480 \approx 33{,}5$

Der Drachen hat einen Umfang von 33,5 cm.

3 (5 + 4 VP)

a) Länge der Strecke $\overline{AB}$:

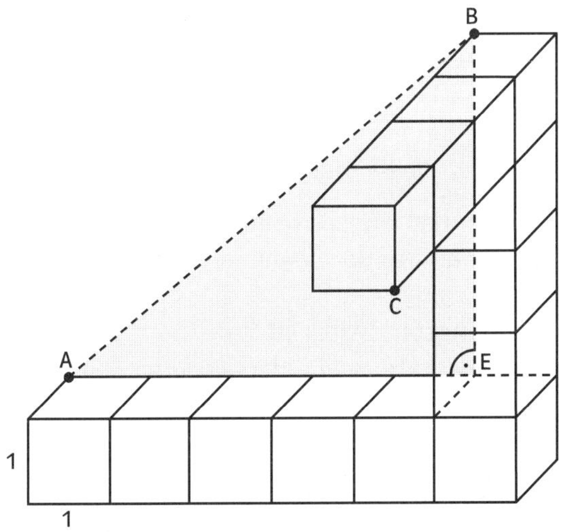

Das Dreieck AEB ist bei E rechtwinklig. Mit dem Satz des Pythagoras folgt:

$\overline{AB}^2 = \overline{AE}^2 + \overline{EB}^2 = 5^2 + 4^2 = 41$

$\overline{AB} = \sqrt{41} = \underline{\underline{6{,}403}}$

Länge der Strecke $\overline{AC}$:

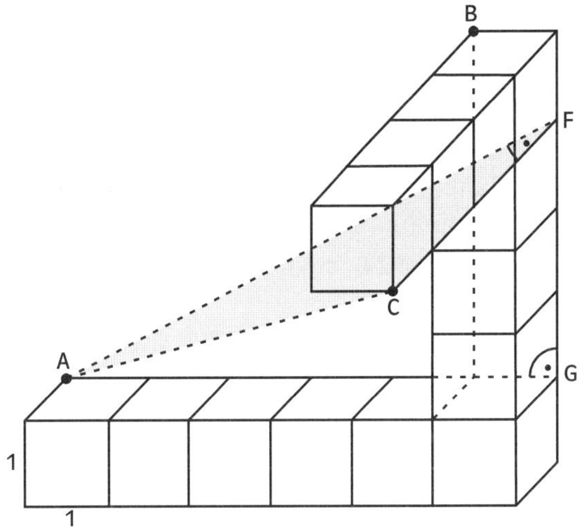

Das Dreieck ACF ist bei F rechtwinklig. Mit dem Satz des Pythagoras folgt:

$\overline{AC}^2 = \overline{AF}^2 + \overline{FC}^2 = \overline{AF}^2 + 4^2$

Die Länge der Strecke $\overline{AF}$ wird im rechtwinkligen Dreieck AGF mit dem rechten Winkel bei G bestimmt.

$\overline{AF}^2 = \overline{AG}^2 + \overline{GF}^2 = 6^2 + 3^2 = 45$

Damit ist $\overline{AC}^2 = 45 + 4^2 = 61$

$\overline{AC} = \sqrt{61} = \underline{\underline{7{,}810}}$

b) Lage des Punktes D:

Es gilt $\sqrt{26} = \sqrt{25 + 1}$

$\sqrt{26} = \sqrt{5^2 + 1^2}$

Die Strecke $\overline{AD}$ mit der Länge $\sqrt{26}$ kann also als Hypotenuse eines rechtwinkligen Dreiecks aufgefasst werden, dessen Katheten die Länge 5 und 1 haben. In der Abbildung sind zwei mögliche Punkte D_1 und D_2 markiert.

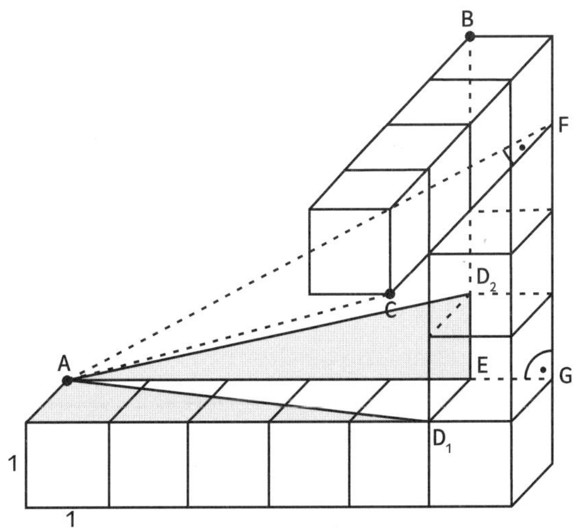

4 (7 VP)
Der Umfang des schraffierten Dreiecks setzt sich aus den Seiten $\overline{AB}$, $\overline{BC}$ und $\overline{AC}$ zusammen.
Berechnung der Streckenlängen $\overline{AB}$, $\overline{BC}$ und $\overline{AC}$.

$\overline{AB} = \sqrt{a^2 + b^2} = \sqrt{17^2 + 12{,}6^2} = \sqrt{447{,}76} = 21{,}160$

$\overline{BC} = \sqrt{a^2 + \left(\frac{2}{3}c\right)^2} = \sqrt{17^2 + 6{,}4^2} = \sqrt{329{,}96} = 18{,}165$

$\overline{AC} = \sqrt{b^2 + \left(\frac{2}{3}c\right)^2} = \sqrt{12{,}6^2 + 6{,}4^2} = \sqrt{199{,}72} = 14{,}132$

Berechnung des Umfangs:
$u = \overline{AB} + \overline{BC} + \overline{AC} = 21{,}160 + 18{,}165 + 14{,}132 = 53{,}457$
$\approx 53{,}5$
Die schraffierte Fläche hat einen Umfang von 53,5 cm.

5 (3 + 4 VP)
a) Netz des Prismas im Maßstab 1:2

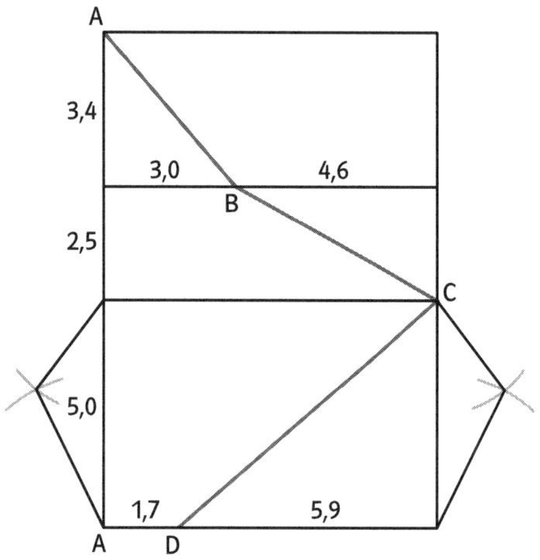

b) Berechnung der Länge der Streckenabschnitte $\overline{AB}$, $\overline{BC}$ und $\overline{CD}$:

$\overline{AB} = \sqrt{3{,}4^2 + 3{,}0^2} = \sqrt{20{,}56} = 4{,}534$

$\overline{BC} = \sqrt{4{,}6^2 + 2{,}5^2} = \sqrt{27{,}41} = 5{,}235$

$\overline{CD} = \sqrt{5{,}0^2 + 5{,}9^2} = \sqrt{59{,}81} = 7{,}734$

Berechnung der Länge s des ganzen Streckenzuges:
$s = \overline{AB} + \overline{BC} + \overline{CD} = 4{,}534 + 5{,}235 + 7{,}734 = 17{,}503$
$\approx 17{,}5$
Der Steckenzug hat eine Länge von 17,5 cm.

6 (5 VP)
Planfigur:

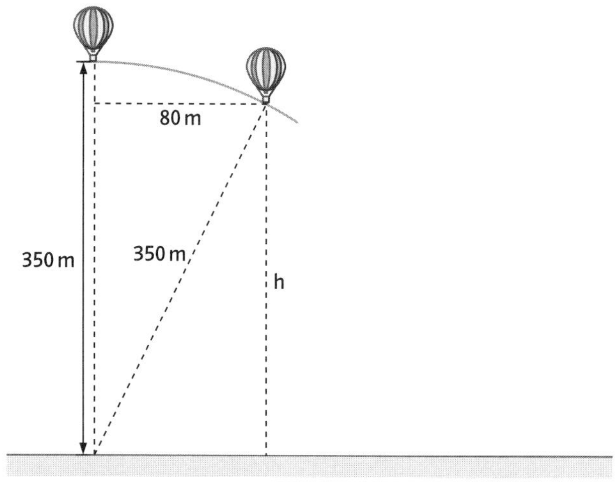

$h = \sqrt{350^2 - 80^2} = \sqrt{116\,100} = 340{,}735 \approx 340{,}7$
Der Fesselballon befindet sich in einer Höhe von 340,7 m.

7 (7 VP)
a) Der Umfang der Figur setzt sich aus den Strecken $\overline{AB}$, $\overline{BC}$ und $\overline{AC}$ zusammen.
Berechnung der Streckenlängen $\overline{AB}$, $\overline{BC}$ und $\overline{AC}$:

$\overline{AB} = \sqrt{(4 + 1)^2 + (1 - 0)^2} = \sqrt{5^2 + 1^2} = \sqrt{26} = 5{,}100$

$\overline{BC} = \sqrt{(4 - 3)^2 + (5{,}5 - 0)^2} = \sqrt{1^2 + 5{,}5^2} = \sqrt{31{,}25}$
$= 5{,}590$

$\overline{AC} = \sqrt{(4 + 1)^2 + (5{,}5 + 1)^2} = \sqrt{5^2 + 6{,}5^2} = \sqrt{67{,}25}$
$= 8{,}200$

Berechnung des Umfangs:
$u = \overline{AB} + \overline{BC} + \overline{AC} = 5{,}100 + 5{,}590 + 8{,}200 = 18{,}890$
$\approx 18{,}9$
Der Umfang hat eine Länge von 18,9 Einheiten.

b) Das Quadrat der längsten Seite muss gleich der Summe der Quadrate der beiden anderen Seiten sein.
Quadrat der längsten Seite: $\overline{AC}^2 = 67{,}25$
Summe der Quadrate der beiden anderen Seiten:
$\overline{AB}^2 + \overline{BC}^2 = 26 + 31{,}25 = 57{,}25$
$\overline{AC}^2 = 67{,}25 \neq 57{,}25 = \overline{AB}^2 + \overline{BC}^2$
Das Dreieck ist somit nicht rechtwinklig.
Da $\overline{AB}^2 + \overline{BC}^2 < \overline{AC}^2$ ist, ist das Dreieck stumpfwinklig.

Klassenarbeit 5.3

1 (3 + 4 VP)

Mache dir zuerst klar, ob du ein Dreieck als rechtwinklig erkennen willst oder ob du in einem rechtwinkligen Dreieck eine Seitenlänge berechnen möchtest. Im ersten Fall verwendest du die Umkehrung des Satzes des Pythagoras. Im zweiten Fall wendest du den Satz des Pythagoras auf das rechtwinklige Dreieck an und formst die entstehende Gleichung so um, dass die gesuchte Seitenlänge allein links vom Gleichheitszeichen steht. Dann setzt du die gegebenen Daten ein.

a) Im Dreick BCF gilt:
Quadrat der längsten Seite: $\overline{BC}^2 = 5^2 = 25$
Summe der Quadrate der beiden anderen Seiten:
$\overline{BF}^2 + \overline{CF}^2 = 3^2 + 4^2 = 25$
$\overline{BC}^2 = 25 = \overline{BF}^2 + \overline{CF}^2$
Das Dreieck BCF ist rechtwinklig.
Im Dreick ABE gilt:
Quadrat der längsten Seite: $\overline{AB}^2 = 13^2 = 169$
Summe der Quadrate der beiden anderen Seiten:
$\overline{AE}^2 + \overline{BE}^2 = 5^2 + (9 + 3)^2 = 169$
$\overline{AB}^2 = 169 = \overline{AE}^2 + \overline{BE}^2$
Das Dreieck ABE ist rechtwinklig.

b) Berechnung der Streckelänge x:
Das Dreieck DFC hat bei F einen rechten Winkel.
Satz des Pythagoras:
$\overline{CD}^2 = \overline{DF}^2 + \overline{CF}^2$
$\overline{DF}^2 = \overline{CD}^2 - \overline{CF}^2 = 12^2 - 4^2 = 128$
$\overline{DF} = \sqrt{128} = 11{,}314$
$x = \overline{DF} - 9 = 11{,}314 - 9 = 2{,}314 \approx 2{,}3$
Die Strecke x ist 2,3 cm lang.
Berechnung der Streckenlänge y:
Das Dreieck AED hat bei E einen rechten Winkel.
Satz des Pythagoras:
$y^2 = x^2 + \overline{AE}^2$
$y^2 = 2{,}314^2 + 5^2 = 30{,}355$
$y = \sqrt{30{,}355} = 5{,}510 \approx 5{,}5$
Die Strecke y ist 5,5 cm lang.

2 (7 VP)

Berechnung des Flächeninhalts des Rechtecks EFGH:
$A = \overline{EF} \cdot \overline{FG} = 4 \cdot \overline{FG}$
Die Länge der Strecke $\overline{FG}$ kann mit dem Satz des Pythagoras im rechtwinkligen Dreieck EFG berechnet werden.

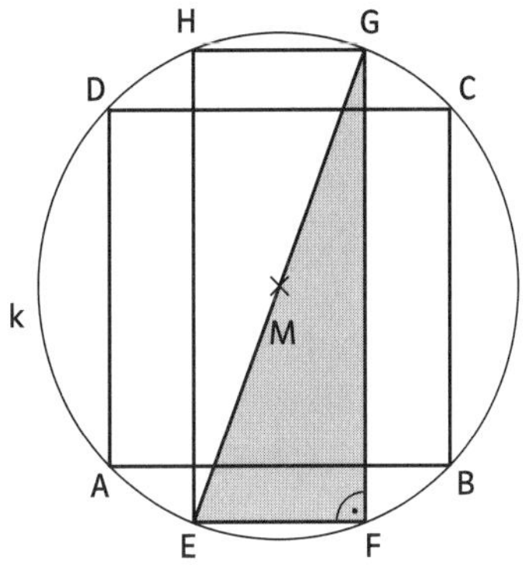

$\overline{FG}^2 = \overline{EG}^2 - \overline{EF}^2 = \overline{EG}^2 - 4^2 = \overline{EG}^2 - 16$
Die Länge der Strecke $\overline{EG}$ ist der Durchmesser des Kreises und somit gleich der Länge der Stecke $\overline{AC}$.
Berechnung der Streckenlänge $\overline{AC}$.
$\overline{AC}$ ist die Diagonale im Quadrat ABCD.
$\overline{AC}^2 = \overline{AB}^2 + \overline{BC}^2 = 8^2 + 8^2 = 128$
$\overline{AC} = \sqrt{128} = 11{,}314$
Berechnung der Steckenlänge $\overline{FG}$:
$\overline{FG}^2 = \overline{EG}^2 - \overline{EF}^2 = 128 - 16 = 112$
$\overline{FG} = \sqrt{112} = 10{,}583$
Berechnung des Flächeninhalts des Rechtecks EFGH:
$A = \overline{EF} \cdot \overline{FG} = 4 \cdot 10{,}583 = 42{,}332 \approx 42{,}3$
Das Rechteck EFGH hat einen Flächeninhalt von 42,3 cm².

3 (8 VP)

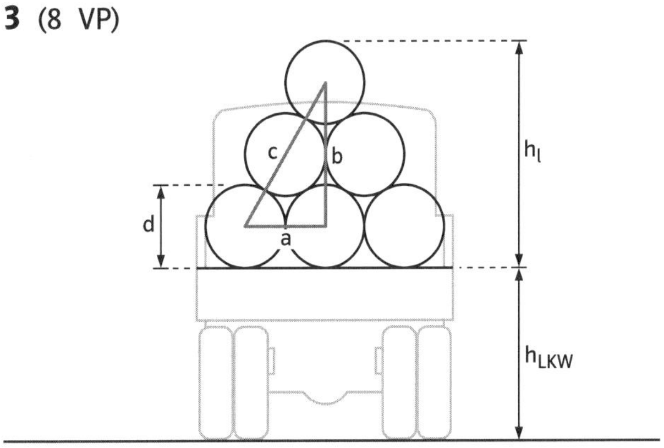

Gegeben: Höhe der Ladefläche über dem Boden $h_{Lkw} = 1{,}65$ m
Rohrdurchmesser d = 0,80 m
Durchfahrtshöhe $h_d = 3{,}80$ m
Gesucht: Gesamthöhe des Transporters h
Rechnung: Die Gesamthöhe h des Transporters setzt sich zusammen aus der Höhe der Ladefläche h_{Lkw} und der Höhe der Ladung h_l.
Berechnung der Höhe der Ladung h_l:
$h_l = b + d$

Berechnung der Länge der Strecke b:
$b^2 = c^2 - a^2$
mit $c = 2d = 2 \cdot 0{,}80 = 1{,}60$ und
$a = d = 0{,}80$
$b^2 = 1{,}60^2 - 0{,}8^2 = 1{,}92$
$b = \sqrt{1{,}92} = 1{,}386$
Berechnung der Höhe der Ladung h_l:
$h_l = 1{,}386 + 0{,}80 = 2{,}186$
Berechnung der Gesamthöhe des Transporters h:
$h = h_l + h_{Lkw} = 2{,}186 + 1{,}65 = 3{,}836 \approx 3{,}84$
Vergleich mit der Durchfahrtshöhe:
$3{,}84 > 3{,}80$

Antwort: Der Lkw kann mit einer Gesamthöhe von 3,84 m nicht unter der 3,80 m hohen Brücke durchfahren.

4 (6 VP)

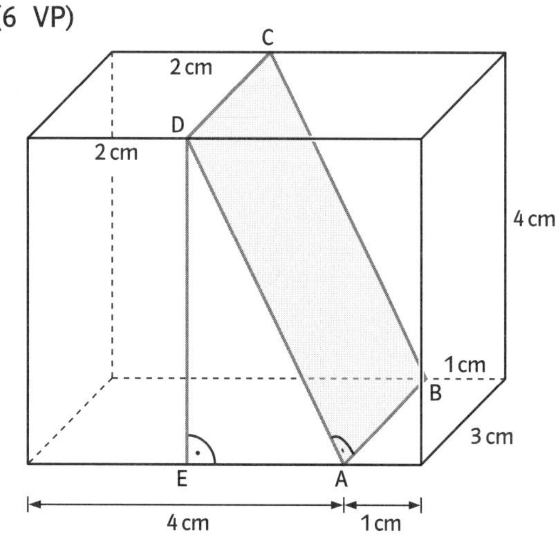

Form des Vierecks ABCD:
ABCD ist ein Rechteck, da gegenüberliegende Seiten parallel zueinander liegen und je zwei benachbarte Seiten senkrecht zueinander stehen.
Berechnung des Flächeninhaltes A des Rechtecks ABCD.
$A = \overline{AB} \cdot \overline{AD}$
Da $\overline{AB}$ parallel zur Kante mit der Länge 3,0 cm liegt, hat sie die gleiche Länge: $\overline{AB} = 3{,}0$ cm.
Berechnung der Seitenlänge $\overline{AD}$:
Im rechtwinkligen Dreieck ADE kann mithilfe des Satzes des Pythagoras die Länge der Strecke $\overline{AD}$ bestimmt werden.
$\overline{AD}^2 = \overline{AE}^2 + \overline{DE}^2 = (4{,}0 - 2{,}0)^2 + 4{,}0^2 = 20{,}0$
$\overline{AD} = \sqrt{20{,}0} = 4{,}472$
Berechnung des Flächeninhalts A des Rechtecks ABCD:
$A = \overline{AB} \cdot \overline{AD} = 3{,}0 \cdot 4{,}472 = 13{,}416 \approx 13{,}4$

Das getönte Rechteck ABCD hat einen Flächeninhalt von 13,4 cm².

5 (2 + 2 + 3 VP)

a)

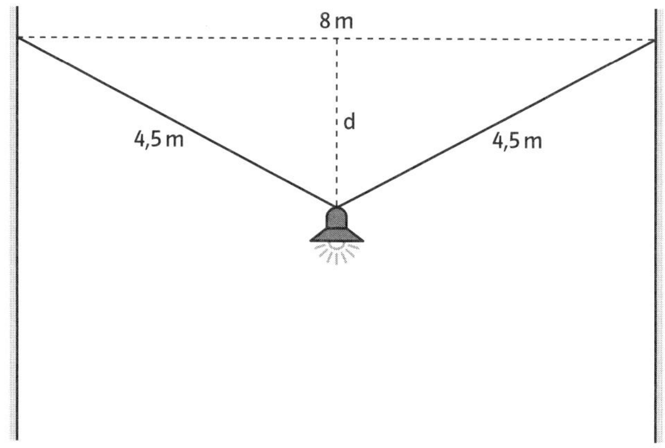

Berechnung des Durchhangs d:
$d^2 = 4{,}50^2 - \left(\frac{8{,}00}{2}\right)^2 = 4{,}25$
$d = \sqrt{4{,}25} = 2{,}062 \approx 2{,}06$
Der Durchhang beträgt 2,06 m.

b) Bestimmung der Seillänge l bei einem Durchhang von 0,50 m:
$\left(\frac{l}{2}\right)^2 = 4{,}00^2 + 0{,}50^2 = 16{,}25$
$\frac{l}{2} = \sqrt{16{,}25} = 4{,}031$
$l = 2 \cdot 4{,}031 = 8{,}062 \approx 8{,}06$
Das Seil darf bei einem Durchhang von 0,50 m höchstens 8,06 m lang sein.

c) Um festzustellen, wie der Durchhang d von der Seillänge l abhängt, stellt man eine Wertetabelle auf (alle Maße in Meter).

l	8,00	8,50	9,00	9,50	10,00
$d(l) = \sqrt{\left(\frac{l}{2}\right)^2 - 4^2}$	0	1,44	2,06	2,56	3,00
Zunahme des Durchhangs		1,44	0,62	0,50	0,44

Aus der Tabelle ist leicht zu erkennen, dass die Zunahme des Durchhangs mit zunehmender Seillänge geringer wird. Damit beschreibt der dritte Graph den Zusammenhang zwischen dem Durchhang d und der Seillänge l am besten.

6 (4 VP)

Gegeben: Fahrlänge $l = 2{,}478\,km = 2478\,m$
Höhenunterschied $h = 682\,m$
Maßstab 1:20 000

Gesucht: horizontaler Abstand a auf der Karte

Rechnung: Bestimmung des realen horizontalen Abstands s:

$s^2 = l^2 - h^2 = 2478^2 - 682^2 = 5\,675\,360$

$s = \sqrt{5\,675\,360} = 2382{,}301$

Bestimmung des horizontalen Abstands a im Maßstab 1:20 000.

$a = \frac{s}{20\,000} = \frac{2382{,}301}{20\,000} = 0{,}119$

Antwort: Auf der Karte liegen die Tal- und Bergstation 0,119 m = 11,9 cm auseinander.

7 (4 + 5 VP)

a) *Bei dem Dreieck handelt es sich um ein gleichschenklig-rechtwinkliges Dreieck mit den Schenkellängen 8,0 cm und der Basis a.*

Berechnung der Basislänge a.

$a^2 = 8^2 + 8^2 = 128$

$a = \sqrt{128} = 11{,}314$

Berechnung der Höhe h zur Basis a:

$h = \frac{a}{2} = \frac{11{,}314}{2} = 5{,}657$

Berechnung der Streckenlänge x:

$x^2 - \left(\frac{x}{2}\right)^2 = h^2$

$x^2 - \frac{x^2}{4} = h^2$

$\frac{3}{4}x^2 = h^2$

$x^2 = \frac{4}{3}h^2$

$x^2 = \frac{4}{3} \cdot 5{,}657^2 = 42{,}669$

$x = \sqrt{42{,}669} = 6{,}532 \approx 6{,}5$

Die Strecke x hat eine Länge von 6,5 cm.

Alternative:

Um Rundungsfehler weitestgehend zu vermeiden, wird die Wurzel aus 128 nicht gezogen.

$a = \sqrt{128}$

$h = \frac{a}{2} = \frac{\sqrt{128}}{2}$

$x^2 - \left(\frac{x}{2}\right)^2 = h^2$

$x^2 = \frac{4}{3}h^2 = \frac{4}{3} \cdot \frac{128}{4} = \frac{128}{3} \approx 42{,}667$

$x = \sqrt{42{,}667} = 6{,}532 \approx 6{,}5$

b) *Bei dem Dreieck handelt es sich um ein gleichschenklig-rechtwinkliges Dreieck mit den Schenkellängen 10,0 cm und der Basis a. Das einbeschriebene Dreieck ist ein gleichseitiges Dreieck mit der Seitenlänge x. Die Höhe h des großen Dreiecks auf die Basis a ist $\frac{a}{2}$.*

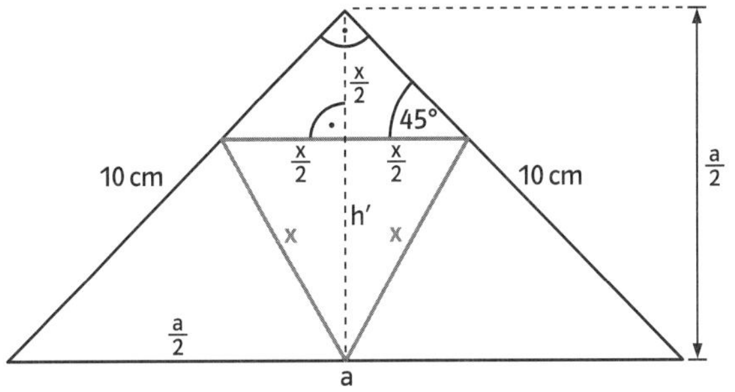

Berechnung der Basislänge a:

$a^2 = 10^2 + 10^2 = 200$

$a = \sqrt{200} = 14{,}142$

Berechnung der Höhe h′ des einbeschriebenen gleichseitigen Dreiecks:

$h'^2 = x^2 - \left(\frac{x}{2}\right)^2 = x^2 - \frac{x^2}{4} = \frac{3}{4}x^2$

$h' = \sqrt{\frac{3}{4}x^2} = \frac{x}{2}\sqrt{3}$

Berechnung der Seitenlänge x:

$\frac{x}{2} + h' = \frac{a}{2}$

$\frac{x}{2} + \frac{x}{2}\sqrt{3} = \frac{a}{2}$

$x + x\sqrt{3} = a$

$x\,(1 + \sqrt{3}) = a$

$x = \frac{a}{1 + \sqrt{3}} = \frac{14{,}142}{2{,}732} = 5{,}176 \approx 5{,}2$

Die Strecke x hat eine Länge von 5,2 cm.

Alternative

Um Rundungsfehler weitestgehend zu vermeiden, wird die Wurzel aus 200 nicht gezogen.

$x = \frac{\sqrt{200}}{1 + \sqrt{3}} = 5{,}176 \approx 5{,}2$

Klassenarbeit 5.4

1 (5 VP)

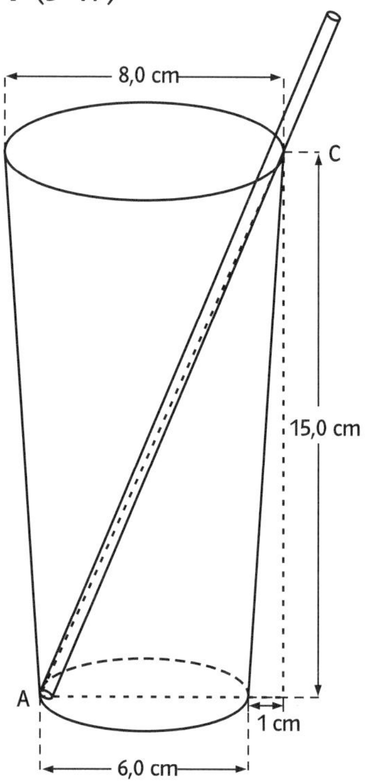

Berechnung der Streckenlänge $\overline{AC}$:
$\overline{AC}^2 = (6{,}0 + 1{,}0)^2 + 15^2 = 274$
$\overline{AC} = \sqrt{274} = 16{,}553$
Berechnung der Länge des herausragenden Teils t des Trinkhalmes:
$t = 20{,}5 - 16{,}553 = 3{,}947$
Der Trinkhalm ragt etwa 3,9 cm aus dem Becher heraus.
Berechnung des Anteils p der herausragenden Trinkhalmlänge:
$p = \frac{3{,}947}{20{,}5} = 0{,}193 = 19{,}3\,\%$
Der Trinkhalm ragt etwa 19 % aus dem Becher heraus.

2 (4 + 6 VP)

a) Die Strecke a ist die Seitenlänge des Quadrats ABCD mit der Diagonalen $2 \cdot r$.
Mit dem Satz des Pythagoras im rechtwinkligen Dreieck gilt:
$\overline{AC}^2 = \overline{AB}^2 + \overline{BC}^2$
$(2r)^2 = a^2 + a^2 = 2a^2$
$4r^2 = 2a^2$
$a^2 = 2r^2$
$a = \sqrt{2r^2} = \underline{\underline{r\sqrt{2}}}$

Bemerkung:
Wenn man weiß, dass die Diagonale eines Quadrats mit der Seitenlänge a die Länge $d = a\sqrt{2}$ hat, ist man schnell fertig:
$2r = a\sqrt{2}$
$a = \frac{2r}{\sqrt{2}} = r\sqrt{2} = 1{,}414\,r$

b) Da die Punkte E und M von C und D jeweils den gleichen Abstand haben, liegen E und M auf der Mittelsenkrechten zur Strecke $\overline{CD}$.

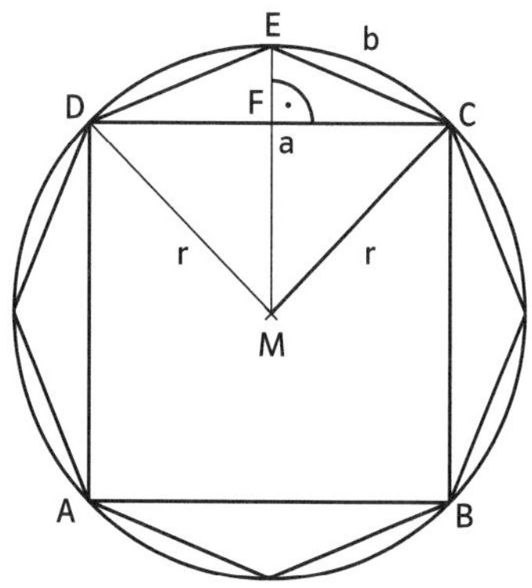

Deshalb gilt: $\overline{CF} = \frac{1}{2}\overline{CD} = \frac{1}{2}a$
Das Dreieck CDM ist ein gleichschenklig-rechtwinkliges Dreieck. Deshalb gilt: $\overline{MF} = \overline{CF} = \frac{1}{2}a$.
Im rechtwinkligen Dreieck CEF folgt mit dem Satz des Pythagoras:
$\overline{CE}^2 = \overline{EF}^2 + \overline{FC}^2 = (\overline{EM} - \overline{MF})^2 + \overline{CF}^2$
$b^2 = \left(r - \frac{1}{2}a\right)^2 + \left(\frac{1}{2}a\right)^2$
$b^2 = r^2 - ra + \frac{1}{4}a^2 + \frac{1}{4}a^2$
$b^2 = r^2 - ra + \frac{1}{2}a^2$
Setze für a den Wert $r\sqrt{2}$ ein (siehe Aufgabe 2a):
$b^2 = r^2 - r \cdot r\sqrt{2} + \frac{1}{2} \cdot (r\sqrt{2})^2$
$b^2 = r^2 - r^2\sqrt{2} + \frac{1}{2}r^2 \cdot 2$
$b^2 = 2r^2 - r^2\sqrt{2}$
$b^2 = r^2(2 - \sqrt{2})$
$b = \sqrt{r^2(2 - \sqrt{2})}$
$b = r\sqrt{(2 - \sqrt{2})}$
$b = \underline{\underline{0{,}765\,r}}$

3 (6 VP)
Suche rechtwinklige Dreiecke, in denen du zwei Seitenlängen kennst und die dritte Seitenlänge gesucht ist. Dann kannst du den Satz des Pythagoras anwenden.
Berechnung der Streckenlänge $\overline{BG}$:
Die Strecke $\overline{BG}$ ist eine Diagonale im Quadrat BCGF, das die Seitenlänge a hat.
$\overline{BG}^2 = a^2 + a^2 = 2a^2$
$\overline{BG} = \sqrt{2a^2} = \underline{\underline{a\sqrt{2}}}$

Berechnung der Seitenlänge $\overline{AG}$:
Die Strecke $\overline{AG}$ ist eine Raumdiagonale des Würfels mit der Kantenlänge a.
$\overline{AG}^2 = a^2 + a^2 + a^2 = 3a^2$
$\overline{AG} = \sqrt{3a^2} = \underline{\underline{a\sqrt{3}}}$

4 (10 VP)

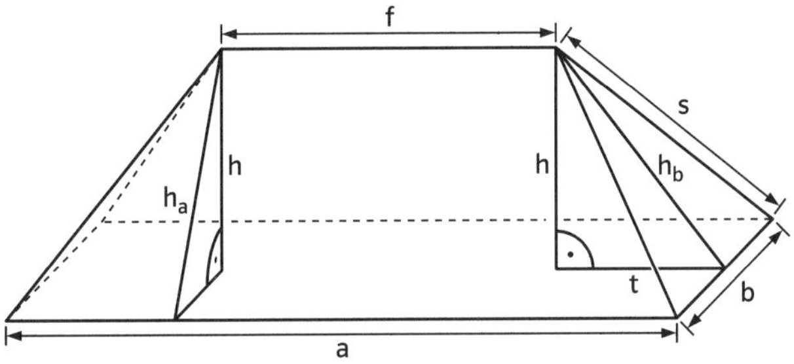

Berechnung der Höhe h_b:
$h_b{}^2 = s^2 - \left(\frac{b}{2}\right)^2 = 6{,}75^2 - \left(\frac{7{,}80}{2}\right)^2 = 30{,}3525$
$h_b = \sqrt{30{,}3525} = 5{,}509$
Berechnung der Höhe h_a:
$h_a = h^2 + \left(\frac{b}{2}\right)^2 = 2{,}63^2 + \left(\frac{7{,}80}{2}\right)^2 = 22{,}1269$
$h_a = \sqrt{22{,}1269} = 4{,}704$
Berechnung des Abschnitts t:
$t^2 = h_b{}^2 - h^2 = 30{,}3525 - 2{,}63^2 = 23{,}4356$
$t = \sqrt{23{,}4356} = 4{,}841$
Berechnung der Firstlänge f:
$f = a - 2t = 19{,}25 - 2 \cdot 4{,}841 = 9{,}568$
Berechnung der Dachfläche A:
$A = 2 \cdot \frac{b \cdot h_b}{2} + 2 \cdot \frac{a + f}{2} \cdot h_a$
$A = b \cdot h_b + (a + f) \cdot h_a$
$A = 7{,}80 \cdot 5{,}509 + (19{,}25 + 9{,}568) \cdot 4{,}704$
$A = 178{,}53$
Das Walmdach hat eine Fläche von $178{,}53\,m^2$.

5 (6 VP)
Der Erdradius bildet mit der Blickrichtung einen rechten Winkel. Das rechtwinklige Dreieck hat demnach die Kathetenlängen von 6370 km und 21 km. Für eine Höhe h über dem Erdboden ergibt sich eine Hypotenusenlänge von (6370 + h) km.
$(6370 + h)^2 = 6370^2 + 21^2 = 40\,577\,341$
$6370 + h = \sqrt{40\,577\,341} = 6370{,}0346$
$h = 6370{,}0346 - 6370 = 0{,}0346$
Man muss etwa 0,0346 km = 34,6 m hoch stehen, zum Beispiel auf einem Aussichtsturm.

6 (6 VP)
Zeichnung:

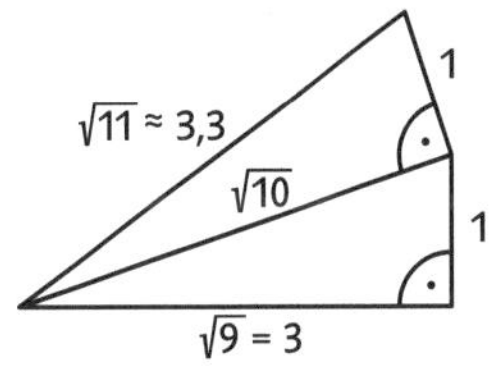

Die Wurzel aus 11 wird zeichnerisch mit 3,3 bestimmt.
Vorgehensweise:
Die erste Kathete wählt man $\sqrt{9} = 3$ Einheiten lang, z. B. 3 cm (eine Einheit = 1 cm) oder 6 cm (eine Einheit = 2 cm). Die zweite Kathete wird eine Einheit lang senkrecht an die erste Kathete angetragen. Es entsteht eine rechtwinkliges Dreieck mit der Hypotenusenlänge $\sqrt{9 + 1}$ Einheiten = $\sqrt{10}$ Einheiten.
Auf diese Strecke von $\sqrt{10}$ Einheiten wird senkrecht eine Kathete der Länge einer Einheit senkrecht angetragen. Es entsteht wieder ein rechtwinkliges Dreieck mit der Hypotenusenlänge $\sqrt{10 + 1}$ Einheiten = $\sqrt{11}$ Einheiten.

7 (5 VP)
Nach Konstruktion mit dem Satz des Thales ist das Dreieck PMA rechtwinklig mit dem rechten Winkel bei A. Mit dem Satz des Pythagoras folgt daraus:
$\overline{PA}^2 = \overline{PM}^2 - \overline{AM}^2$
$\overline{PA}^2 = \overline{PM}^2 - r^2$
$\overline{PA}^2 = 10{,}0^2 - 6{,}0^2 = 64{,}0$
$\overline{PA} = \sqrt{64{,}0} = 8{,}0$
Der Tangentenabschnitt $\overline{PA}$ ist 8,0 cm lang.
Da aus Symmetriegründen beide Tangentenabschnitte gleich lang sind, ist auch $\overline{PB}$ = 8 cm.

Pinboard – Kreis und Zylinder

Kreis

Die Kreiszahl π

Das Verhältnis von Kreisumfang zu Kreisdurchmesser wird **Kreiszahl π** genannt.

Die Kreiszahl π ist eine irrationale Zahl, die sich nur näherungsweise angeben lässt.

Beispiele

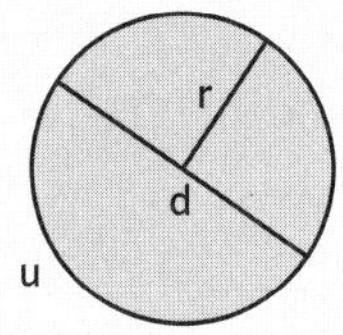

$\frac{u}{r} = \pi$

Bemerkung
In der Anwendung genügt meist die Näherung $\pi \approx 3{,}14$ oder $\pi \approx \frac{22}{7}$.
Verwende beim Rechnen mit dem Taschenrechner die π-Taste.

$\pi \approx 3{,}141\,592\,653\,589\,793\,238\ \ldots$
π-Taste: $3{,}141\,592\,654$

Kreisumfang und Kreisfläche

Der **Umfang u** eines Kreises beträgt
$u = 2\pi \cdot r = \pi \cdot d$
Der **Flächeninhalt A** eines Kreises beträgt
$A = \pi \cdot r^2 = \pi \cdot \frac{d^2}{4}$

Radius $r = 6\,\text{cm}$
$u = 2 \cdot \pi \cdot r = 2\pi \cdot 6\,\text{cm} = 37{,}70\,\text{cm}$

$A = \pi \cdot r^2 = \pi \cdot (6\,\text{cm})^2 = 103{,}10\,\text{cm}^2$

Hinweis
Obwohl u und A in der Regel Näherungswerte sind, verwenden wir das Gleichheitszeichen.

Flächeninhalt A_R eines Kreisrings

Haben zwei Kreise den gleichen Mittelpunkt und verschiedene Radien $r_1 > r_2$, so nennt man die Fläche A_R zwischen den beiden Kreislinien einen **Kreisring R**. Der Flächeninhalt des Kreisrings ist die Differenz der beiden Kreisinhalte A_1 und A_2:
$A_R = A_1 - A_2 = \pi \cdot r_1^2 - \pi \cdot r_2^2 = \pi \cdot (r_1^2 - r_2^2)$

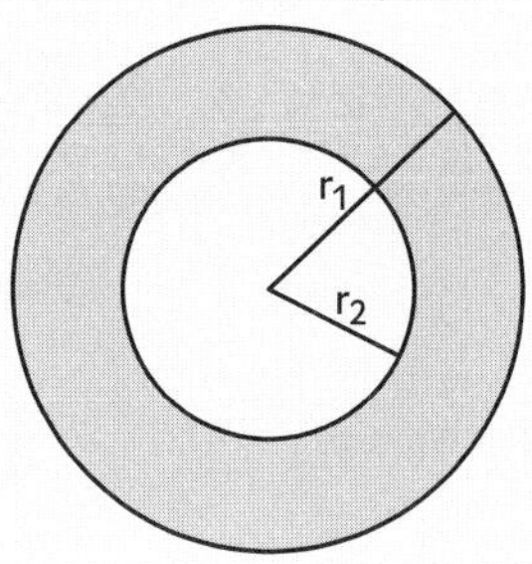

Außenradius $r_1 = 7\,\text{cm}$
Innenradius $r_2 = 4\,\text{cm}$

$A_R = \pi \cdot ((7\,\text{cm})^2 - (4\,\text{cm})^2)$
$= \pi \cdot (49\,\text{cm}^2 - 16\,\text{cm}^2)$
$= \pi \cdot 33\,\text{cm}^2$
$A_R = 103{,}67\,\text{cm}^2$

Bemerkung
Nach der dritten binomischen Formel gilt:
$A_R = \pi \cdot (r_1 + r_2) \cdot (r_1 - r_2)$

Kreisausschnitt und Kreisabschnitt

Zwei Radien teilen einen Kreis in zwei Kreisausschnitte.
Der **Kreisbogen b** und der **Flächeninhalt A_s** eines Kreisausschnitts sind proportional zum **Mittelpunktswinkel α**.

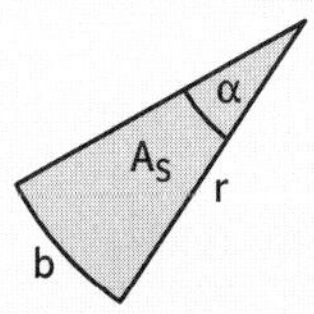

$r = 9\,\text{cm}$
$\alpha = 27°$

Die Länge des Kreisbogens b beträgt
$b = u \cdot \frac{\alpha}{360°} = 2\pi \cdot r \cdot \frac{\alpha}{360°} = \pi \cdot r \cdot \frac{\alpha}{180°}$.
Der Flächeninhalt des Kreisausschnitts A_s beträgt
$A_s = A \cdot \frac{\alpha}{360°} = \pi \cdot r^2 \cdot \frac{\alpha}{360°}$.

$b = \pi \cdot 9\,\text{cm} \cdot \frac{27°}{180°} = 4{,}241\,\text{cm}$

$A_s = \pi \cdot (9\,\text{cm})^2 \cdot \frac{27°}{360°} = 19{,}085\,\text{cm}^2$

Bemerkung
Es gilt $\frac{A_s}{A} = \frac{b}{u}$. Daraus folgt $A_s = \frac{A \cdot b}{u} = \frac{\pi \cdot r^2 \cdot b}{2\pi \cdot r} = \frac{r \cdot b}{2}$.

$A_s = \frac{9\,\text{cm} \cdot 4{,}241\,\text{cm}}{2} = 19{,}085\,\text{cm}^2$

Kreisabschnitt

Wird von einem Kreisausschnitt das gleichschenklige Dreieck abgetrennt, so stellt die verbliebene Fläche einen **Kreisabschnitt** dar.

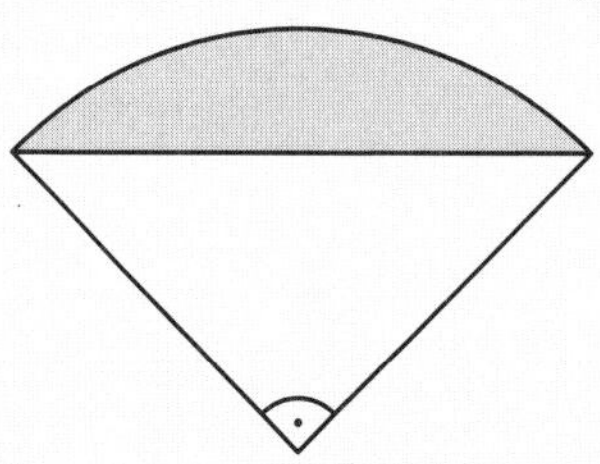

War Hamlet Mathematiker?

6,28 …

TWO π
OR NOT TWO π
THAT IS THE QUESTION …

Zylinder

Zylinder

Einen Körper mit zwei kongruenten Kreisen als **Grund-** und **Deckfläche** und einem Rechteck als **Mantel** bezeichnet man als **Zylinder**.

Beispiele

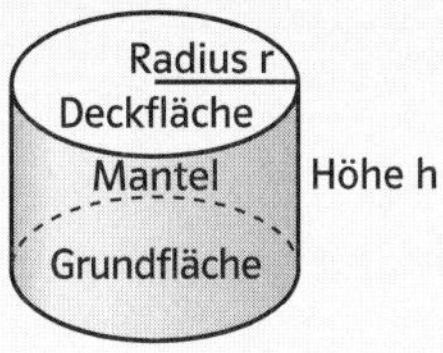

Netz und Schrägbild des Zylinders

Das **Netz** eines Zylinders setzt sich zusammen aus den beiden kongruenten Kreisflächen und dem Rechteck der Mantelfläche.

Im **Schrägbild eines senkrecht stehenden Zylinders** wird die Kreisfläche zur Ellipse.

Im **Schrägbild eines liegenden Zylinders** wird die Mantelkante unter 45° auf die Hälfte verkürzt gezeichnet.

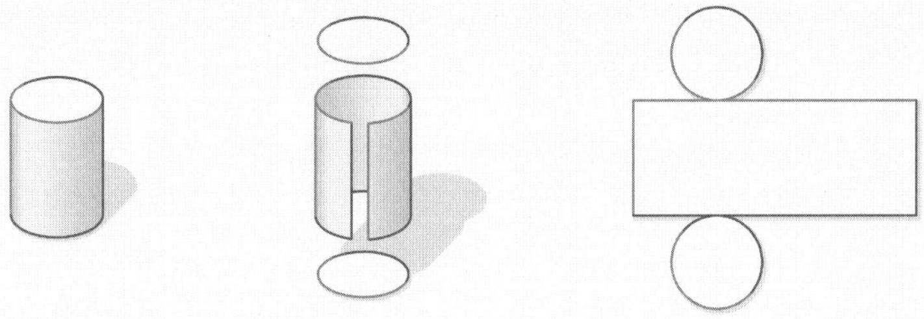

Oberfläche und Volumen des Zylinders

Mantelfläche M eines Zylinders
$M = u \cdot h = 2\pi \cdot r \cdot h$

$r = 5\,cm \quad h = 12\,cm$
$M = 2\pi \cdot r \cdot h = 2\pi \cdot 5 \cdot 12\,cm^2 = 120\pi\,cm^2 = 376{,}991\,cm^2$

Oberfläche O eines Zylinders
$O = 2 \cdot G + M = 2\pi \cdot r^2 + 2 \cdot r \cdot h$
$= 2\pi r(r + h)$

$O = 2\pi r^2 + M = (2\pi \cdot 5^2 + 376{,}991)\,cm^2 = (\pi \cdot 50 + 376{,}991)\,cm^2 = (157{,}080 + 376{,}991)\,cm^2$
$= 534{,}071\,cm^2$ oder
$O = 2\pi r(r + h) = (2\pi \cdot 5 \cdot (5 + 12))\,cm^2 = 10\pi \cdot 17\,cm^2$
$= \pi \cdot 170\,cm^2 = 534{,}071\,cm^2$

Volumen V eines Zylinders
$V = G \cdot h = \pi r^2 \cdot h$

$V = \pi \cdot 5^2 \cdot 12\,cm^3 = \pi \cdot 300\,cm^3 = 972{,}478\,cm^3$

Zusammengesetzte Körper

Die **Oberfläche zusammengesetzter Körper** berechnet sich als die Summe der Einzelflächen, die die Oberfläche bilden.

Das **Volumen zusammengesetzter** oder **ausgehöhlter Körper** berechnet sich durch Addition oder Subtraktion der Volumina der Teilkörper.

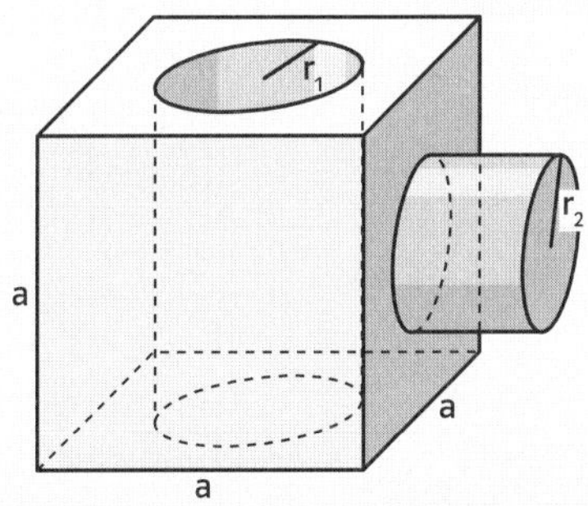

$a = 10\,cm; \; r_1 = 3\,cm; \; r_2 = 2{,}5\,cm; \; l = 4\,cm$

$V = a^3 - r_1^2 \cdot \pi \cdot a + r_2^2 \cdot \pi \cdot l$
$= (10^3 - 3^2\pi \cdot 10 + 2{,}5^2\pi \cdot 4)\,cm^3$
$= (1000 - 90\pi + 25\pi)\,cm^3$
$= (1000 - 65\pi)\,cm^3 = 795{,}796\,cm^3$

$O = 6a^2 + 2r_1 \cdot \pi \cdot a - 2r_1^2 \cdot \pi + 2r_2 \cdot \pi \cdot l$
$= (6 \cdot 10^2 + 2 \cdot 3\pi \cdot 10 - 2 \cdot 3^2\pi$
$+ 2 \cdot 2{,}5\pi \cdot 4)\,cm^2$
$= (600 + 60\pi - 18\pi + 20\pi)\,cm^2$
$= (600 + 62\pi)\,cm^2 = 794{,}779\,cm^2$

Bist du sicher?

1 Berechne die fehlenden Größen des Kreises.

	r	d	u	A
a)	7,5 cm			
b)				18 m²
c)		1,4 m		
d)			62,5 mm	

2 Der Viertelkreisbogen zerlegt das Quadrat in zwei gleich große Teile. Berechne den Kreisradius r.

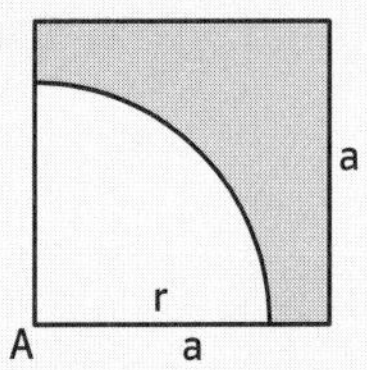

3 Ein Kreisausschnitt hat einen Radius $r = 20\,cm$ und einen Mittelpunktswinkel $\alpha = 100°$.
Berechne den Bogen b und die Fläche A_s des Kreisausschnitts.

4 Berechne die fehlenden Größen des Zylinders.

	r	h	M	O	V
a)	9 cm	1,7 dm			
b)		15 cm	195 cm²		
c)	27 cm				24 l
d)			42 dm²		105 dm³

Klassenarbeit 6.1

Anfangszeit: ____________ **90 min** **Abgabe:** ____________

1 (3 + 2 VP)
Um den Umfang eines Kreises zu berechnen, benutzen Handwerker gern die Faustformel „Umfang gleich Durchmesser mal drei plus fünf Prozent“.
a) Um ein Abflussrohr von 0,9 m Durchmesser wird ein Stahlband gelegt. Um wie viel Prozent weicht der Wert mit der Faustformel vom Wert mit der exakten Formel ab?
b) Welcher Näherungswert für π wird bei der Faustformel verwendet?

2 (1 + 1 + 1 + 1 VP)
Bestimme den Radius.
a) $u = 9{,}6\,cm$ b) $u = 83{,}9\,km$
c) $A = 521\,cm^2$ d) $A = 0{,}72\,m^2$

3 (2 + 2 VP)
Die erste Dampflokomotive Deutschlands war die „Adler“. Sie befuhr ab 1835 die 6,04 km lange Strecke von Nürnberg nach Fürth. Das Treibrad der Lok hatte einen Durchmesser von 1372 mm.
a) Wie oft drehte sich das Rad von Nürnberg bis Fürth?
b) Die Fahrzeit betrug 14 Minuten.
Wie oft drehte sich das Rad pro Sekunde?

4 (4 VP)
Im Garten soll ein kreisförmiger Zierrasen von 3,20 m Durchmesser und ein darum führender Randstreifen von 0,50 m Breite angelegt werden. Der Randstreifen wird mit Rosen bepflanzt. Wie viele Rosenpflanzen werden benötigt, wenn jede Pflanze einen Platzbedarf von $9\,dm^2$ hat?

5 (2 + 2 VP)
a) Welchen Flächeninhalt hat ein Speerwurffeld mit einem Radius r von 120 m und einem Mittelpunktswinkel α von 28°?
b) Wie lang ist der Bogen des Speerwurffeldes, der die 80-m-Marke markiert?

6 (4 VP)
Berechne den Flächeninhalt und den Umfang der abgebildeten Figur (alle Maße in cm).

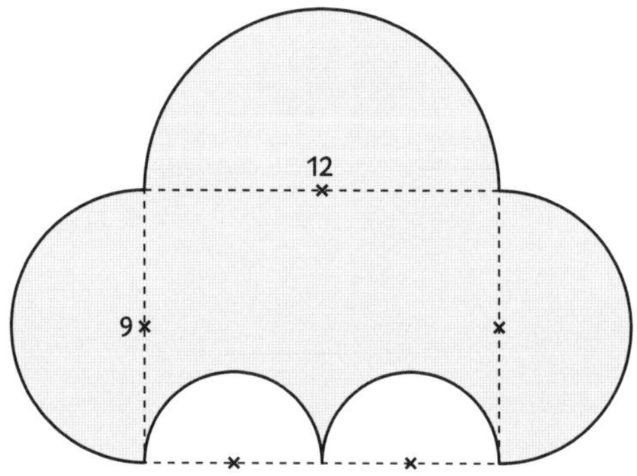

7 (4 VP)
Zeichne das Schrägbild eines stehenden und eines liegenden Zylinders mit $r = 1{,}6\,cm$ und $h = 9\,cm$.

8 (3 + 3 VP)
Berechne die Oberfläche O und das Volumen V des Zylinders.
a) $d = 17{,}6\,cm$; $h = 2{,}4\,dm$
b) $M = 15\,dm^2$; $h = 0{,}2\,m$

9 (6 VP)
Rotiert ein Rechteck um eine seiner Seiten, so entsteht ein Zylinder (siehe Abbildung).
Berechne die Oberflächen O_1, O_2 und die Volumina V_1, V_2, wenn $x = 5\,cm$ und $y = 7\,cm$ groß ist.

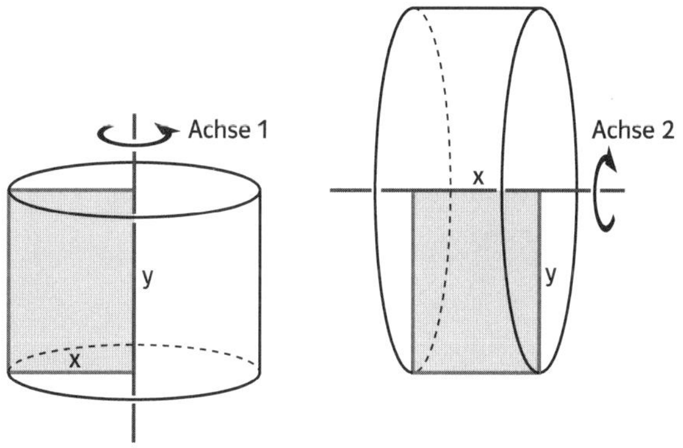

10 (3 + 4 VP)
Der rechts abgebildete Behälter hat die angegebenen Maße in Zentimetern.
a) Wie viel Liter fasst der Behälter?
b) Wie schwer ist der oben offene Blechbehälter, wenn ein Quadratmeter Blech 21,6 kg wiegt?

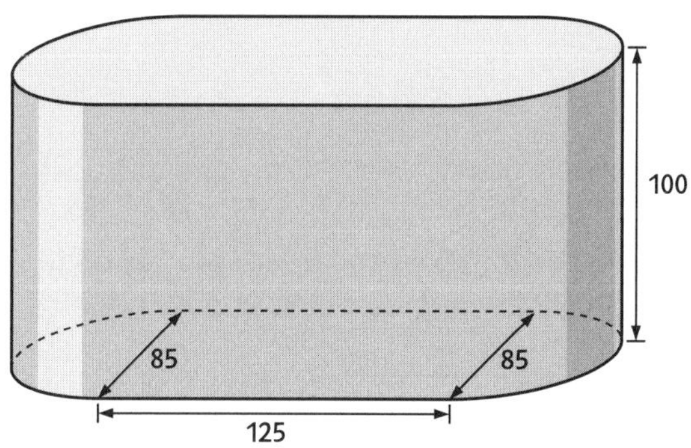

Lerntipps

zu Aufgabe 1
Wird ein Wert um fünf Prozent erhöht, so ist der gesuchte Prozentwert 105 %, also das 1,05-Fache vom Grundwert.
zu Aufgabe 3
Achte auf die Einheiten (mm – km, s – min).
zu Aufgabe 4
Der zu bepflanzende Rosenstreifen ist ein Kreisring.
zu Aufgabe 5
Ein Speerwurffeld hat die Form eines Kreisausschnitts.
zu Aufgabe 6
Die Figur setzt sich zusammen aus drei Halbkreisen und einem Rechteck, abzüglich zweier gleich großer Halbkreise.
zu Aufgabe 6
Beim stehenden Zylinder werden Grund- und Deckfläche zu Ellipsen.
zu Aufgabe 10
Der Körper besteht aus einem Quader und zwei gleich großen Halbzylindern.

Anfangszeit: ______________ **90 min** **Abgabe:** ______________

1 (2 + 2,5 + 2,5 VP)
a) Ein Kreis hat den Radius $r = 4{,}0\,cm$. Wie groß sind der Umfang und der Flächeninhalt des Kreises?
b) Wie muss man den Radius eines Kreises verändern, wenn der Umfang fünfmal so groß werden soll?
c) Wie muss man den Radius eines Kreises verändern, wenn der Flächeninhalt halbiert werden soll?

2 (3 VP)
Das „London Eye" ist mit 135 m Höhe das höchste Riesenrad Europas. Eine Gondel bewegt sich mit einer Geschwindigkeit von 26 cm pro Sekunde. Wie viele Minuten dauert eine Runde?

3 (4 VP)
Ein Kreisring hat einen inneren Radius r_2 von 17 m. Wie breit ist der Kreisring, wenn sein Flächeninhalt gleich dem Flächeninhalt des inneren Kreises ist?

4 (4 VP)
Wie groß ist der Mittelpunktswinkel α eines Kreisausschnitts, dessen Bogen b gleich dem Radius r ist?

5 (6 VP)
Berechne den Umfang und den Flächeninhalt der abgebildeten Fläche. Die Seitenlänge eines der kleinen Quadrate beträgt 1 cm.

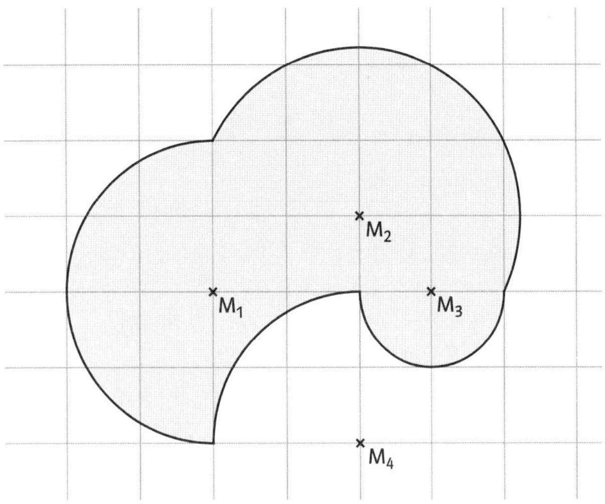

6 (3 VP)
Zeichne das Netz eines Zylinders im Maßstab 1:5, dessen Grundfläche einen Durchmesser $d = 9\,cm$ hat und dessen Höhe $h = 16\,cm$ beträgt.

7 (2 + 3 VP)
Eine zylinderförmige Regentonne hat einen Innendurchmesser von 90 cm und eine Höhe von 1,20 m.
a) Wie viel Liter Wasser fasst die Regentonne?
b) Wie hoch steht das Wasser, wenn sich in der Tonne 240 Liter Wasser befinden?

8 (3 VP)
Gib das Volumen V und die Oberfläche O in Abhängigkeit von e an.

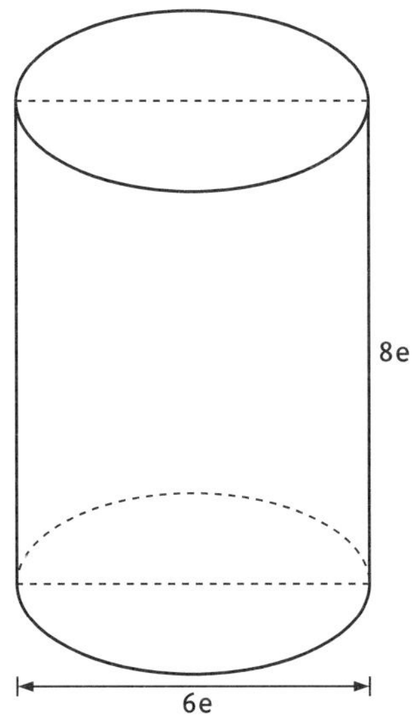

9 (2 + 4 VP)
In den mit Wasser gefüllten Zylinder wird der wie ein Kuchenstück geformte Körper eingetaucht, wodurch der Wasserspiegel steigt (siehe Abbildung).

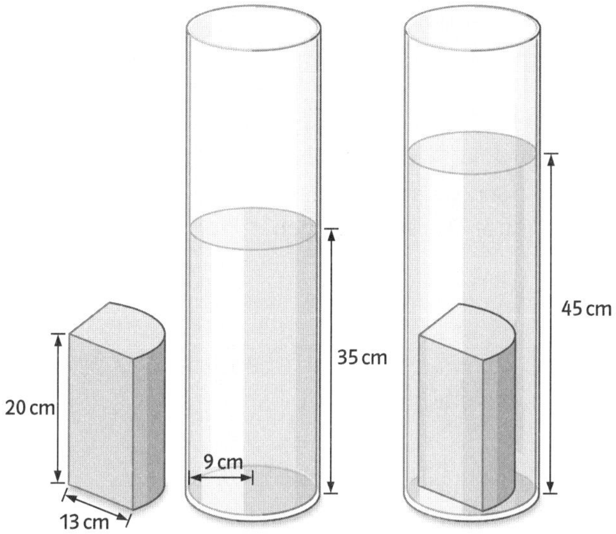

a) Wie groß ist das Volumen des Körpers?
b) Wie groß ist die Oberfläche des Körpers?

10 (7 VP)
Die Abbildung zeigt den inneren Querschnitt eines Behälters, der aus zwei Zylindern zusammengesetzt ist. In jeder Sekunde strömen $100\,cm^3$ Wasser in den anfangs leeren Behälter.
Zeichne ein Schaubild, das die Füllhöhe h in Abhängigkeit von der Füllzeit t beschreibt.

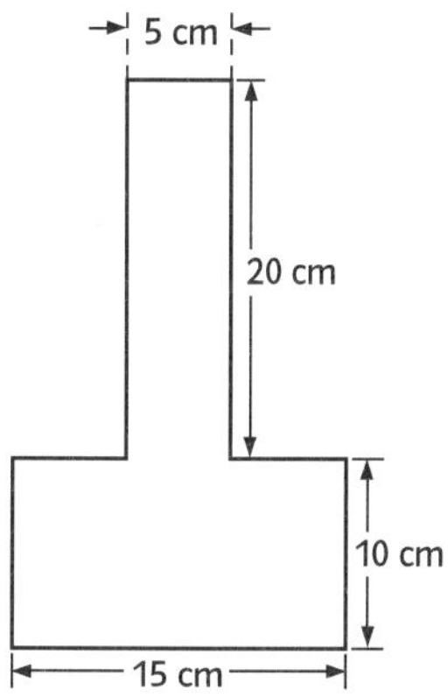

Lerntipps

zu Aufgabe 1b) und 1c)
Setze r für den Radius des ursprünglichen Kreises und r′ für den Kreis mit fünffachem Umfang bzw. dem halben Flächeninhalt.

zu Aufgabe 2
Die Höhe des Riesenrades ist auch dessen Durchmesser. Die Geschwindigkeit v ist gleich dem zurückgelegten Weg s durch die benötigte Zeit $t\left(v = \frac{s}{t}\right)$. Achte auf die richtigen Einheiten (cm – m – s – min).

zu Aufgabe 3
Stelle zwei Gleichungen auf. Eine Gleichung für den Flächeninhalt des Innenkreises und eine Gleichung für den Flächeninhalt des Kreisrings. Da der Kreisring denselben Flächeninhalt hat wie der Innenkreis, kann man diese beiden Gleichungen dann gleichsetzen.

zu Aufgabe 5
Die Figur setzt sich zusammen aus drei Halbkreisen, einem Quadrat, aus dem ein Viertelkreis herausgeschnitten wird, und einem in der Mitte liegenden rechtwinkligen Dreieck.

zu Aufgabe 9
Da der Mittelpunktswinkel nicht bekannt ist, muss eine Formel zur Berechnung des Kreisausschnitts mithilfe des Bogens und des Radius gesucht werden.

zu Aufgabe 10
Beachte, dass bei vorgegebener Grundfläche das Volumen eines Zylinders proportional zu Höhe ist. Ebenso ist das Volumen bei gleichmäßigem Füllen proportional zur Füllzeit.

Klassenarbeit 6.3

Anfangszeit: ______________ **90 min** **Abgabe:** ______________

1 (3 VP)
Die Gondeln eines Kettenkarussells benötigen bei voller Fahrt mit 50 km/h vier Sekunden für einen Umlauf.
Wie groß ist der Radius der Kreisbahn, auf der sich die Gondeln bewegen?

2 (4 VP)
Ein Kreis hat den Radius r.
Bestimme den Radius r′ in Abhängigkeit von r, wenn die Fläche des Kreises verdreifacht wird.

3 (4 VP)
Eine Schmalspurbahn hat eine Spurweite von 1 m. Zwei geradlinige Bahnstrecken werden wie in der Skizze dargestellt durch eine Kurve verbunden. Wie viel Meter Schienen werden benötigt?

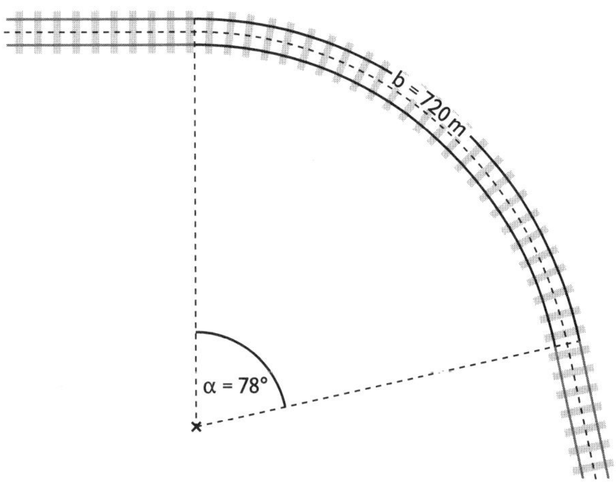

4 (5 VP)
Berechne den Umfang und den Flächeninhalt in Abhängigkeit von a.

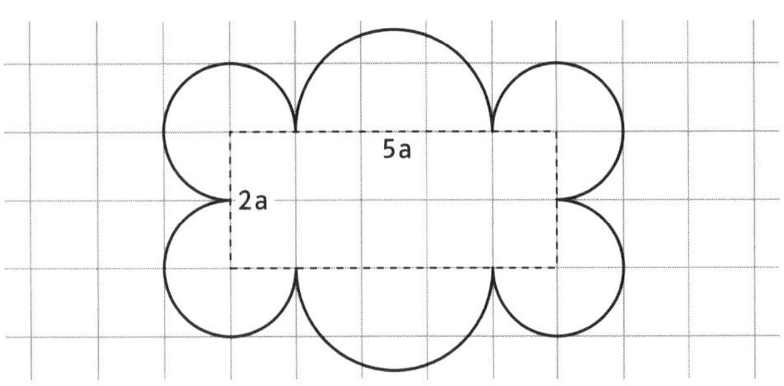

5 (7 VP)
Aus einem Kreis mit dem Radius $r = 18\,\text{cm}$ wird ein regelmäßiges Sechseck geschnitten (siehe Skizze). Um wie viel Prozent ist die Sechseckfläche kleiner als die Kreisfläche?

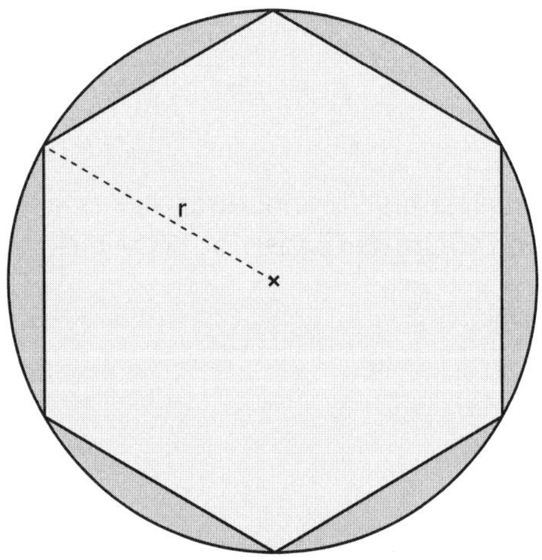

6 (4 VP)
Zeichne das Netz des abgebildeten Zylinders.

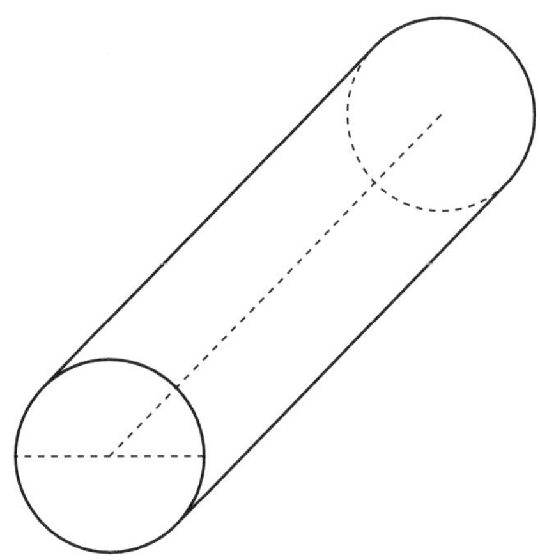

7 (3 + 3 VP)
Ein rechteckiges Stück Blech mit den Seitenlängen a = 70 cm und b = 45 cm wird zu einem Zylindermantel gebogen. Der offene Boden wird verschlossen.
Wie viel Liter Wasser fasst der Zylinder? Es gibt zwei Möglichkeiten! Berechne beide.

8 (3 + 2 + 3 VP)
Der zylinderförmige Brunnentrog hat eine Wandstärke von 10 cm, der Boden ist 12 cm dick.

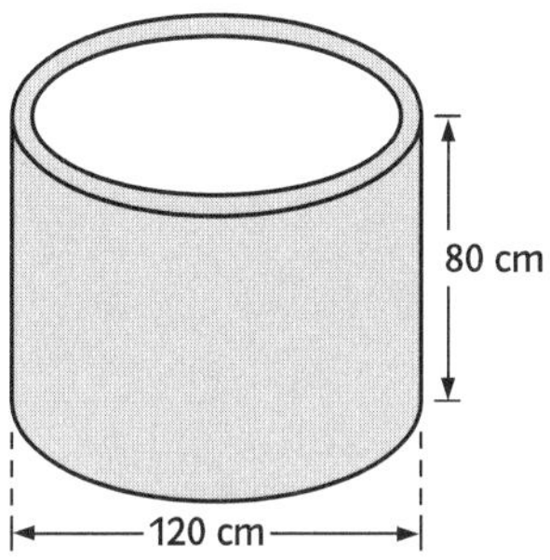

a) Wie viel Liter Wasser fasst der Trog?
b) Was wiegt der Trog, wenn das verwendete Material $2{,}5\frac{\text{kg}}{\text{dm}^3}$ wiegt?
c) Der Trog soll innen vollständig mit Ölfarbe angestrichen werden.
Wie groß ist die zu streichende Fläche?

9 (7 VP)
Wie viel wiegt das dargestellte Werkstück?
1 cm³ wiegt 2,7 g (alle Maße in mm).

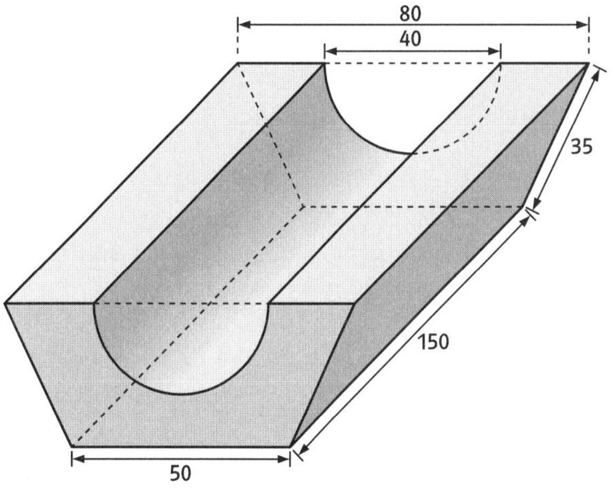

Anfangszeit: ____________ **90 min** **Abgabe:** ____________

1 (4,5 VP)
Die Größen r, u und A stehen für den Radius, den Umfang und den Flächeninhalt eines Kreises.
Welche Abbildungen beschreiben den Zusammenhang zwischen den angegebenen Größen qualitativ korrekt?

Abbildung	1	2	3	4	5	6	7	8	9
richtig									
falsch									

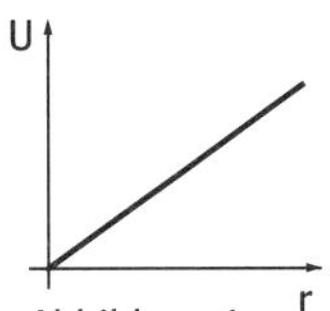

Abbildung 1

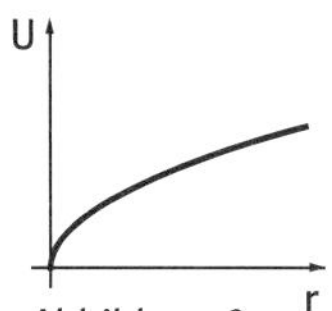

Abbildung 2

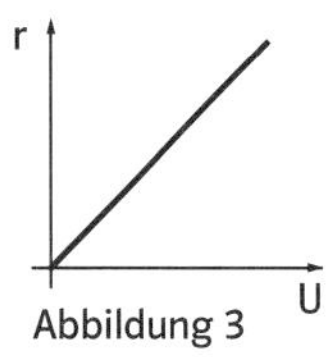

Abbildung 3

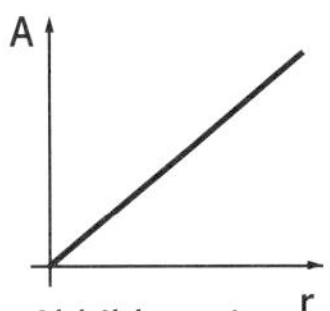

Abbildung 4

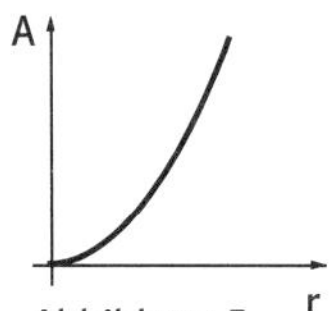

Abbildung 5

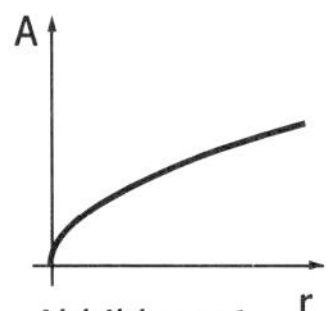

Abbildung 6

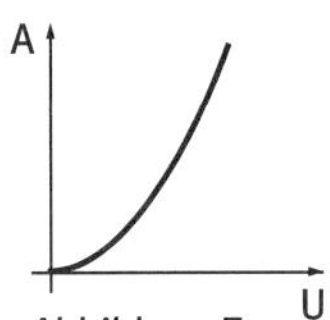

Abbildung 7

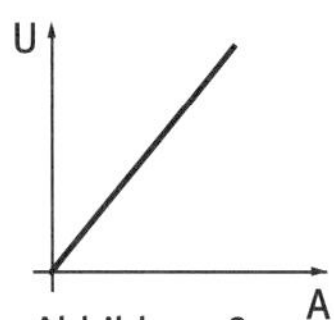

Abbildung 8

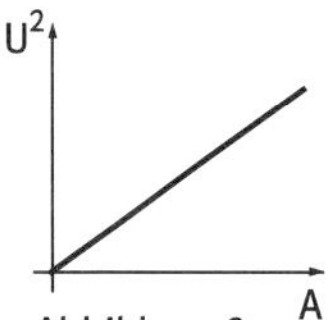

Abbildung 9

2 (3,5 VP)
Die Erde bewegt sich im Laufe eines Jahres annähernd auf einer Kreisbahn um die Sonne. Die mittlere Entfernung zur Sonne beträgt $1{,}5 \cdot 10^8$ km.
Mit welcher Geschwindigkeit $\left(\text{in } \frac{\text{km}}{\text{h}}\right)$ bewegt sich die Erde um die Sonne?

3 (5 VP)
Ein Quadrat und ein Kreis haben einen gleich großen Umfang.
Um wie viel Prozent ist der Flächeninhalt des Kreises größer als der des Quadrats?

4 (7 VP)
Die Abbildung zeigt einen Kreis, in den sieben gleich große Kreise eingezeichnet wurden, die sich gegenseitig berühren.
Zeige, dass die dunkelgraue Fläche inhaltsgleich zur hellgrauen Kreisausschnittsfläche ist.

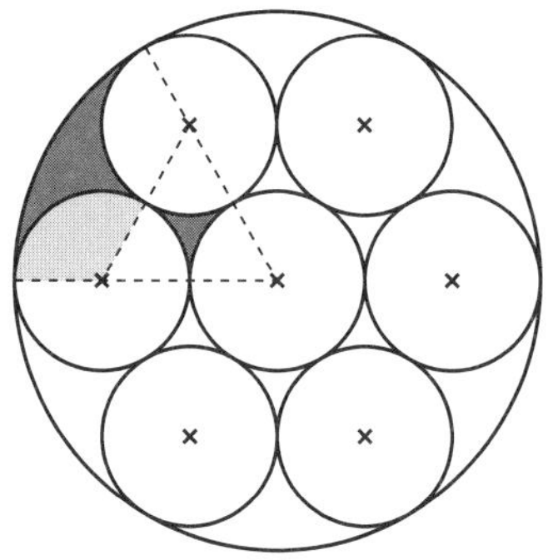

5 (5 VP)
Die Abbildung zeigt das Verkehrszeichen „Verbot für Fahrzeuge aller Art" mit den in Millimeter angegebenen Maßen. Das Innenfeld und die gesamte Lichtkante sind weiß, der Rand ist rot gefärbt.
Wie viel Prozent der Schildfläche sind rot gefärbt?

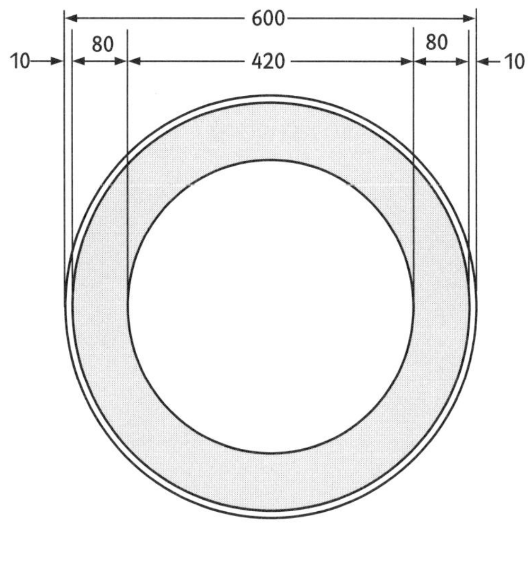

6 (7 VP)
Einem Spitzbogen aus zwei Kreisbögen mit dem Radius R wird ein Kreis mit dem Radius r einbeschrieben (siehe Abbildung).

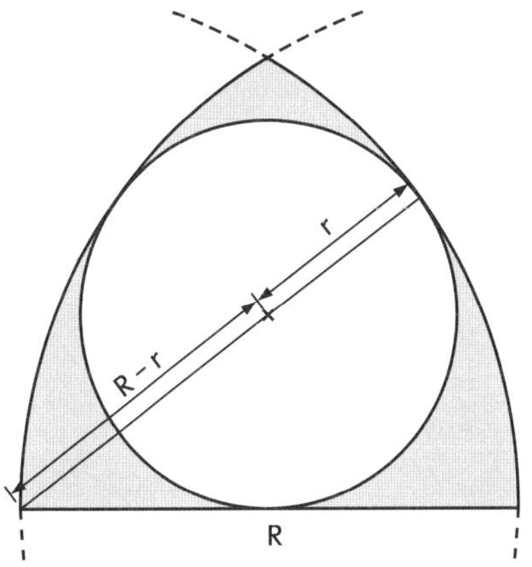

Es gilt $r = \frac{3}{8}R$.
Bestätige dies durch eine Rechnung.

7 (4 VP)
In der Abbildung ist das Netz eines Zylinders im Maßstab 1:2 dargestellt.
Zeichne das dazugehörige Schrägbild des stehenden Zylinders in der Originalgröße.

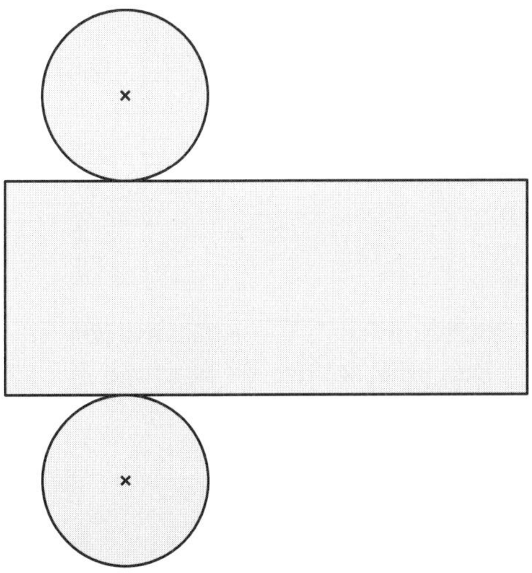

8 (1 + 2,5 +2,5 VP)
Eine Konservendose hat einen Durchmesser von 9,8 cm und eine Höhe von 11,5 cm.
a) Wie viel Liter fasst die Dose?
b) Wie viel Quadratmeter Blech wird zu Herstellung von 18 000 Dosen benötigt, wenn man für Falz und Verschnitt 12 % hinzurechnen muss?
c) Die Dose erhält eine Papierummantelung, die vom oberen und unteren Dosenrand je 6 mm Abstand haben soll und die sich 1 cm überlappen muss.
Wie viel Quadratmeter Papier benötigt man für die 18 000 Dosen?

9 (6 VP)
Das abgebildete Flächenstück rotiert um die Achse. Berechne das Volumen des entstehenden Rotationskörpers.

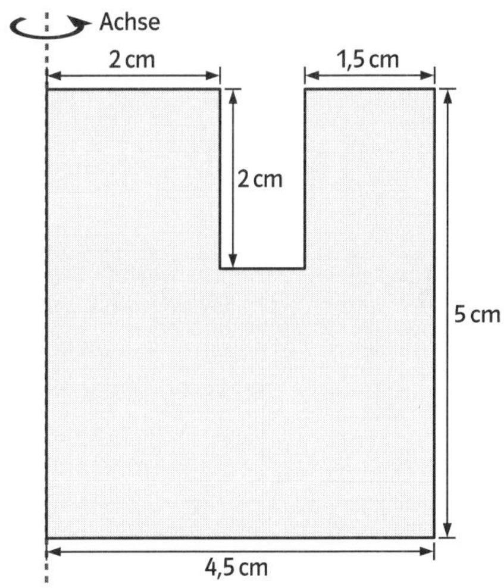

Bemerkung zum Runden

Wegen der häufigen Rundungen solltest du Zwischenergebnisse mindestens zwei Stellen genauer angeben, als für die Lösung erartet wird. Außerdem solltest du so weit wie möglich auf das Rechnen mit Zwischenergebnissen verzichten.

Pinboard – Kreis und Zylinder

1

	r	d	u	A
a)	7,5 cm	***15 cm***	***47,1 cm***	***176,7 cm²***
b)	***2,4 m***	***4,8 m***	***15,0 m***	18,0 m²
c)	***0,7 m***	1,4 m	***4,4 m***	***1,5 m²***
d)	***10,0 mm***	***19,9 mm***	62,5 mm	***310,8 mm²***

2

$r = \sqrt{\frac{2}{\pi}}a = 0{,}798\,a$

3

$b = 34{,}907\,cm$; $A_s = 349{,}066\,cm^2$

4

	r	h	M	O	V
a)	9 cm	1,7 dm	***961,33 cm²***	***1470 cm²***	***4326 cm³***
b)	2 cm	15 cm	195 cm²	***548 cm²***	***2651 cm³***
c)	27 cm	***10 cm***	***1778 cm²***	***6358 cm²***	24 l
d)	***5 dm***	***1 dm***	42 dm²	***199 dm²***	105 dm³

Klassenarbeit 6.1

1 (3 + 2 VP)

a)

Gegeben: Durchmesser $d = 0{,}9\,m$

Gesucht: Umfang u′ nach Näherungsformel
Umfang u nach exakter Formel
Abweichung in Prozent

Rechnung: Nach der Näherungsformel:
Wird einem Wert W ein Prozentsatz p% zugeschlagen, so ist der neue Wert
$W' = W \cdot \left(1 + \frac{p}{100}\right)$
$u' = (d \cdot 3) \cdot 1{,}05$
$u' = 0{,}9 \cdot 3 \cdot 1{,}05 = 2{,}835$
Nach der exakten Formel:
$u = d \cdot \pi$
$u = 0{,}9 \cdot \pi = 2{,}827\,43$
Abweichung in Prozent
$p\,\% = \frac{u'}{u} = \frac{2{,}835}{2{,}827\,43} = 1{,}002\,68 = 100{,}268\,\%$

Antwort: Die Faustformel ergibt einen um 0,268 % größeren Wert als die exakte Formel.

b) Der Näherungswert für π beträgt in der Faustformel $3 \cdot 1{,}05 = 3{,}15$.
Hinweis: Die prozentuale Abweichung beträgt immer $\frac{3{,}15 - \pi}{\pi} = 0{,}268\,\%$.

2 (1 + 1 + 1 + 1 VP)

a) Aus $u = 2\pi r$ folgt $r = \frac{u}{2\pi} = \frac{9{,}6\,cm}{2\pi} = 1{,}528\,cm$

b) $r = \frac{u}{2\pi} = \frac{83{,}9\,km}{2\pi} = 13{,}353\,km$

c) Aus $A = \pi r^2$ folgt $r = \sqrt{\frac{A}{\pi}} = \sqrt{\frac{521\,cm^2}{\pi}} = 12{,}878\,cm$

d) $r = \sqrt{\frac{A}{\pi}} = \sqrt{\frac{0{,}72\,km^2}{\pi}} = 0{,}479\,km$

3 (2 + 2 VP)

a)

Gegeben: Streckenlänge $s = 6{,}04\,km = 6040\,m$
Durchmesser des Treibrades d
$= 1372\,mm = 1{,}372\,m$

Gesucht: Anzahl der Umdrehungen n

Rechnung: Umfang u des Treibrades:
$u = d\pi = 1{,}372\pi = 4{,}310$
Anzahl n der Umdrehungen:
$n = \frac{s}{u} = \frac{6040}{4{,}310} \approx 1401{,}392$

Antwort: Auf der Strecke von Nürnberg nach Fürth dreht sich das Treibrad der Lokomotive ungefähr 1401-mal.

b)

Gegeben: Zeit $t = 14\,min = 840\,s$
Anzahl der Umdrehungen $n = 1401$

Gesucht: Anzahl der Umdrehungen pro Sekunde n_s

Rechnung: $n_s = \frac{n}{t} = \frac{1401}{840} \approx 1{,}668$

Antwort: Das Treibrad der Lok dreht sich ungefähr $1\frac{2}{3}$-mal pro Sekunde.

4 (4 VP)

Gegeben: Durchmesser des Rasens (Innenkreis) $d = 3{,}20\,m$
Randstreifenbreite (Ringbreite) $b = 0{,}50\,m$
Platzbedarf je Pflanze $p = 9\,dm^2 = 0{,}09\,m^2$

Gesucht: Anzahl der Pflanzen im Randstreifen n

Rechnung: Flächeninhalt des Innenkreises:
$A_2 = \left(\frac{d}{2}\right)^2 \pi = \left(\frac{3{,}20}{2}\right)^2 \pi = 1{,}60^2\pi$
Flächeninhalt des Außenkreises:
$A_1 = \left(\frac{d + 2b}{2}\right)^2 \pi = \left(\frac{3{,}20 + 2 \cdot 0{,}50}{2}\right)^2 \pi = 2{,}10^2\pi$
Ringfläche:
$A_R = A_1 - A_2 = 2{,}10^2\pi - 1{,}60^2\pi = 5{,}812$
Anzahl der Pflanzen:
$n = \frac{A_R}{p} = \frac{5{,}812}{0{,}09} \approx 64{,}6$

Antwort: Es werden 64 Pflanzen benötigt.

5 (2 + 2 VP)

a)

Gegeben: Radius $r = 120\,m$
Mittelpunktswinkel $\alpha = 28°$

Gesucht: Flächeninhalt des Kreisausschnitts A_s

Rechnung: $A_s = \frac{r^2\pi\alpha}{360°} = \frac{120^2\pi \cdot 28°}{360°} = 3518{,}584$

Antwort: Die Speerwurffläche ist ungefähr $3518{,}6\,m^2$ groß.

b)

Gegeben: Radius $r = 80\,m$
Mittelpunktswinkel $\alpha = 28°$

Gesucht: Bogen b

Rechnung: $b = \frac{r\pi\alpha}{180°} = \frac{80\pi \cdot 28°}{180°} = 39{,}095$

Antwort: Der Bogen für die 80-m-Marke ist etwa 39,10 m lang.

6 (4 VP)

Flächeninhalt:

$A = 12 \cdot 9 + 4{,}5^2\pi + \frac{1}{2} \cdot 6^2\pi - 3^2\pi$

$= 108 + \pi\,(4{,}5^2 + \frac{1}{2} \cdot 6^2 - 3^2) = 108 + 29{,}25\pi = 199{,}89$

Der Flächeninhalt der abgebildeten Figur beträgt ungefähr $199{,}9\,cm^2$.

Umfang:

$u = 9\pi + \frac{12}{2}\pi + 6\pi = 21\pi = 65{,}973$

Der Umfang der abgebildeten Figur beträgt ungefähr 66,0 cm.

7 (4 VP)

Schrägbild des stehenden Zylinders:

Schrägbild des liegenden Zylinders:

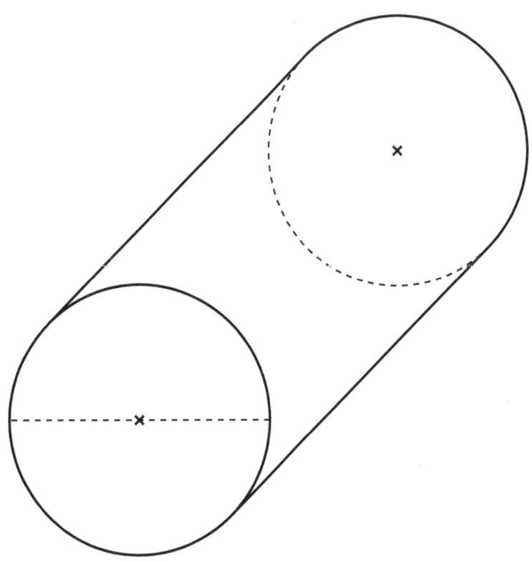

8 (3 + 3 VP)

a)

Gegeben: $d = 17{,}6\,\text{cm}$, also $r = 8{,}8\,\text{cm}$
$h = 2{,}4\,\text{dm} = 24\,\text{cm}$

Gesucht: Volumen V, Oberfläche O

Rechnung: $V = r^2\pi h = 8{,}8^2\pi \cdot 24 = 5838{,}838$
$O = 2\pi r(r + h) = 2\pi \cdot 8{,}8 \cdot (8{,}8 + 24)$
$= 2\pi \cdot 8{,}8 \cdot 32{,}8 = 1813{,}579$

Antwort: Das Volumen des Zylinders beträgt ungefähr $5838{,}8\,\text{cm}^3 \approx 5{,}8\,\text{dm}^3$, die Oberfläche $1813{,}579\,\text{cm}^2 \approx 18{,}1\,\text{dm}^2$.

b)

Gegeben: $M = 15\,\text{dm}^2$
$h = 0{,}2\,\text{m} = 2\,\text{dm}$

Gesucht: Volumen V, Oberfläche O

Rechnung: Aus $M = 2r\pi h$ folgt $r = \frac{M}{2\pi h}$
$r = \frac{15}{2\pi \cdot 2} = 1{,}194$
$V = r^2\pi h = 1{,}194^2\pi \cdot 2 = 8{,}958$
$O = 2r^2\pi + M = 2 \cdot 1{,}194^2 + 15$
$= 8{,}958 + 15 = 23{,}958$

Alternative

$V = \left(\frac{M}{2\pi h}\right)^2 \pi \cdot h = \frac{M^2\pi \cdot h}{4\pi^2 h^2} = \frac{M^2}{4\pi h} = \frac{15^2}{4\pi \cdot 2}$
$= 8{,}952$

$O = 2 \cdot \left(\frac{M}{2\pi h}\right)^2 \cdot \pi + M = 2 \cdot \frac{M^2\pi}{4\pi^2 h^2} + M$
$= \frac{M^2}{2\pi h^2} + M = \frac{15^2}{2\pi \cdot 2^2} + 15$
$= 23{,}952$

Antwort: Das Volumen beträgt ungefähr $9{,}0\,\text{dm}^3$ und die Oberfläche $24{,}0\,\text{dm}^2$.

9 (6 VP)

Berechnung der Oberfläche O_1 und des Volumens V_1 bei Drehung um die Achse 1.

$r_1 = x = 5\,\text{cm}$
$h_1 = y = 7\,\text{cm}$
$V_1 = r_1^2\pi h_1 = 5^2\pi \cdot 7 = 549{,}779$
$O_1 = 2\pi r_1(r_1 + h_1) = 2\pi \cdot 5 \cdot (5 + 7) = 376{,}991$

Bei der Drehung des Rechtecks um die erste Achse beträgt das Volumen des erzeugten Zylinders ungefähr $549{,}8\,\text{cm}^3$ und die Oberfläche $377{,}0\,\text{cm}^2$.

Berechnung der Oberfläche O_2 und des Volumens V_2 bei Drehung um die Achse 2.

$r_2 = y = 7\,\text{cm}$
$h_2 = x = 5\,\text{cm}$
$V_1 = r_2^2\pi h_2 = 7^2\pi \cdot 5 = 769{,}690$
$O_2 = 2\pi r_2(r_2 + h_2) = 2\pi \cdot 7 \cdot (7 + 5) = 527{,}788$

Bei der Drehung des Rechtecks um die zweite Achse beträgt das Volumen des erzeugten Zylinders ungefähr $769{,}7\,\text{cm}^3$ und die Oberfläche $527{,}8\,\text{cm}^2$.

10 (3 + 4 VP)

a)

Gegeben: Der Behälter setzt sich zusammen aus einem Quader mit den Kantenlängen $a = 125\,\text{cm}$, $b = 85\,\text{cm}$ und $c = 100\,\text{cm}$ und einem Zylinder mit dem Grundflächendurchmesser $d = 85\,\text{cm}$ und der Höhe $h = 100\,\text{cm}$

Gesucht: Volumen V

Rechnung: $V = V_{Quader} + V_{Zylinder}$

Berechnung des Quadervolumens:
$V_{Quader} = a \cdot b \cdot c = 125 \cdot 85 \cdot 100$
$= 1\,062\,500$

Berechnung des Zylindervolumens:
$V_{Zylinder} = \left(\frac{d}{2}\right)^2 \pi h = \left(\frac{85}{2}\right)^2 \pi \cdot 100$
$= 567\,450{,}2$

Berechnung des Behältervolumens:
$V = V_{Quader} + V_{Zylinder}$
$V = 1\,062\,500 + 567\,450{,}2 = 1\,629\,950{,}2$

Antwort: Der Behälter fasst ungefähr $1\,629\,950{,}2\,\text{cm}^3 \approx 1630{,}0\,\text{dm}^3$ $= 1630{,}0\,\text{l}$ Wasser.

b)

Gegeben: siehe Teilaufgabe a)
Gewicht pro Quadratmeter $\xi = 21{,}6\,\frac{\text{kg}}{\text{m}^2}$

Gesucht: Masse m

Rechnung: Oberfläche O′ ohne Deckel:
$O' = G + M$

Grundfläche G:
$G = ab + \left(\frac{d}{2}\right)^2 \pi$

Mantel M:
$M = 2ac + d\pi c$

$O' = ab + \left(\frac{d}{2}\right)^2 \pi + 2ac + d\pi c = 125 \cdot 85$
$+ \left(\frac{85}{2}\right)^2 \pi + 2 \cdot 125 \cdot 100 + 85\pi \cdot 100$
$O' = 68\,003{,}039$
$O' = 68\,003{,}039\,\text{cm}^2 \approx 6{,}8\,\text{m}^2$

Berechnung der Masse m:
$m = \xi \cdot O' = 21{,}6 \cdot 6{,}8 = 146{,}88$

Antwort: Der Behälter wiegt etwa 146,9 kg.

Klassenarbeit 6.2

1 (2 + 2,5 + 2,5 VP)

a)

Gegeben: Radius $r = 4{,}0\,\text{cm}$

Gesucht: Umfang u, Flächeninhalt A

Rechnung: Berechnung des Umfangs u:

$u = 2\pi r = 2\pi \cdot 4{,}0 = 25{,}133$

Berechnung des Flächeninhalts A:

$A = \pi r^2 = \pi \cdot 4{,}0^2 = 50{,}265$

Antwort: Der Kreis hat einen Umfang von 25,1 cm und einen Flächeninhalt von $50{,}3\,\text{cm}^3$.

b) Umfang des gegebenen Kreises: $u = 2\pi r$

Umfang des Kreises mit fünffachem Umfang:

$u' = 2\pi r' = 5 \cdot u = 5 \cdot 2\pi r = 10\pi r$

$2\pi r' = 10\pi r \quad | : 2\pi$

$r' = 5r$

Der Radius r muss verfünffacht werden, damit sich der Umfang verfünffacht.

Hinweis

Der Umfang eines Kreises ist proportional zum Radius. Der Proportionalitätsfaktor beträgt 2π.

c) Flächeninhalt des gegebenen Kreises: $A = \pi r^2$

Flächeninhalt des Kreises mit halbem Flächeninhalt:

$A' = \pi r'^2 = \frac{1}{2}A = \frac{1}{2}\pi r^2$

$\pi r'^2 = \frac{1}{2}\pi r^2 \quad | : \pi$

$r'^2 = \frac{1}{2}r^2 \quad | \sqrt{\ }$

$r' = r \cdot \sqrt{\frac{1}{2}} = 0{,}707 \cdot r$

Damit sich der Flächeninhalt halbiert, muss der Radius mit $\sqrt{\frac{1}{2}} = 0{,}707$ multipliziert werden.

Hinweis

Der Flächeninhalt eines Kreises ist proportional zum Quadrat des Radius. Der Proportionalitätsfaktor beträgt π.

2 (3 VP)

Gegeben: Höhe des Riesenrades $h = 135\,\text{m}$

Durchmesser des Riesenrades

$d = h = 135\,\text{m}$

Drehgeschwindigkeit des Riesenrades

$v = 26\frac{\text{cm}}{\text{s}} = 0{,}26\frac{\text{m}}{\text{s}}$

Gesucht: Zeit für eine Umdrehung t

Rechnung: Berechnung des Umfangs u:

$u = d\pi = 135 \cdot \pi = 424{,}115$

Berechnung der Zeit t:

$v = \frac{u}{t} \quad | \cdot t$

$v \cdot t = u \quad | : v$

$t = \frac{u}{v} = \frac{424{,}115}{0{,}26} = 1631{,}212$

Antwort: Eine Umdrehung des Riesenrades dauert $1631{,}2\,\text{s} \approx 27{,}2\,\text{min}$.

3 (4 VP)

Gegeben: Innerer Radius $r_2 = 17\,\text{cm}$

Kreisringfläche $A_R = A_2$

Gesucht: Breite des Kreisrings b

Rechnung: (1) $A_R = \pi r_1^2 - \pi r_2^2$

(2) $A_R = \pi r_2^2$

(1) = (2)

$\pi r_1^2 - \pi r_2^2 = \pi r_2^2 \quad | + \pi r_2^2$

$\pi r_1^2 = 2\pi r_2^2 \quad | : \pi$

$r_1^2 = 2r_2^2 = 2 \cdot 17^2 = 578 \quad | \sqrt{\ }$

$r_1 = \sqrt{578} = 24{,}042$

$b = r_1 - r_2 = 24{,}042 - 17 = 7{,}042$

Antwort: Der Kreisring ist ungefähr 7 cm breit.

4 (4 VP)

Gegeben: Der Radius r ist gleich dem Bogen b des zugehörigen Kreisausschnitts.

$r = b$

Gesucht: Mittelpunktswinkel α

Rechnung: $b = \frac{r\pi\alpha}{180°} = \frac{b\pi\alpha}{180°} \quad | : b$

$1 = \frac{\pi\alpha}{180°} \quad | \cdot 180°$

$180° = \pi\alpha \quad | : \pi$

$\alpha = \frac{180°}{\pi} = 57{,}296°$

Antwort: Beträgt der Mittelpunktswinkel ungefähr 57,3°, dann ist der Bogen des Kreisausschnitts ebenso groß wie der Radius des Kreisausschnitts.

5 (6 VP)
Die Figur setzt sich zusammen aus drei Halbkreisen mit den Radien r_1, r_2 und r_3, einem Quadrat, aus dem ein Viertelkreis mit dem Radius r_4 ausgeschnitten wird und einem in der Mitte liegenden rechtwinkligen Dreieck mit den Kathetenlängen 4 cm und 2 cm.
Berechnung des Radius r_2:
$r_2^2 = 2^2 + 1^2 = 5$
$r_2 = \sqrt{5} = 2{,}236$
Weitere Radien, die in der Figur vorkommen:
$r_1 = 2\,cm$; $r_3 = 1\,cm$; $r_4 = 2\,cm$
Flächeninhalt A:
$$A = \frac{r_1^2\pi}{2} + \frac{r_2^2\pi}{2} + \frac{r_3^2\pi}{2} + \frac{2 \cdot 4}{2} + r_4^2 - \frac{r_4^2\pi}{4}$$
$$= \frac{\pi}{2}\left(r_1^2 + r_2^2 + r_3^2 - \frac{r_4^2}{2}\right) + \frac{2 \cdot 4}{2} + r_4^2$$
$$= \frac{\pi}{2}\left(2^2 + 5 + 1^2 - \frac{2^2}{2}\right) + 4 + 2^2$$
$$= \frac{\pi}{2} \cdot 8 + 4 + 4 = 4\pi + 8 = \underline{\underline{20{,}566}}$$
Umfang u:
$$u = \frac{2\pi \cdot r_1}{2} + \frac{2\pi \cdot r_2}{2} + \frac{2\pi \cdot r_3}{2}$$
$$= \left(\pi r_1 + r_2 + r_3 + \frac{r_4}{2} + \frac{2\pi \cdot r_4}{4}\right)$$
$$= \pi\left(2 + 2{,}236 + 1 + \frac{2}{2}\right) = 6{,}236\pi = \underline{\underline{19{,}910}}$$

6 (3 VP)
Gegeben $d = 9\,cm$, $h = 16\,cm$
Berechnung des Umfangs u:
$u = \pi \cdot d = \pi \cdot 9\,cm = 28{,}274\,cm$
Größen im Maßstab 1:5
$d' = \frac{9}{5}cm = 1{,}8\,cm$
$r' = \frac{d'}{2} = \frac{1{,}8}{5}cm = 0{,}9\,cm$
$u' = \frac{28{,}274}{5}cm \approx 5{,}7\,cm$

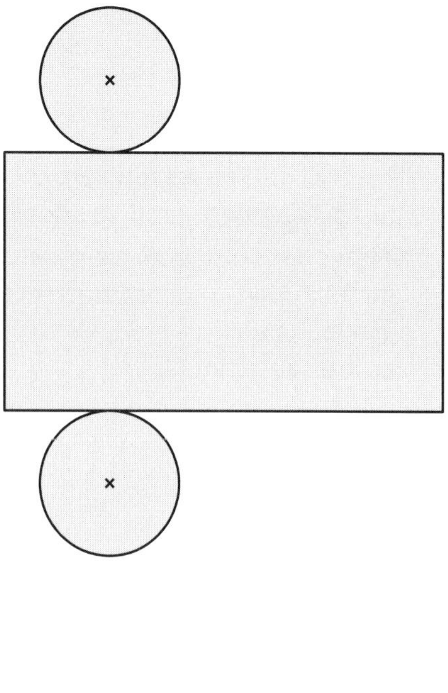

7 (2 + 3 VP)
a)
Gegeben: Durchmesser $d = 90\,cm = 9\,dm$
Höhe $h = 1{,}20\,m = 12\,dm$
Gesucht: Volumen V
Rechnung: $V = \left(\frac{d}{2}\right)^2 \pi h = \left(\frac{9}{2}\right)^2 \pi \cdot 12 = 763{,}407$
Antwort: Die Regentonne fasst etwa 763,4 l Wasser.

b)
Gegeben: Durchmesser $d = 90\,cm = 9\,dm$
Volumen $V = 240\,l = 240\,dm^3$
Gesucht: Wasserstandshöhe h
Rechnung: $V = \left(\frac{d}{2}\right)^2 \pi h \qquad | : \left(\frac{d}{2}\right)^2 \pi$
$h = \frac{V}{\left(\frac{d}{2}\right)^2 \pi} = \frac{240}{\left(\frac{9}{2}\right)^2 \pi} = 3{,}773$
Antwort: Das Wasser steht $3{,}773\,dm \approx 37{,}73\,cm$ hoch in der Regentonne.

8 (3 VP)
Gegeben: Durchmesser $d = 6e$, also $r = 3e$
Höhe $8e$
Gesucht: Volumen V und Oberfläche O
Rechnung: $V = r^2\pi h = (3e)^2\pi \cdot 8e = 9e^2\pi \cdot 8e$
$V = 72\pi e^3 = \underline{\underline{226{,}195\,e^3}}$

$O = 2\pi r(r + h) = 2\pi \cdot 3e(3e + 8e)$
$O = 2\pi \cdot 3e \cdot 11e = 66\pi e^2 = \underline{\underline{207{,}345\,e^2}}$

9 (2 + 4 VP)
a) Der Wasserspiegel steigt um
$s = 45\,cm - 35\,cm = 10\,cm$.
Somit verdrängt der Körper das Volumen
$V = r^2\pi s = 9^2\pi \cdot 10 = 2544{,}69$
Der Körper hat also ein Volumen von rund $2544{,}7\,cm^3$.

b) Die Oberfläche setzt sich zusammen aus zwei gleich großen Kreisausschnitten A_S mit dem Radius $r = 13\,cm$, zwei gleich großen Rechtecken A_M mit den Seitenlängen $r = 13\,cm$ und $h = 20\,cm$ und einer rechteckigen Fläche A_B. Die Länge und die Breite des Rechtecks ergeben sich aus dem Bogen b des Kreisausschnitts und der Höhe h des Körpers.
Berechnung der Kreisausschnittsfläche A_S:
$V = A_S h \qquad | : h$
$A_S = \frac{V}{h} = \frac{2544{,}7}{20} = 127{,}2$
Berechnung des Flächeninhalts A_M:
$A_M = r \cdot h = 13 \cdot 20 = 260$
Berechnung der rechteckigen Fläche A_B:
$A_B = \frac{b \cdot r}{2}$

Berechnung des Bogens b:

$A_s = \frac{b \cdot r}{2}$ $\quad | \cdot 2 \quad | : r$

$b = \frac{2 A_s}{r} = 2 \cdot \frac{127{,}2}{13} = 19{,}6$

$A_B = b \cdot h = 19{,}6 \cdot 20 = 391{,}5$

Berechnung der Oberfläche O:

$O = 2 A_s + 2 A_M + A_B = 2 \cdot 127{,}2 + 2 \cdot 260 + 391{,}5$

$= 1165{,}9$

Der Körper hat eine Oberfläche von ungefähr $1166\,cm^2$.

10 (7 VP)

Abhängigkeit der Füllhöhe von der Füllzeit:

Bei einem Zylinder ist das Volumen bei vorgegebener Grundfläche immer proportional zur Höhe:

(1) $V = G \cdot h = \pi r^2 h$

Das Volumen nimmt in jeder Sekunde um $100\,cm^3$ zu. Daher ist das Volumen auch proportional zur Füllzeit t:

(2) $V = 100 \cdot t \frac{cm^3}{min}$

(1) = (2):

$\pi r^2 h = 100 \cdot t \frac{cm^3}{min}$ $\quad | : \pi r^2$

$h = \frac{100}{\pi r^2} \cdot t \frac{cm^3}{min}$

Somit ist die Füllhöhe h bei einem Zylinder auch proportional zur Füllzeit.

Füllzeit für den unteren Zylinder:

Gegeben: $h = 10\,cm$

$r = 7{,}5\,cm$

Gesucht: Füllzeit t

Rechnung: $\pi r^2 h = 100 \cdot t$ $\quad | : 100$

$t = \frac{\pi r^2 h}{100} = \frac{\pi \cdot 7{,}5^2 \cdot 10}{100} = 17{,}671$

Antwort: Der untere Zylinder ist nach etwa 17,7 min gefüllt.

Füllzeit für den oberen Zylinder:

Gegeben: $h = 20\,cm$

$r = 2{,}5\,cm$

Gesucht: t

Rechnung: $\pi r^2 h = 100 \cdot t$ $\quad | : 100$

$t = \frac{\pi r^2 h}{100} = \frac{\pi \cdot 2{,}5^2 \cdot 20}{100} = 3{,}927$

Antwort: Der obere Zylinder ist nach etwa 3,9 min gefüllt.

Schaubild:

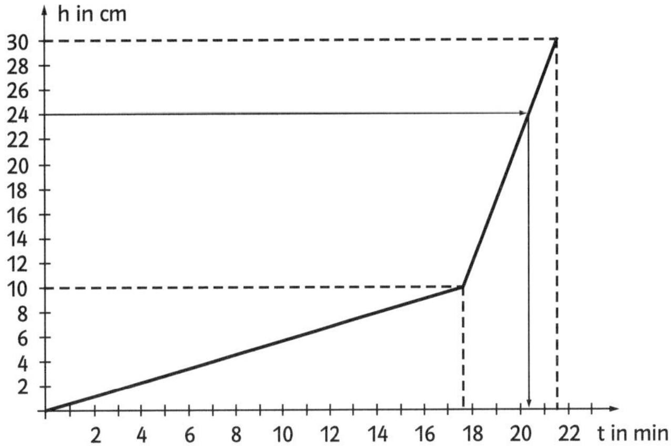

Klassenarbeit 6.3

1 (3 VP)

Gegeben: Geschwindigkeit $v = 54 \frac{km}{h} = 15 \frac{m}{s}$

Zeit für eine Umdrehung $t = 4\,s$

Gesucht: Radius der Kreisbahn r

Rechnung: Berechnung des Umfangs u:

$u = v \cdot t = 15 \cdot 4 = 60$

Berechnung des Radius r:

$u = 2\pi \cdot r \quad | : 2\pi$

$r = \frac{u}{2\pi} = \frac{60}{2\pi} = 9{,}549$

Antwort: Der Radius des Kettenkarussells beträgt etwa 9,55 m.

2 (4 VP)

Fläche des gegebenen Kreises: $A = \pi r^2$

Fläche des Kreises mit dreifachem Flächeninhalt:

$A' = \pi r'^2 = 3A = 3 \cdot \pi r^2$

$\pi r'^2 = 3 \cdot \pi r^2 \quad | : \pi$

$r'^2 = 3 r^2 \quad | \sqrt{\;}$

$r' = r \cdot \sqrt{3} = 1{,}732\,r$

Der Radius r' des neuen Kreises mit dem dreifachen Flächeninhalt ist 1,732-mal so groß wie der Radius r des alten Kreises.

3 (4 VP)

Gegeben: Bogen des mittleren Radius $b = 720\,m$
Mittelpunktswinkel $\alpha = 78°$
Spurweite $w = 1\,m$

Gesucht: Schienenlänge s

Rechnung: Berechnung des mittleren Radius r:

$b = \frac{r\pi\alpha}{180°} \quad | : \pi\alpha \quad | \cdot 180°$

$r = \frac{b \cdot 180°}{\pi\alpha} = \frac{720 \cdot 180°}{\pi \cdot 78°} = 528{,}884$

Berechnung des äußeren Radius r_a:

$r_a = r + \frac{w}{2} = 528{,}884 + \frac{1}{2} = 529{,}384$

Berechnung des inneren Radius r_i:

$r_i = r - \frac{w}{2} = 528{,}884 - \frac{1}{2} = 528{,}384$

Berechnung der Schienenlänge s:

$s = \frac{r_i\pi\alpha}{180°} + \frac{r_a\pi\alpha}{180°} = \frac{\pi\alpha}{180°}(r_i + r_a)$

$= \frac{\pi \cdot 78°}{180°} \cdot (528{,}384 + 529{,}384)$

$= \frac{\pi \cdot 78°}{180°} \cdot 1057{,}768 = 1440{,}000$

Antwort: Es werden 1440 m Schienen benötigt.

Alternative
Der Bogen b ist proportional zum Radius r mit dem Proportionalitätsfaktor $\frac{\pi\alpha}{180°}$. Der Radius der inneren Schiene ist um denselben Betrag (0,5 m) kleiner als der mittlere Radius, wie der äußere Radius größer ist. Also werden $2 \cdot b = 2 \cdot 720\,m = 1440\,m$ Schienen benötigt.

4 (5 VP)

Die Figur setzt sich zusammen aus einem Rechteck mit den Seitenlängen 5a und 2a, sowie zwei gleich großen Halbkreisen mit dem Radius r_H und vier Dreiviertelkreisen mit dem Radius r_D.

Berechnung des Radius r_D:

$r_D = \frac{2a}{2} = a$

Berechnung des Radius r_H:

$r_H = \frac{5a - 2r_D}{2} = \frac{5a - 2a}{2} = \frac{3a}{2} = 1{,}5a$

Flächeninhalt A:

$A = 2a \cdot 5a + 4 \cdot \frac{3}{4}a^2\pi + (1{,}5a)^2\pi$

$= 10a^2 + 3a^2\pi + 2{,}25a^2\pi = 10a^2 + 5{,}25a^2\pi$

$= \underline{\underline{26{,}493a^2}}$

Umfang u:

$u = 4 \cdot \frac{3}{4} \cdot 2a\pi + 3a\pi = 6a\pi + 3a\pi = 9a\pi$

$= \underline{\underline{28{,}274a}}$

5 (7 VP)

Gegeben: Radius des Umkreises $r = 18\,cm$

Gesucht: Prozentualer Anteil, den die Sechseckfläche A_6 kleiner ist als die Umkreisfläche A

Um aus einem Kreis ein regelmäßiges Sechseck herzustellen, müssen sechs gleich große Kreisabschnitte abgeschnitten werden (siehe Skizze 1). Da ein Sechseck aus sechs gleich großen gleichseitigen Dreiecken mit der Seitenlänge r besteht, genügt es, zunächst den Flächeninhalt eines gleichseitigen Dreiecks zu berechnen (siehe Skizze 2).

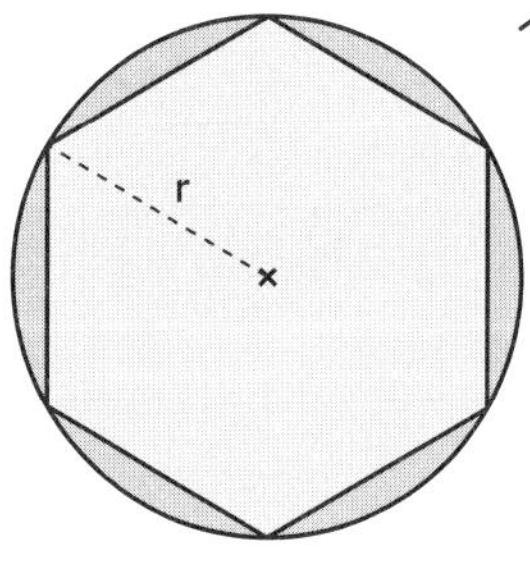

Skizze 1

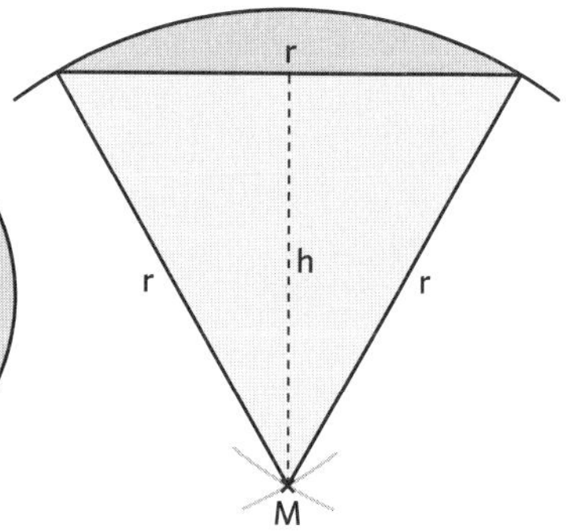

Skizze 2

Rechnung: Berechnung der Höhe des gleichseitigen Dreiecks mit der Seitenlänge r:

$h^2 = r^2 - \left(\frac{r}{2}\right)^2 = r^2 - \frac{r^2}{4} = \frac{3}{4}r^2$

$h = \sqrt{\frac{3}{4}r^2} = \frac{r}{2}\sqrt{3} = \frac{18}{2}\sqrt{3} = 9\sqrt{3} = 15{,}588$

Berechnung des Flächeninhalts des gleichseitigen Dreiecks A_D:

$A_D = \frac{r \cdot h}{2} = \frac{18 \cdot 15{,}588}{2} = 140{,}292$

Berechnung des Flächeninhalts des Sechsecks A_6:

$A_6 = 6 \cdot A_D = 6 \cdot 140{,}292 = 841{,}752$

Berechnung des Flächeninhalts des Umkreises A:

$A = \pi r^2 = \pi \cdot 18^2 = 1017{,}876$

Berechnung des Flächeninhalts der abgeschnittenen Kreisabschnitte A_a:

$A_a = A - A_6 = 1017{,}876 - 841{,}752$
$= 176{,}124$

Prozentualer Anteil der abgeschnittenen Kreisabschnitte am ganzen Kreis p %:

$p\,\% = \frac{A_a}{A} = \frac{176{,}124}{1017{,}876} = 0{,}173 = 17{,}3\,\%$

Antwort: Die Sechseckfläche ist um 17,3 % kleiner als die Fläche des Umkreises.

Alternative

Flächeninhalt des Kreisausschnitts: $A_s = \frac{r^2\pi}{6}$

Höhe des Dreiecks: $h = \frac{r}{2}\sqrt{3}$

Flächeninhalt des Dreiecks: $\frac{rh}{2} = \frac{r \cdot \frac{r}{2}\sqrt{3}}{2} = \frac{r^2\sqrt{3}}{4}$

Flächeninhalt des Kreisabschnitts:

$A_a = A_s - A_D = \frac{r^2\pi}{6} - \frac{r^2\sqrt{3}}{4} = r^2\left(\frac{\pi}{6} - \frac{\sqrt{3}}{4}\right)$

Flächeninhalt des Kreises $A = \pi r^2$

Prozentualer Abfall:

$p\,\% = \frac{6A_a}{A} = \frac{6r^2\left(\frac{\pi}{6} - \frac{\sqrt{3}}{4}\right)}{\pi r^2} = \frac{\pi - \frac{3\sqrt{3}}{2}}{\pi}$

$= \left(1 - \frac{3\sqrt{3}}{2\pi}\right) \approx (1 - 0{,}827) = 0{,}173 = 17{,}3\,\%$

Hinweis

Wird aus einem Kreis ein regelmäßiges Sechseck gebildet, dessen Seitenlängen dem Radius des Kreises entsprechen, so ist der Flächeninhalt des Sechsecks immer 17,3 % kleiner als der Flächeninhalt des Kreises. Damit ergibt sich eine Formel für das regelmäßige Sechseck:

$A_6 = \frac{3\sqrt{3}}{2\pi} \cdot \pi r^2 = \frac{3}{2}\sqrt{3} \cdot r^2 \approx 2{,}598\,r^2$

6 (4 VP)

Aus dem Schrägbild entnimmt man die Maße für das Netz des Zylinders.

d = 2 cm; h = 2 · 5 cm = 10 cm

Der Umfang des Zylinders beträgt

$u = \pi d = \pi \cdot 2\,\text{cm} = 6{,}3\,\text{cm}$.

Das den Mantel bildende Rechteck hat eine Länge von 10 cm und eine Breite von 6,3 cm.

Die beiden Grundkreise werden an der kürzeren Seite angetragen.

Skizze:

7 (3 + 3 VP)

Gegeben: Länge des Rechtecks a = 70 cm
Breite des Rechtecks b = 45 cm

Gesucht: Volumen des Zylinders V

1. Möglichkeit:

Rechnung: Wenn die beiden langen Seiten des Rechtecks aneinanderstoßen, bilden sie die Höhe des Zylinders. Die Breite des Rechtecks ist dann der Umfang der Zylindergrundfläche.

Berechnung des Radius r:

$u = b = 2\pi r \quad | : 2\pi$

$r = \frac{b}{2\pi} = \frac{45}{2\pi} = 7{,}162$

Berechnung des Zylindervolumens V:

$V = \pi r^2 h = \pi r^2 a = \pi \cdot 7{,}162^2 \cdot 70$

$= 11\,280{,}193$

Antwort: Der Zylinder fasst etwa $11\,280\,\text{cm}^3 = 11{,}280\,\text{l}$ Wasser.

2. Möglichkeit:

Rechnung: Wenn die beiden kurzen Seiten des Rechtecks aneinanderstoßen, bilden sie die Höhe des Zylinders. Die Länge des Rechtecks ist dann der Umfang der Zylindergrundfläche.

Berechnung des Radius r:

$u = a = 2\pi r \quad | : 2\pi$

$r = \frac{a}{2\pi} = \frac{70}{2\pi} = 11{,}141$

Berechnung des Zylindervolumens V.

$V = \pi r^2 h = \pi r^2 b = \pi \cdot 11{,}141^2 \cdot 45$

$= 17\,547{,}318$

Antwort: Der Zylinder fasst etwa $17\,547\,\text{cm}^3 = 17{,}547\,\text{l}$ Wasser.

8 (3 + 2 + 3 VP)

a) Gegeben: Siehe Skizze

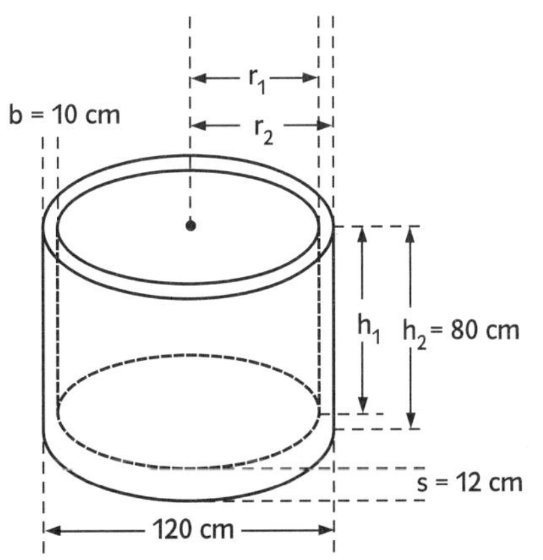

Gesucht: Fassungsvermögen des Trogs V_1:
Rechnung: Berechnung des Außenradius r_2:
$r_2 = \frac{120}{2} = 60$
Berechnung des Innenradius r_1:
$r_1 = r_2 - b = 60 - 10 = 50$
Berechnung der Innenhöhe h_1:
$h_1 = 80 - 12 = 68$
Berechnung des Fassungsvermögens V_1:
$V_1 = \pi r_1^2 h_1 = \pi \cdot 50^2 \cdot 68 = 534\,070{,}751$
Antwort: Der Trog hat ein Fassungsvermögen von etwa $534\,070\,\text{cm}^3 \approx 534\,\text{dm}^3 = 534\,\text{l}$.

b)
Gegeben: Siehe Skizze; Dichte $\rho = 2{,}5\frac{\text{kg}}{\text{dm}^3}$
Gesucht: Masse m des Brunnenbehälters
Rechnung: *Das Volumen des Behälters ist gleich dem Volumen des Außenzylinders minus dem Volumen des in Teilaufgabe a) berechneten Innenzylinders.*
Berechnung des Außenzylindervolumens V_2:
$V_2 = \pi r_2^2 h_2 = \pi \cdot 60^2 \cdot 80\,\text{cm}^3$
$= 904\,778{,}684\,\text{cm}^3$
Berechnung des Behältervolumens V_B:
$V_B = V_2 - V_1 = 904\,778{,}684\,\text{cm}^3 - 534\,070{,}751\,\text{cm}^3 = 370\,707{,}933\,\text{cm}^3$
$\approx 370{,}708\,\text{dm}^3$
Berechnung der Masse m:
$m = \varsigma \cdot V_B = 2{,}5\frac{\text{kg}}{\text{dm}^3} \cdot 370{,}708\,\text{dm}^3$
$\approx 926{,}8\,\text{kg}$
Antwort: Der Brunnenbehälter hat eine Masse von etwa 926,8 kg.

c)
Gegeben: Siehe Skizze
Gesucht: Flächeninhalt der Innenfläche O_1
Rechnung: *Die Innenfläche setzt sich zusammen aus dem Mantel M_1 des Innenzylinders und der kreisförmigen Grundfläche G_1 des Innenzylinders.*
Berechnung der Mantelfläche M_1:
$M_1 = 2\pi r_1 h_1 = 2\pi \cdot 50 \cdot 68 = 21\,362{,}830$
Berechnung der Grundfläche G_1:
$G_1 = \pi r_1^2 = \pi \cdot 50^2 = 7853{,}982$
Berechnung der Innenfläche O_1:
$O_1 = M_1 + G_1 = 21\,362{,}830 + 7853{,}982$
$= 29\,216{,}812$
Antwort: Um den Trog von innen mit Ölfarbe anzustreichen, benötigt man Farbe für etwa $29\,217\,\text{cm}^2 \approx 2{,}9\,\text{m}^2$ Fläche.

9 (7 VP)
Gegeben: Vergleiche die Maße mit der Skizze in der Aufgabenstellung.
Trapezfläche: a = 80 mm = 8 cm
c = 50 mm = 5 cm
s = 35 mm = 3,5 cm
Halbkreis: d = 40 mm = 4 cm
daraus folgt r = 2 cm
Körperlänge: l = 150 mm = 15 cm
Dichte: $\rho = 2{,}7\frac{\text{g}}{\text{cm}^3}$
Gesucht: Masse des Werkstücks m
Rechnung: Berechnung der Trapezhöhe h:
$h^2 + \left(\frac{a-c}{2}\right)^2 = s^2 \quad \left| - \left(\frac{a-c}{2}\right)^2\right.$
$h^2 = s^2 - \left(\frac{a-c}{2}\right)^2$
$h^2 = 3{,}5^2 - \left(\frac{8-5}{2}\right)^2 = 3{,}5^2 - 1{,}5^2 = 10$
$h = \sqrt{10} = 3{,}162$
Berechnung der Trapezfläche A_T:
$A_T = \frac{a+c}{2} \cdot h = \frac{8+5}{2} \cdot 3{,}162 = 20{,}553$
Berechnung des Prismavolumens mit trapezförmiger Grundfläche V_T:
$V_T = A_T \cdot l = 20{,}553 \cdot 15 = 308{,}295$
Berechnung des Halbzylindervolumens V_{HZ}:
$V_{HZ} = \frac{\pi r^2 l}{2} = \frac{\pi \cdot 2^2 \cdot 15}{2} = 94{,}248$
Berechnung des Werkstückvolumens V:
$V = V_T - V_{HZ} = 308{,}295 - 94{,}248 = 214{,}047$
Berechnung der Masse des Werkstücks m:
$m = V \cdot \rho = 214{,}047 \cdot 2{,}7 = 577{,}927$
Antwort: Das Werkstück wiegt etwa $577{,}927\,\text{g} \approx 578\,\text{g}$.

Klassenarbeit 6.4

1 (4,5 VP)

Abbildung	1	2	3	4	5	6	7	8	9
richtig	x		x		x		x		x
falsch		x		x		x		x	

Begründungen: Es gilt
(1) $u = 2\pi r$
(2) $A = \pi r^2$
(1') $r = \frac{u}{2\pi}$
(2') = (1') in (2): $A = \frac{u^2}{4\pi}$
(2'') $u^2 = 4\pi A$
(2''') $u = \sqrt{4\pi A}$
Abbildung 1 und 2:
u hängt nach (1) linear von r ab. Daher ist Abbildung 1 richtig und Abbildung 2 falsch.
Abbildung 3:
Wegen (1') hängt r linear von u ab. Daher ist Abbildung 3 richtig.
Abbildung 4, 5 und 6:
Wegen (2) hängt A von r^2 ab, das Schaubild ist daher keine Gerade. Je größer u ist, desto schneller wächst A. Abbildung 4 ist daher falsch, Abbildung 5 richtig und Abbildung 6 falsch.
Abbildung 7:
Wegen (2') hängt A von u^2 ab. u^2 ist proportional zu r^2. Darum muss die Kurve so aussehen wie in Abbildung 5. Die Abbildung ist also richtig.
Abbildung 8:
Wegen (2''') ist u abhängig von $\sqrt{A}$. Dies ist keine lineare Abhängigkeit. Die Abbildung ist daher falsch.
Abbildung 9:
Wegen (2'') hängt u^2 linear von A ab. Das Schaubild ist daher eine Gerade. Die Abbildung ist also richtig.

2 (3,5 VP)

Gegeben: Radius der Erdbahn $r = 1{,}5 \cdot 10^8$ km
Umlaufzeit $t = 1$ Jahr $= 365{,}25$ d $= 8766$ h
Gesucht: Geschwindigkeit v der Erde um die Sonne
Rechnung: Umfang der Erdbahn u:
$u = 2\pi r = 2\pi \cdot 1{,}5 \cdot 10^8 = 9{,}425 \cdot 10^8$
Geschwindigkeit v:
$v = \frac{u}{t} = \frac{9{,}425 \cdot 10^8}{8{,}766 \cdot 10^3} = 1{,}075 \cdot 10^5$
Antwort: Die Erde bewegt sich mit einer Geschwindigkeit von $1{,}075 \cdot 10^5 \frac{km}{h} = 107500 \frac{km}{h}$ um die Sonne.

3 (5 VP)

Gegeben: Quadratumfang $u = 4a$
Kreisumfang $u = 2\pi r = 4a$
Gesucht: Prozentualer Anteil, um den der Flächeninhalt des Kreises größer ist als der des Quadrats p %
Rechnung: Flächeninhalt des Quadrats:
Da der Umfang 4a beträgt, ist die Seitenlänge des Quadrats a. Somit ist der Flächeninhalt des Quadrats a^2.
Berechnung des Kreisradius r:
$r = \frac{4a}{2\pi} = \frac{2a}{\pi}$
Berechnung der Kreisfläche A:
$A = \left(\frac{2a}{\pi}\right)^2 \cdot \pi = \frac{4a^2}{\pi} = 1{,}273\,a^2$
Prozentualer Anteil p %:
Da der Flächeninhalt des Kreises $1{,}273\,a^2$ beträgt, ist die Kreisfläche 1,273-mal größer als der Flächeninhalt des Quadrats. Somit ist die Kreisfläche bei gleichem Umfang um p % = 27,3 % größer als die Quadratfläche.

4 (7 VP)

Bezeichne den Radius des großen Kreises mit R und den Radius eines kleinen Kreises mit r.
Dann gilt $3r = R$ bzw. $r = \frac{R}{3}$
Berechnung der großen Kreisfläche A_g:
$A_g = \pi R^2$
Berechnung der kleinen Kreisfläche A_k:
$A_k = \pi r^2 = \pi\left(\frac{R}{3}\right)^2 = \frac{1}{9}\pi R^3$
Der durch die gestrichelte Linie angedeutete Kreisausschnitt $A_{\frac{1}{6}}$ nimmt $\frac{1}{6}$ der Kreisfläche des großen Kreises ein. Ebenso nimmt der Kreisausschnitt des in der Mitte liegenden kleinen Kreises $\frac{1}{6}$ der Fläche des kleinen Kreises ein.
Berechnung des Flächeninhalts der grau gefärbten Fläche $A_{dunkelgrau}$
$A_{dunkelgrau} = A_{\frac{1}{6}} - A_k - \frac{1}{6}A_k = \frac{1}{6}A_{\frac{1}{6}} - \frac{7}{6}A_k$
$= \frac{1}{6}\pi \cdot R^2 - \frac{7}{6} \cdot \frac{1}{9} \cdot \pi \cdot R^2 = \frac{1}{6}\pi \cdot R^2 - \frac{7}{54}\pi \cdot R^2$
$= \frac{1}{27}\pi \cdot R^2$
Berechnung der hellgrauen Fläche $A_{hellgrau}$:
$A_{hellgrau} = \frac{1}{3} \cdot A_k = \frac{1}{3}\pi \cdot r^2 = \frac{1}{3} \cdot \pi \cdot \left(\frac{R}{3}\right)^2$
$= \frac{1}{3} \cdot \pi \cdot \frac{R^2}{9} = \frac{1}{27}\pi \cdot R^2$
Somit ist $A_{dunkelgrau} = A_{hellgrau} = \frac{1}{27}\pi R^2$.

5 (5 VP)

Gegeben: Siehe Skizze

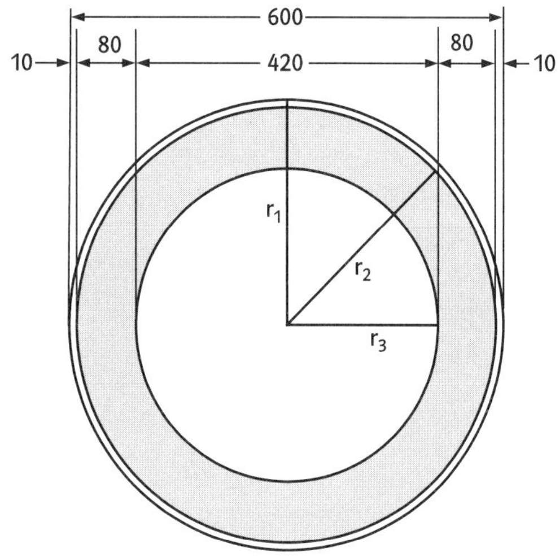

Gesucht: Anteil p% der roten Schildfläche an der Gesamtfläche

Rechnung: Berechnung des Gesamtflächeninhalts A_1:

$A_1 = \pi r_1^2 = \pi \cdot 300^2 = 90\,000\,\pi$

Berechnung des Flächeninhalts des rot gefärbten Kreisrings A_R:

$A_R = \pi r_2^2 - \pi r_3^2 = \pi (r_2^2 - r_3^2)$

$= \pi (290^2 - 210^2) = 40\,000\,\pi$

Berechnung des Prozentsatzes p%:

$p\,\% = \frac{A_R}{A_1} = \frac{40\,000\,\pi}{90\,000\,\pi} = \frac{4}{9} \approx 0{,}444$

$= 44{,}4\,\%$

Antwort: Der rot gefärbte Kreisring nimmt ungefähr 44,4 % der gesamten Kreisfläche ein.

6 (7 VP)

Gemäß der Skizze soll gezeigt werden, dass die Gleichung $r = \frac{3}{8}R$ richtig ist.

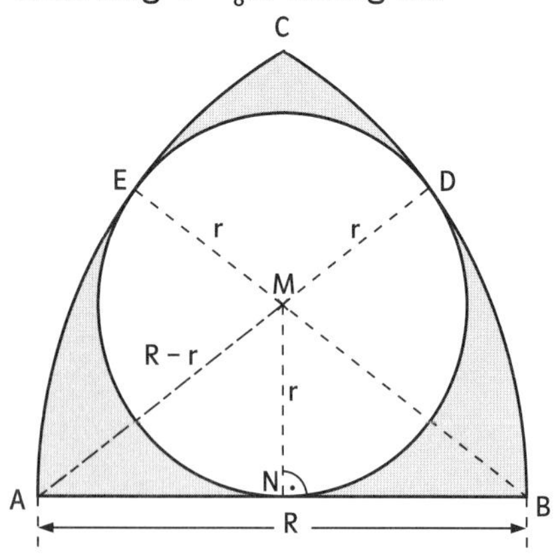

Berechnung des Kreisradius r in Abhängigkeit von R:

Es gilt: $\overline{AM} = \overline{AD} - \overline{MD} = R - r$

$\overline{MN} = r$

$\overline{AN} = \frac{R}{2}$

Im rechtwinkligen Dreieck ANM gilt der Satz des Pythagoras.

$\overline{AM}^2 = \overline{AN}^2 + \overline{MN}^2$

$(R - r)^2 = \left(\frac{R}{2}\right)^2 + r^2$

$R^2 - 2Rr + r^2 = \left(\frac{R}{2}\right)^2 + r^2 \qquad | - r^2$

$R^2 - 2Rr = \frac{R^2}{4} \qquad | - \frac{R^2}{4}$

$R^2 - 2Rr - \frac{R^2}{4} = 0$

$\frac{3}{4}R^2 - 2Rr = 0 \qquad | : 2$

$\frac{3}{8}R^2 - Rr = 0$

$R\left(\frac{3}{8}R - r\right) = 0 \qquad | : R$

$\frac{3}{8}R - r = 0 \qquad | + r$

$r = \frac{3}{8}R$

Die Behauptung ist also richtig.

7 (4 VP)

Der Radius des Grundflächenkreises beträgt im Netz 1 cm. Im Original beträgt der Radius dann $r = 1\,cm \cdot 2 = 2\,cm$.

Die Höhe des Zylinders beträgt im Netz 2,5 cm. Im Original beträgt die Höhe dann $2 \cdot 2{,}5\,cm = 5\,cm$.

Schrägbild:

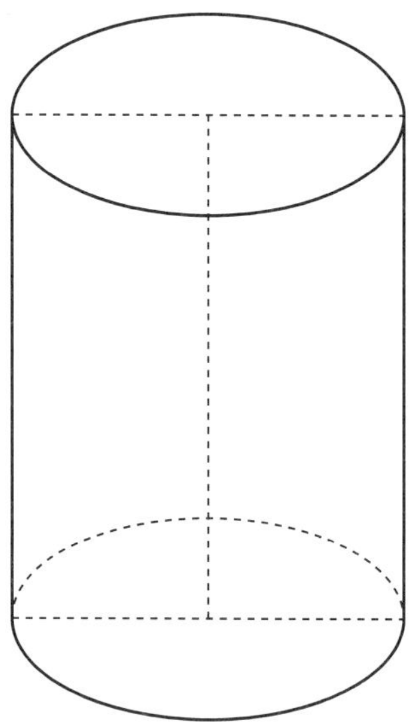

8 (1 + 2,5 + 2,5 VP)

a)

Gegeben: Durchmesser der Konservendose $d = 9{,}8\,cm$.
Daraus folgt $r = 4{,}9\,cm$
Höhe der Konservendose $h = 11{,}5\,cm$

Gesucht: Volumen V der Konservendose

Rechnung: $V = \pi r^2 h = \pi \cdot 4{,}9^2 \cdot 11{,}5 = 867{,}441$

Antwort: Die Konservendose fasst etwa $867{,}441\,cm^3 \approx 0{,}867\,l$.

b)

Gegeben: Siehe Teilaufgabe a)
Anzahl der Dosen $n = 18\,000$
Verschnitt 12 %

Gesucht: Oberfläche für 18 000 Konservendosen einschließlich Verschnitt O_{18}

Rechnung: Berechnung der Oberfläche einer Konservendose O
$O = 2\pi r(r + h) = 2\pi \cdot 4{,}9 \cdot (4{,}9 + 11{,}5)$
Berechnung der Oberfläche für 18 000 Dosen einschließlich Verschnitt O_{18}
$O_{18} = 18\,000 \cdot O \cdot 1{,}12$
$= 20\,160 \cdot 2\pi \cdot 4{,}9 \cdot (4{,}9 + 11{,}5)$
$= 10\,179\,122{,}11 \approx 10\,179\,122$

Antwort: Zur Herstellung von 18 000 Konservendosen wird einschließlich Verschnitt und Falz $10\,179\,122\,cm^2 \approx 1017{,}9\,m^2$ Blech benötigt.

c)

Gegeben: Siehe Teilaufgabe a)
Abstand der Papierummantelung vom Dosenrand $a = 6\,mm = 0{,}6\,cm$
Überlappung der Papierummantelung $ü = 1\,cm$

Gesucht: Papierfläche für 18 000 Konservendosen P_{18}

Rechnung: Papierhöhe h':
$h' = h - 2a = 11{,}5 - 2 \cdot 0{,}6 = 10{,}3$
Dosenumfang u:
$u = \pi d = \pi \cdot 9{,}8 = 30{,}788$
benötigte Papierlänge u' einschließlich der Überlappung:
$u' = u + ü = 30{,}788 + 1 = 31{,}788$
Papierfläche für 18 000 Dosen:
$P_{18} = 18\,000 \cdot u' \cdot h' = 18\,000 \cdot 31{,}788 \cdot 10{,}3$
$= 5\,893\,495{,}2 \approx 5\,893\,495$

Antwort: Für die Papierummantelung der 18 000 Konservendosen benötigt man $5\,893\,495\,cm^2 \approx 589{,}3\,m^2$ Papier.

9 (6 VP)

Gegeben: Der Rotationskörper besteht aus einem Zylinder mit dem Radius $r = 4{,}5\,cm$ und der Höhe $h = 5\,cm$, aus dem ein Ringkörper mit dem Außenradius $r_1 = 3\,cm$, dem Innenradius $r_2 = 2\,cm$ und der Höhe $h_R = 2\,cm$ ausgeschnitten wird.

Gesucht: Volumen des Rotationskörpers V

Rechnung: Zylindervolumen V_Z:
$V_Z = \pi r^2 h = \pi \cdot 4{,}5^2 \cdot 5 = 101{,}25\pi$
Flächeninhalt des Rings A_R:
$A_R = \pi(r_1^2 - r_2^2) = \pi(3^2 - 2^2) = 5\pi$
Volumen des Ringkörpers V_R:
$V_R = A_R \cdot h_R = 5\pi \cdot 2 = 10\pi$
Volumen des Rotationskörpers V:
$V = V_Z - V_R = 101{,}25\pi - 10\pi = 91{,}25\pi$
$= 286{,}670$

Antwort: Das Volumen des Rotationskörpers beträgt ungefähr $286{,}7\,cm^3$.

Vorbemerkung zu den Jahrgangsarbeiten

Eine Jahrgangsarbeit enthält Aufgaben zu den verschiedenen Themenbereichen, die du in diesem Schuljahr kennengelernt hast. Damit erhältst du die Möglichkeit, zu überprüfen, wie gut du den Stoff verstanden hast. Die Arbeitszeit beträgt 90 Minuten. Trage deine Lösungswege und Ergebnisse auf den Aufgabenblättern ein.
Zur Korrektur verwendest du die ausführlichen Lösungen. Beachte die Verrechnungspunktezahlen zu jeder Teilaufgabe. Mit der Umrechnungstabelle auf Seite 10 kannst du dir eine Note geben und damit deinen Leistungsstand einschätzen.

Jahrgangsarbeit 1

1 (2 + 3 VP)
Löse das lineare Gleichungssystem.

a) (1) $2x + 5y = -\frac{2}{3}$
(2) $x - 2y = \frac{7}{6}$

b) (1) $(a + 10)(b - 4) = (a - 2)(b + 2)$
(2) $(a - 9)(b + 1) = (a + 6)(b - 8)$

2 (5 VP)
Tobias und Maike schlachten ihr Sparschwein und vergleichen ihre Ersparnisse.
Tobias prahlt: „Maike, wenn du mir zwei Euro gibst, dann habe ich doppelt so viel Geld wie du."
Maike erwidert kühl: „Und wenn du mir zwei Euro gibst, dann habe ich sogar dreimal so viel wie du."
Wie viel Geld hat jeder gespart?

3 (1,5 + 1,5 + 2 VP)

Jeder Mensch hat eine der vier Blutgruppen A, B, AB oder 0. Die Verteilung der Blutgruppen ist regional verschieden. In Deutschland treten die vier Blutgruppen mit den relativen Häufigkeiten A: 42 %, B: 13 %, AB: 7 % und 0: 38 % auf. Darüber hinaus besitzen 85 % aller Menschen ein zweites Blutkörperchenmerkmal, den Rhesusfaktor (Rh). Somit haben 15 % der Menschen keinen Rhesusfaktor (rh).

Wie groß ist die Wahrscheinlichkeit, dass bei einem Unfall die verletzte Person

a) die Blutgruppe B und den Rhesusfaktor rh hat?

b) die Blutgruppe 0 und den Rhesusfaktor Rh hat?

c) Personen mit der Blutgruppe A oder AB vertragen das Blut der Gruppe A. Wie groß ist die Wahrscheinlichkeit, dass Blut der Gruppe A mit dem Rhesusfaktor Rh verwendet werden kann?

4 (1 + 1 + 1,5 + 1,5 VP)

Vereinfache die Terme soweit wie möglich und schreibe ohne negativen Exponenten.

a) $8a^2 + 5b^3 + 18a^2 - 4b^3 + 5a^2 - 6a^2 + 3a^{-3} + \frac{5}{a^{-2}} - 2a^3 + 7b^3$

b) $\frac{ab^3c^5}{ab^2c^2} \cdot \frac{bc^{-4}}{a^{-1}b^{-2}}$

c) $\frac{24x^6y^{-4}z^{-1}}{(2xy)^3z^{-3}}$

d) $\left(\frac{b}{a}\right)^{-2} : \left(\frac{b^3a}{a^2b}\right)^{-4}$

5 (2,5 + 2,5 VP)

Info
Lichtgeschwindigkeit
$c = 3{,}0 \cdot 10^5 \frac{km}{s}$
Masse der Sonne
$m = 2{,}0 \cdot 10^{30}\,kg$

Die Galaxie Messier 104 ist eines der massereichsten Objekte im Galaxienhaufen Virgo. Ihre Masse beträgt etwa 800 Milliarden Sonnenmassen. Der Abstand zur Erde ist etwa 28 Millionen Lichtjahre. Ihr Durchmesser beträgt 50 000 Lichtjahre.

a) Wie groß ist die Masse der Galaxie?

b) Gib den Abstand der Galaxie zur Erde in Kilometer an.

6 (3 + 3 VP)

Bestimme x und y.

a)

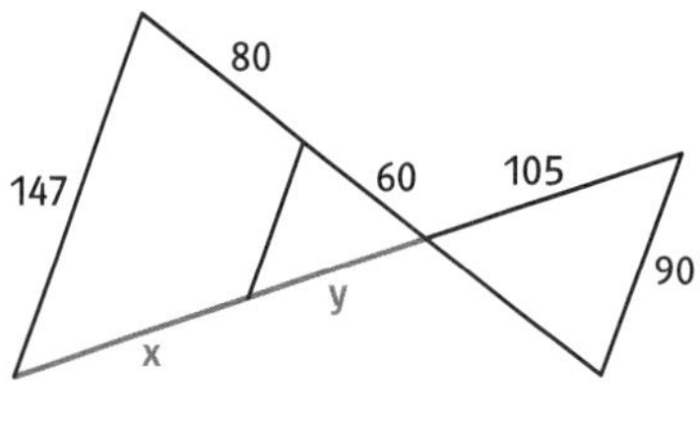

b)

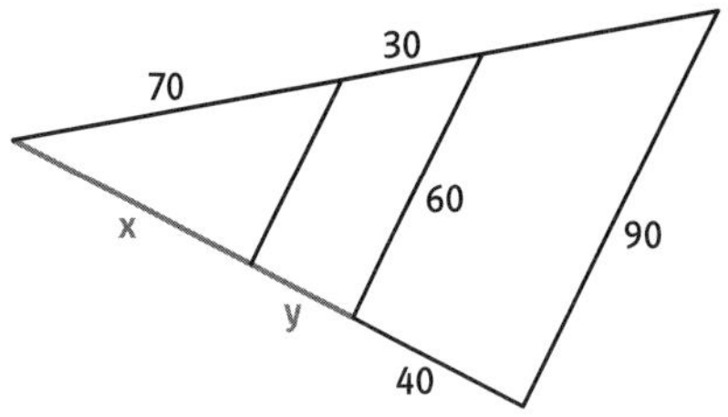

7 (5 VP)

Am abgebildeten Quader sind folgende Strecken gegeben: $\overline{BC}$ = 3,0 cm, $\overline{BG}$ = 5,0 cm und $\overline{BH}$ = 13,0 cm.

Wie groß ist das Volumen des Quaders?

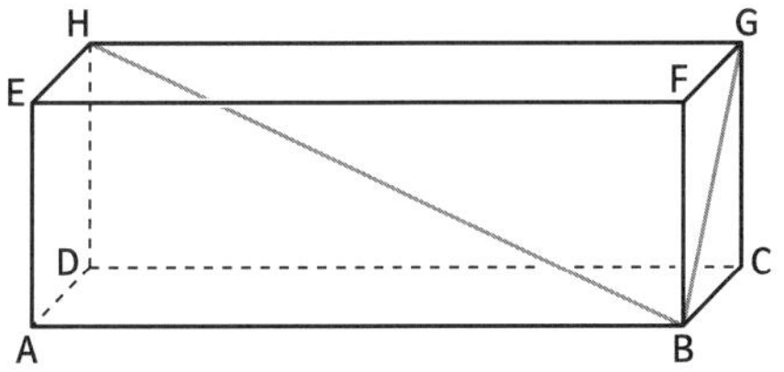

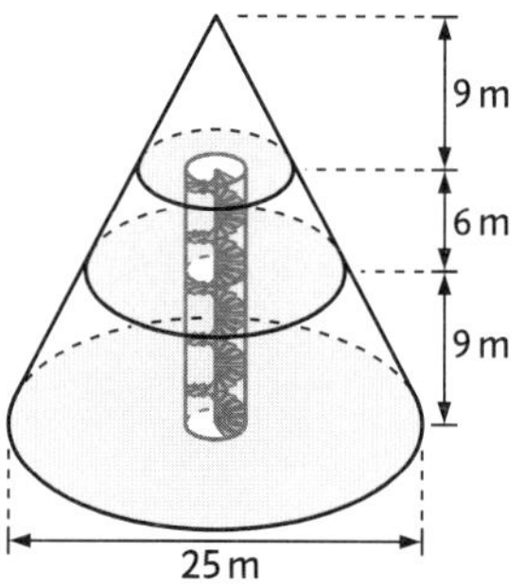

8 (6 VP)

Ein Ausstellungspavillon hat die Form eines Kegels mit drei Ausstellungsebenen. In der Mitte befindet sich eine Wendeltreppe mit einem Radius von 1,80 m (siehe Skizze). Wie viel Ausstellungsfläche steht insgesamt zur Verfügung?

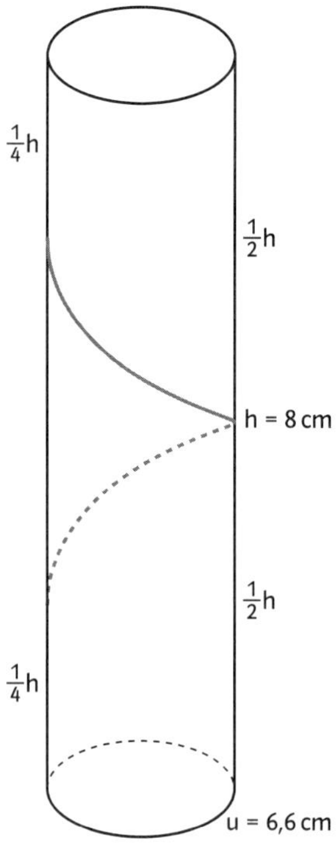

9 (2 + 2 + 2 VP)

a) Zeichne das Netz des im Schrägbild abgebildeten Zylinders.
Trage in das Netz den Streckenzug ein.

b) Berechne die Länge des Streckenzuges.

c) Um wie viel Zentimeter ragt ein 15 cm langer Strohhalm aus dem Zylinder mindestens heraus? Die Dicke des Strohhalms soll unberücksichtigt bleiben, das heißt der Strohhalm kann als eine Strecke betrachtet werden.

1 (2 + 2 + 3 VP)
Beim Kauf von Aktien verlangt die Bank eine Kaufgebühr. Diese Gebühr setzt sich aus einer Grundgebühr und einem prozentualen Anteil des Kaufpreises zusammen. Frau Risk möchte Aktien kaufen und vergleicht zwei Angebote miteinander.

Angebot 1

Kaufpreis	Grundgebühr	Kaufgebühr
bis 4000 €	15,00 €	–
ab 4000 €	7,00 €	0,2 % des Kaufpreises

Maximalgebühr: 40,00 €

Angebot 2

Grundgebühr: 12,50 €
Kaufgebühr: 0,125 % des Kaufpreises

Maximalgebühr: 42,50 €

a) Zeichne die Graphen beider Angebote in das Koordinatensystem.

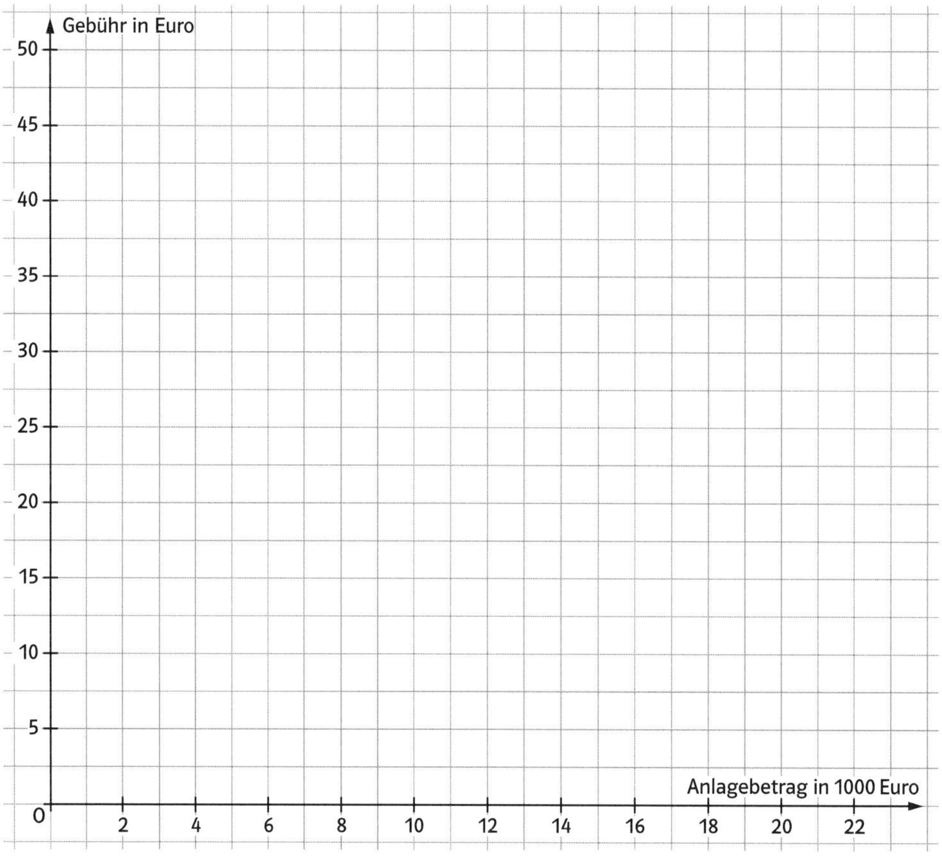

b) Lies aus dem Schaubild ab, für welche Anlagebeträge Angebot 1 bzw. Angebot 2 günstiger ist.

c) Überprüfe rechnerisch die abgelesenen Werte der Teilaufgabe b).

2 (4 VP)
In einem Behälter befinden sich 12 rote und eine unbekannte Zahl blauer Kugeln. Irene erfährt, dass die Wahrscheinlichkeit, eine blaue Kugel zu ziehen, um $\frac{1}{7}$ größer ist als die Wahrscheinlichkeit, eine rote Kugel zu ziehen.
Berechne die Anzahl der blauen Kugeln.

3 (2,5 + 1,5 VP)
Ein rot gefärbter Würfel wird in 125 gleich große Würfel zersägt. Diese werden in einem Sack gut gemischt.
Wie groß ist die Wahrscheinlichkeit, dass der erste gezogene Würfel
a) keine gefärbte Fläche hat?

b) mindestens eine gefärbte Fläche hat?

4 (2 + 2 + 2 VP)
Kreuze *alle* gleichwertigen Darstellungen an.

a) $\sqrt{16} - \sqrt{8}$
- ☐ $\sqrt{8}$
- ☐ $\sqrt{2}$
- ☐ $4 - 2\sqrt{2}$
- ☐ 1,171 57
- ☐ Keine Antwort ist richtig.

b) $\frac{1}{3} - \sqrt{\left(-\frac{1}{9}\right)^2}$
- ☐ $0,\overline{2}$
- ☐ $\frac{4}{9}$
- ☐ $\frac{2}{3}$
- ☐ 0
- ☐ Keine Antwort ist richtig.

c) $\frac{1}{\sqrt{2} - 1}$
- ☐ 2,414 21
- ☐ $1 + \sqrt{2}$
- ☐ $\frac{1}{\sqrt{2}} - 1$
- ☐ $\sqrt{2} - 1$
- ☐ Keine Antwort ist richtig.

5 (2 + 2 + 2 VP)
Aus einem Biologiebuch
Erwachsene haben etwa 25 Billionen rote Blutkörperchen (Erythrozyten) im Blut, von denen jedes nur etwa 120 Tage „lebt". Daher müssen ständig neue Blutkörperchen gebildet werden.

Steckbrief für rote Blutkörperchen

Größe	
Durchmesser	$7{,}5 \cdot 10^{-6}$ m
Randdicke	$2{,}5 \cdot 10^{-6}$ m
Masse	$3{,}0 \cdot 10^{-11}$ g
Oberflächeninhalt	$1{,}0 \cdot 10^{-10}$ m²

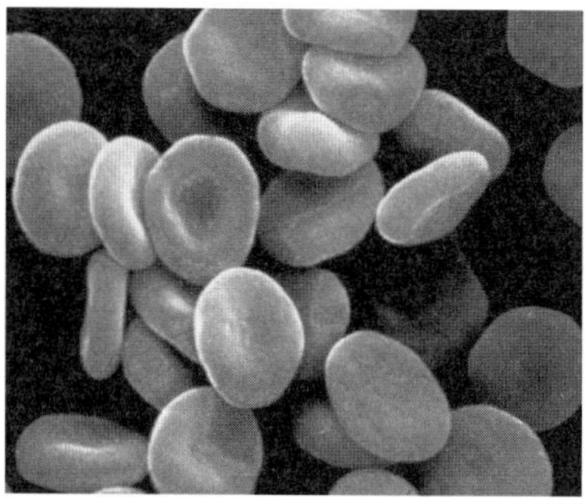

Etwa 35 % der gesamten Erythrozytenmasse besteht aus dem roten Blutfarbstoff Hämoglobin.

a) Wie viel Hämoglobin ist im Blut eines Erwachsenen?

b) Wie viele Erythrozyten müssen durchschnittlich in jeder Stunde neu gebildet werden?

c) Ein einziges rotes Blutkörperchen kann näherungsweise als Zylinder aufgefasst werden.
Prüfe, ob sich der im „Steckbrief“ angegebene Oberflächeninhalt bestätigen lässt.

6 (5 VP)

Ein gleichschenkliges Dreieck hat an der Spitze den Winkel $\gamma = 36°$. Zeige, dass die Winkelhalbierende eines Basiswinkels α das Dreieck derart zerlegt, dass eines der Teildreiecke zum ganzen Dreieck ähnlich ist.

7 (5 VP)

Gemäß der Skizze soll an einer Hauswand ein überdeckter Wintergarten angebaut werden.

Auf welche Länge sind die Höhen h_1, h_2, h_3 und h_4 der beiden Stützbalken zu sägen?

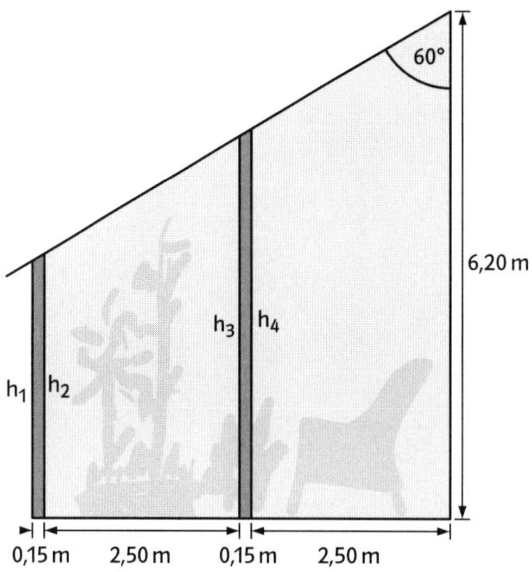

8 (5 VP)
Zeige, dass die schraffierten Möndchen den gleichen Flächeninhalt haben wie das Quadrat.

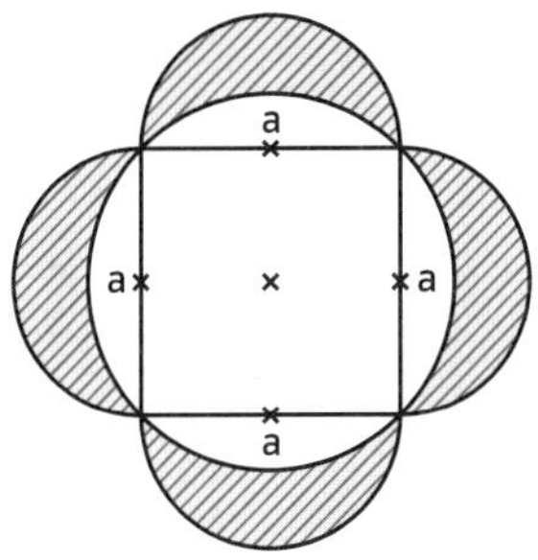

9 (2 + 2 + 2 VP)
Für ein Entwässerungsrohr wurde eine 28 m lange Bohrung unter einer Autobahn durchgeführt. Das Bohrloch hat einen Durchmesser von 1,80 m.
a) Wie viel Erdboden musste mindestens entfernt werden?

b) Die verlegten Rohre erhielten einen dünnen Schutzanstrich.
Wie viel Liter Farbe waren erforderlich, wenn ein Liter Farbe für 20 m^2 reicht?

c) Das Rohr hat eine Wandstärke von 175 mm.
Wie schwer sind die verlegten Rohre insgesamt, wenn 1 dm^3 des Rohrmaterials 2,4 kg wiegt?

1 (5 VP)
In Europa wird die Temperatur meist in Grad Celsius (°C) gemessen. In den Vereinigten Staaten von Amerika wird die Temperatur meistens in Grad Fahrenheit (°F) gemessen.
Es gilt 20 °C = 68 °F und 40 °C = 104 °F.
Wie viel Grad Fahrenheit entsprechen 0 °C und wie viel Grad Fahrenheit entfallen auf 1 °C?

2 (5 VP)
Archimedes (287–212 v. Chr.) sollte die 10 kg schwere Krone seines Königs Hiero von Syrakus auf ihren Gold- und Silberanteil untersuchen, ohne sie zu beschädigen. Archimedes wusste, dass reines Gold im Wasser $\frac{1}{19}$ und reines Silber $\frac{1}{10}$ seines Gewichts verliert. Er tauchte deshalb die Krone ins Wasser ein und bestimmte ihr Gewicht mit 9,375 kg. Nun konnte er den Gold- und Silberanteil bestimmen.

3* (3 + 3 VP)

In einem Zylinderhut befinden sich 10 Kugeln, die von 1 bis 10 beschriftet sind.

a) Man bietet dir folgendes Spiel an.
Du darfst bei einem Einsatz von 1 € eine Kugel aus dem Zylinder blind ziehen. Wenn du eine Kugel mit einer Nummer kleiner als 9 ziehst, dann ist dein Einsatz verloren. Anderenfalls erhältst du eine Auszahlung von 9 € bzw. 10 €, wenn du eine Kugel mit der Nummer 9 bzw. 10 ziehst.
Würdest du dich auf dieses Spiel einlassen?

b) Ändere den Einsatz so ab, dass das Spiel fair wird.

4 (2,5 + 2,5 VP)

a) Sind die angegebenen Zahlen rational? Kreuze an.

	Ja	Nein
$-\frac{1}{2}$	☐	☐
$\sqrt{2}$	☐	☐
$\sqrt{(-5)^2}$	☐	☐
0,707	☐	☐
$\sqrt{9 + 25}$	☐	☐

b) Sind die angegebenen Zahlen irrational? Kreuze an.

	Ja	Nein
$\frac{1}{2}\sqrt{5}$	☐	☐
0	☐	☐
$\frac{1}{\sqrt{3}}$	☐	☐
−0,303 030 …	☐	☐
0,303 003 000 300 003 …	☐	☐

5 (2 + 2 + 2 VP)
Vereinfache die Terme und ziehe teilweise die Wurzel, soweit wie es geht.

a) $\sqrt{\frac{2a^2}{21b}} \cdot \frac{\sqrt{6b}}{\sqrt{9a}}$

b) $\frac{1}{\sqrt{(xy)^3}} : \frac{1}{\sqrt{2xy}} \cdot \sqrt{8x^3}$

c) $\frac{\sqrt{125}}{\sqrt{18}} \cdot \sqrt{\frac{45a}{2b}} \cdot \frac{\sqrt{27b}}{\sqrt{25}}$

6 (4 VP)
Begründe, dass die Dreiecke ABC und ADE ähnlich sind.

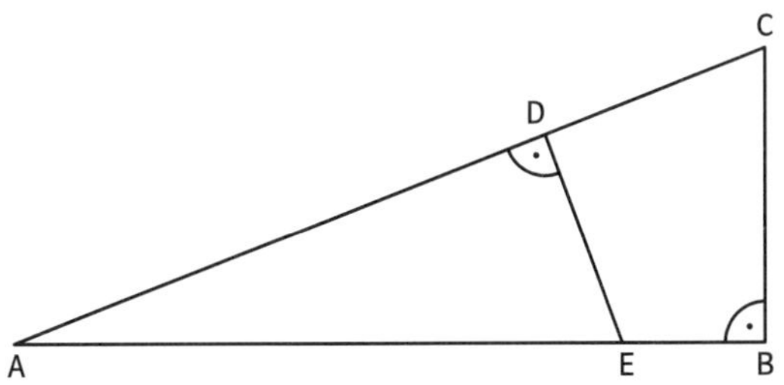

7 (5 VP)
Berechne den Flächeninhalt der Dreiecke ABC und AMC.

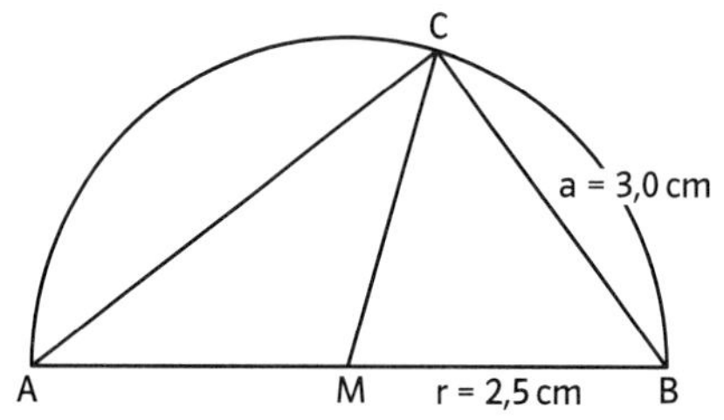

8 (6 VP)
Bestimme den Flächeninhalt des schraffierten Kreisabschnitts mit $r = 5\,\text{cm}$, $s = 8\,\text{cm}$ und $b = 9{,}3\,\text{cm}$.

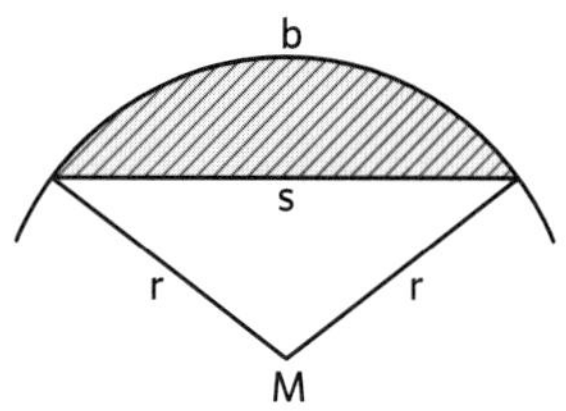

9 (2 + 2 + 2 VP)
Die Grundfläche eines Zylinders hat denselben Flächeninhalt wie der Mantel des Zylinders.

a) In welchem Verhältnis steht der Radius r des Zylinders zur Höhe h des Zylinders?

b) Zeige, dass für diesen Zylinder folgende Volumenformeln gelten:
$V = \frac{\pi}{2} r^3$ oder $V = 4\pi h^3$.

c) Zeige, dass für diesen Zylinder folgende Oberflächenformeln gelten:
$O = \frac{5}{2}\pi r^2$ oder $O = 10\pi h^2$.

Jahrgangsarbeit 1 – Lösungen

Punkte:

1

a) (1) $2x + 5y = -\frac{2}{3}$

(2) $x - 2y = \frac{7}{6}$ $\quad | \cdot 2$

(1) $2x + 5y = -\frac{2}{3}$

(2′) $2x - 4y = \frac{14}{6}$

(1) – (2′): $9y = -\frac{18}{6}$

$9y = -3 \quad | : 9$

$y = -\frac{3}{9} = -\frac{1}{3}$

Einsetzen in (2):

$x - 2 \cdot \left(-\frac{1}{3}\right) = \frac{7}{6}$

$x + \frac{2}{3} = \frac{7}{6} \quad | -\frac{2}{3}$

$x = \frac{3}{6} = \frac{1}{2}$

2 ☐ $L = \left\{\left(\frac{1}{2} \middle| -\frac{1}{3}\right)\right\}$

b) (1) $(a + 10)(b - 4) = (a - 2)(b + 2)$
(2) $(a - 9)(b + 1) = (a + 6)(b - 8)$

(1) $ab - 4a + 10b - 40 = ab + 2a - 2b - 4 \quad | -ab$
(2) $ab + a - 9b - 9 = ab - 8a + 6b - 48 \quad | -ab$

(1′) $-4a + 10b - 40 = 2a - 2b - 4 \quad | -2a + 2b + 40$
(2′) $a - 9b - 9 = -8a + 6b - 48 \quad | +8a - 6b + 9$

(1″) $-6a + 12b = 36 \quad | : 2$
(2″) $9a - 15b = -39 \quad | : 3$

(1‴) $-3a + 6b = 18$
(2‴) $3a - 5b = -13$

(1‴) + (2‴): $b = 5$

Einsetzen in (1″):
$-6a + 12 \cdot 5 = 36$
$-6a + 60 = 36 \quad | -60$
$-6a = -24 \quad | : (-6)$
$a = 4$

3 ☐ $L = \{(4 | 5)\}$

2

Variable:	Tobias' Ersparnis in Euro:	x
	Maikes Ersparnis in Euro:	y
Terme:	Tobias erhält zwei Euro:	$x + 2$
	Maike gibt zwei Euro ab:	$y - 2$
	das Doppelte von Maike:	$2(y - 2)$
	(1) $x + 2 = 2(y - 2)$	
	Tobias gibt zwei Euro ab:	$x - 2$
	Maike erhält zwei Euro:	$y + 2$
	das Dreifache von Tobias:	$3(x - 2)$
	(2) $y + 2 = 3(x - 2)$	

Rechnung: (1) $x + 2 = 2(y - 2)$

Punkte:

(2) $y + 2 = 3(x - 2)$

(1) $x + 2 = 2y - 4$
(2) $y + 2 = 3x - 6 \qquad | \cdot 2$

(1) $x + 2 = 2y - 4$
(2′) $2y + 4 = 6x - 12$

(1) $x + 2 = 2y - 4$
(2′) $6x - 12 = 2y + 4$

(1) – (2′): $-5x + 14 = -8 \qquad | -14$
$-5x = -22 \qquad | :(-5)$
$x = 4{,}4$

Einsetzen in (1): $2y - 4 = 4{,}4 + 2 \qquad | +4$
$2y = 10{,}4 \qquad | :2$
$y = 5{,}2$

Antwort: Tobias hat 4,40 € und Maike hat 5,20 € gespart. 5 ☐

3

Die Wahrscheinlichkeiten für die einzelnen Blutgruppen ergeben sich aus den relativen Häufigkeiten.
$P(A) = 42\,\% = 0{,}42$
$P(B) = 13\,\% = 0{,}13$
$P(AB) = 7\% = 0{,}07$
$P(O) = 38\,\% = 0{,}38$
Analog ergibt sich die Wahrscheinlichkeit für den Rhesusfaktor.
$P(Rh) = 85\,\% = 0{,}85$
$P(rh) = 15\,\% = 0{,}15$
a) Nach der Produktregel gilt:
$P(B \text{ und } rh) = P(B) \cdot P(rh) = 0{,}13 \cdot 0{,}15 = 0{,}0195 = \underline{\underline{1{,}95\,\%}}.$ 1,5 ☐
b) Nach der Produktregel gilt:
$P(O \text{ und } Rh) = P(O) \cdot P(Rh) = 0{,}38 \cdot 0{,}85 = 0{,}323 = \underline{\underline{32{,}3\,\%}}.$ 1,5 ☐
c) Nach der Produkt- und Summenregel gilt:
$P((A \text{ und } Rh) \text{ oder } (AB \text{ und } Rh)) = P(A) \cdot P(Rh) + P(AB) \cdot P(Rh)$
$= 0{,}42 \cdot 0{,}85 + 0{,}07 \cdot 0{,}85 = 0{,}375 + 0{,}0595 = 0{,}4165 = \underline{\underline{41{,}65\,\%}}.$ 2 ☐

Alternative
Mithilfe eines Baumdiagramms lassen sich die Teilaufgaben a) bis c) leicht lösen.

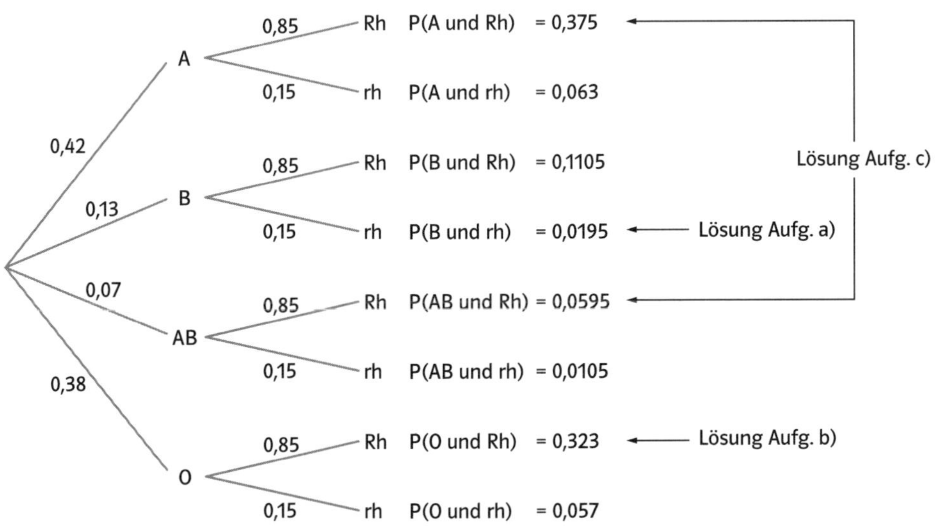

Jahrgangsarbeit 1 – Lösungen

Punkte:

4

1 ☐ a) $8a^2 + 5b^3 + 18a^2 - 4b^3 + 5a^2 - 6a^2 + 3a^{-3} + \frac{5}{a^{-2}} - 2a^3 + 7b^3 =$
$25a^2 - 2a^3 + 8b^3 + \frac{3}{a^3} + 5a^2 = -2a^3 + 8b^3 + \frac{3}{a^3} + 30a^2$

1 ☐ b) $\frac{ab^3c^5}{ab^2c^2} \cdot \frac{bc^{-4}}{a^{-1}b^{-2}} = bc^3 \cdot \frac{b^3a}{c^4} = \frac{ab^4}{c}$

1,5 ☐ c) $\frac{24x^6y^{-4}z^{-1}}{(2xy)^3z^{-3}} = \frac{24x^6z^3}{8x^3y^3y^4z} = \frac{3x^3z^2}{y^7}$

1,5 ☐ d) $\left(\frac{b}{a}\right)^{-2} : \left(\frac{b^3a}{a^2b}\right)^{-4} = \left(\frac{a}{b}\right)^2 : \left(\frac{a}{b^2}\right)^4 = \frac{a^2}{b^2} : \frac{a^4}{b^8} = \frac{a^2}{b^2} \cdot \frac{b^8}{a^4} = \frac{b^6}{a^2}$ oder $\left(\frac{b^3}{a}\right)^2$

5

a) Gegeben: Sonnenmasse $m = 2{,}0 \cdot 10^{30}$ kg
Galaxienmasse M = 800 Milliarden Sonnenmassen $= 800 \cdot 10^9 \cdot m$
Gesucht: Galaxienmasse in Kilogramm
Rechnung: $M = 800 \cdot 10^9 \cdot 2{,}0 \cdot 10^{30}$
$M = 8 \cdot 10^{11} \cdot 2{,}0 \cdot 10^{30}$
$M = 16 \cdot 10^{11+30}$
$M = 16 \cdot 10^{41}$
$M = 1{,}6 \cdot 10^{42}$
2,5 ☐ Antwort: Die Galaxie Messier 104 hat eine Masse von $1{,}6 \cdot 10^{42}$ kg.

b) Gib den Abstand der Galaxie zur Erde an.
Gegeben: Abstand zur Erde a = 28 Millionen Lichtjahre
Lichtgeschwindigkeit $c = 3{,}0 \cdot 10^5 \frac{km}{s}$
Gesucht: Abstand zur Erde a in Kilometer
Rechnung: $a = 28 \cdot 10^6 \cdot 365 \cdot 24 \cdot 60 \cdot 60 \cdot 3 \cdot 10^5$
$a = 28 \cdot 365 \cdot 24 \cdot 60 \cdot 60 \cdot 3 \cdot 10^6 \cdot 10^5$
$a = 2\,649\,024\,000 \cdot 10^{11}$
$a = 2{,}649\,024 \cdot 10^9 \cdot 10^{11}$
$a = 2{,}649 \cdot 10^{20}$
2,5 ☐ Antwort: Die Galaxie 104 hat zur Erde einen Abstand von $2{,}649 \cdot 10^{20}$ km.

6

a) (1) $\frac{x+y}{105} = \frac{147}{90}$ $\quad | \cdot 105$
(2) $\frac{x+y}{140} = \frac{y}{60}$ $\quad | \cdot 140 \quad | \cdot 60$

(1') $x + y = 171{,}5$
(2') $60x + 60y = 140y$ $\quad | : 20$

(1') $x + y = 171{,}5$
(2'') $3x + 3y = 7y$ $\quad | -7y$

(1') $x + y = 171{,}5$ $\quad | \cdot 3$
(2''') $3x - 4y = 0$

(1'') $3x + 3y = 514{,}5$
(2''') $3x - 4y = 0$

(1'') – (2'''): $7y = 514{,}5$ $\quad | : 7$
$\underline{\underline{y = 73{,}5}}$

Einsetzen in (1'): $x + 73{,}5 = 171{,}5$ $\quad | -73{,}5$
3 ☐ $\underline{\underline{x = 98}}$

Punkte:

Alternative
Bestimme zunächst die dritte Parallele z:

$\frac{z}{60} = \frac{147}{140}$ | $\cdot 60$

$z = \frac{147}{140} \cdot 60$

$z = 63$

Bestimme y:

$\frac{y}{63} = \frac{105}{90}$ | $\cdot 63$

$y = \frac{105}{90} \cdot 63$

$\underline{\underline{y = 73{,}5}}$

Bestimme x:

$\frac{x + 73{,}5}{147} = \frac{105}{90}$ | $\cdot 147$

$x + 73{,}5 = \frac{105}{90} \cdot 147$

$x + 73{,}5 = 171{,}5$ | $-73{,}5$

$\underline{\underline{x = 98}}$

b)

(1) $\frac{x + y}{100} = \frac{x}{70}$ | $\cdot 100$ | $\cdot 70$

(2) $\frac{x + y}{60} = \frac{x + y + 40}{90}$ | $\cdot 60$ | $\cdot 90$

(1') $70x + 70y = 100x$ | $-100x$

(2') $90x + 90y = 60x + 60y + 2400$ | $-60x$ | $-60y$

(1'') $-30x + 70y = 0$

(2'') $30x + 30y = 2400$

(1'') + (2''): $100y = 2400$ | $: 100$

$\underline{\underline{y = 24}}$

Einsetzen in (1''): $-30x + 70 \cdot 24 = 0$

$-30x + 1680 = 0$ | -1680

$-30x = -1680$ | $: (-30)$

$\underline{\underline{x = 56}}$

3 ☐

7

Zur Berechnung des Quadervolumens benötigt man Länge ($\overline{AB}$), Breite ($\overline{BC}$) und Höhe ($\overline{CG}$) des Quaders.

$V = \overline{AB} \cdot \overline{BC} \cdot \overline{CG}$

Gegeben: $\overline{BC} = 3{,}0\,cm$

$\overline{BH} = 13{,}0\,cm$

$\overline{BG} = 5{,}0\,cm$

Gesucht: $\overline{AB}$, $\overline{CG}$

Rechnung: Berechnung der Streckenlänge $\overline{AB}$:

$\overline{AB}$ ist ebenso lang wie $\overline{GH}$.

Nach dem Satz des Pythagoras im Dreieck BHG gilt:

$\overline{GH}^2 + \overline{BG}^2 = \overline{BH}^2$ | $-\overline{BG}^2$

$\overline{GH}^2 = \overline{BH}^2 - \overline{BG}^2$

$\overline{GH}^2 = 13{,}0^2 - 5{,}0^2$

$\overline{GH}^2 = 169 - 25 = 144$ | $\sqrt{}$

$\overline{GH} = 12$

$\overline{AB} = \overline{GH} = 12$

Punkte:

Berechnung der Streckenlänge $\overline{CG}$:
Nach dem Satz des Pythagoras im Dreieck BCG gilt:
$\overline{BG}^2 = \overline{BC}^2 + \overline{CG}^2 \quad | - \overline{BC}^2$
$\overline{CG}^2 = \overline{BG}^2 - \overline{BC}^2$
$\overline{CG}^2 = 5{,}0^2 - 3{,}0^2$
$\overline{CG}^2 = 25 - 9 = 16 \quad | \sqrt{\ }$
$\overline{CG} = 4$
Berechnung des Quadervolumens V:
$V = \overline{AC} \cdot \overline{BC} \cdot \overline{CG}$
$V = 12 \cdot 3 \cdot 4 = 144$

5 ☐ Antwort: Das Volumen des Quaders beträgt $144\,cm^3$.

8

Die Radien r_2 und r_3 werden mit dem 2. Strahlensatz berechnet.

Gegeben: Durchmesser der unteren Ausstellungsfläche A_1: $d = 25\,m$
Radius der Wendeltreppe: $r_w = 1{,}80\,m$

Gesucht: Ausstellungsfläche A

Rechnung: Die Ausstellungsfläche A ergibt sich aus den drei Kreisflächen A_1, A_2 und A_3.

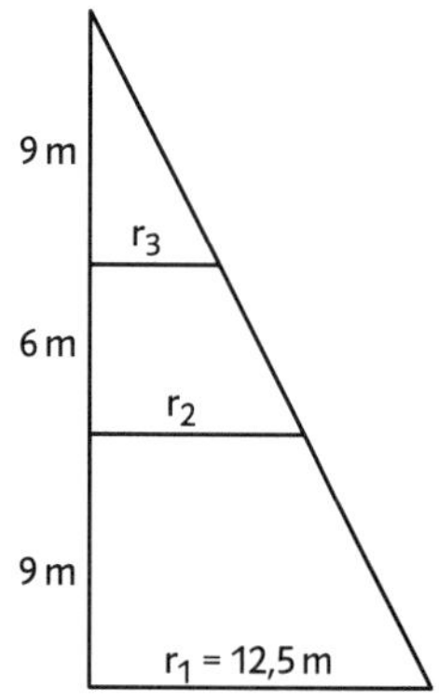

Bestimmung der Radien:
Radius der Ausstellungsfläche A_1:
$r_1 = \frac{d}{2} = \frac{25}{2} = 12{,}5$
Radius der Ausstellungsfläche A_2:
Nach dem 2. Strahlensatz folgt gemäß der Skizze
$\frac{r_2}{15} = \frac{12{,}5}{24} \quad | \cdot 15$
$r_2 = \frac{12{,}5}{24} \cdot 15 = 7{,}8125$
Radius der Ausstellungsfläche A_3:
Nach dem 2. Strahlensatz folgt gemäß der Skizze
$\frac{r_3}{9} = \frac{12{,}5}{24} \quad | \cdot 15$
$r_3 = \frac{12{,}5}{24} \cdot 9 = 4{,}6875$
Berechnung der Kreisfläche für die Wendeltreppe:
$A_w = r_w^2\pi = 1{,}8^2\pi = 3{,}24\pi$
Berechnung der Ausstellungsfläche A_1:
$A_1 = r_1^2\pi - A_w$
$A_1 = 12{,}5^2\pi - 3{,}24\pi = 156{,}25\pi - 3{,}24\pi = 153{,}01\pi$
Berechnung der Ausstellungsfläche A_2:
$A_2 = r_2^2\pi - A_w$
$A_2 = 7{,}8125^2\pi - 3{,}24\pi \approx 61{,}035\pi - 3{,}24\pi = 57{,}795\pi$
Berechnung der Ausstellungsfläche A_3:
$A_3 = r_1^2\pi - A_w$
$A_3 = 4{,}6875^2\pi - 3{,}24\pi \approx 21{,}973\pi - 3{,}24\pi = 18{,}733\pi$
Berechnung der Ausstellungsfläche A:
$A = A_1 + A_2 + A_3$
$A = 153{,}01\pi + 57{,}795\pi + 18{,}733\pi = 229{,}538\pi$
$A = 721{,}11$

6 ☐ Antwort: Es stehen ungefähr $721\,m^2$ Ausstellungsfläche zur Verfügung.

Punkte:

9

a) Um das Netz zeichnen zu können, muss der Radius der Grund- bzw. Deckfläche bekannt sein.
Berechnung des Durchmessers der Grundfläche d:
$u = d\pi \qquad | : \pi$
$d = \frac{u}{\pi} = \frac{6{,}6}{\pi} = 2{,}10$
Berechnung des Radius der Grundfläche r:
$r = \frac{d}{2} = \frac{2{,}10}{2} = 1{,}05$

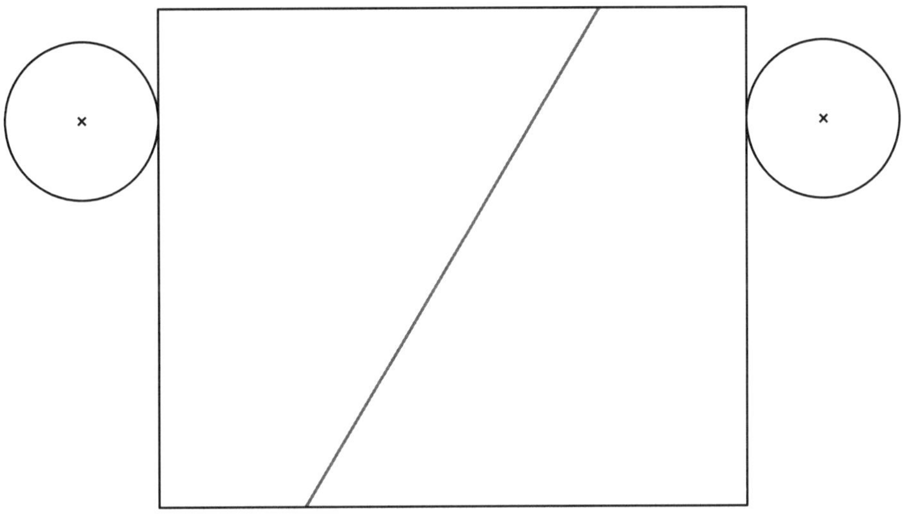

2 ☐

b) Länge des Streckenzuges s:
Nach dem Satz des Pythagoras gilt:
$s^2 = 6{,}6^2 + (8 - 2 - 2)^2 = 6{,}6^2 + 4^2$
$s^2 = 59{,}56 \qquad | \sqrt{\ }$
$s = 7{,}718$
Der Streckenzug ist etwa 7,718 cm lang.

2 ☐

c) Gegeben: $l = 15$ cm
Durchmesser der Zylinders $d = 2{,}10$ cm
Höhe des Zylinders $h = 8{,}0$ cm
Gesucht: Länge des herausragenden Stücks a
Rechnung: Berechnung der Raumdiagonalen e im Zylinder:
$e^2 = d^2 + h^2$
$e^2 = 2{,}10^2 + 8{,}0^2 = 68{,}41 \qquad | \sqrt{\ }$
$e = 8{,}27$
Berechnung der Länge des herausragenden Stücks a:
$a = l - e$
$a = 15 - 8{,}27 = 6{,}73$
Antwort: Der Strohhalm ragt um 6,73 cm aus dem Zylinder heraus.

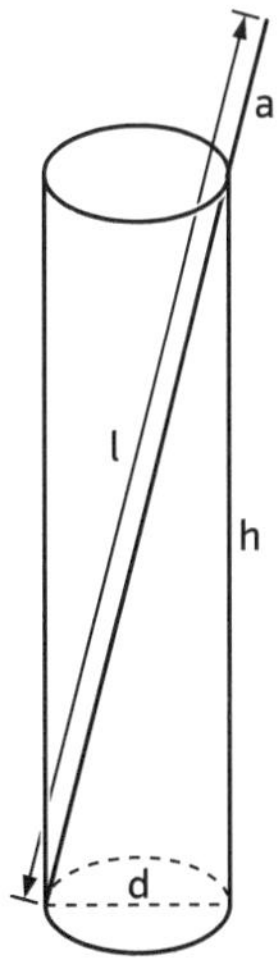

2 ☐

Jahrgangsarbeit 2 – Lösungen

Punkte:

1 a)

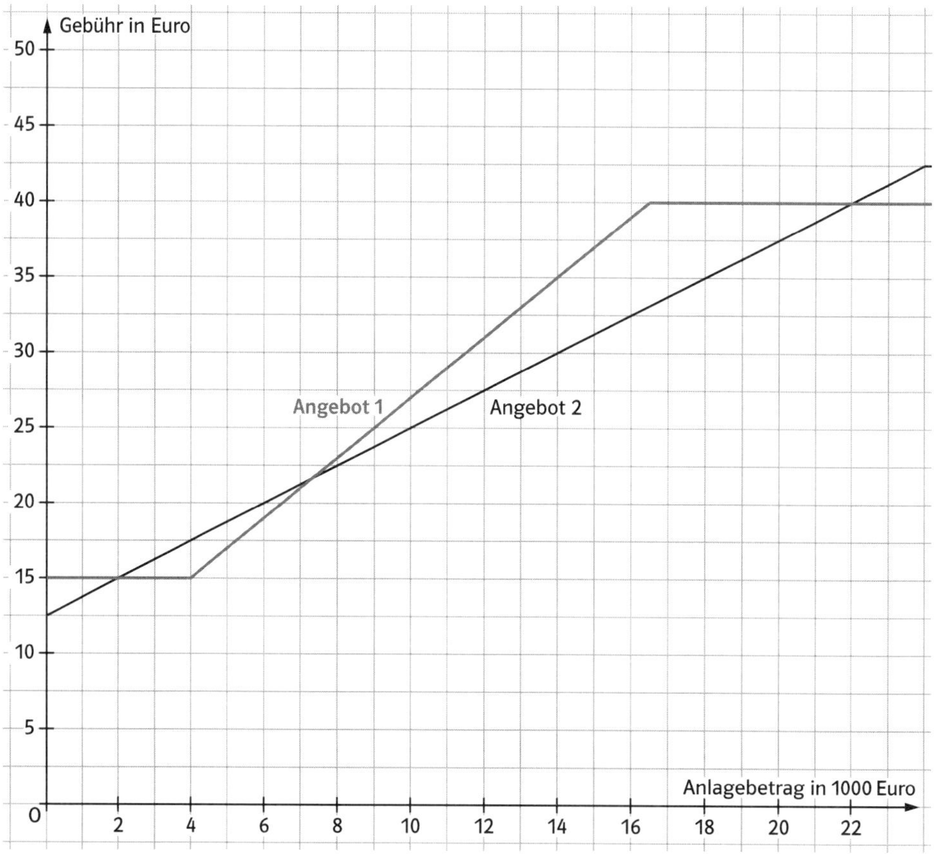

2 ☐

b) Aus dem Schaubild können folgende Aussagen abgelesen werden:

- Das Angebot Zwei ist bis 2000 € und von 7500 € bis 22 000 € günstiger als das Angebot Eins.
- Das Angebot Eins ist von 2000 € bis 7500 € und über 22 000 € günstiger als das Angebot Zwei.

2 ☐

c) Bei einem Anlagebetrag von 2000 € zahlt man für beide Angebote gleich viel.
Angebot Eins: 15,00 €
Angebot Zwei: $2000\,€ \cdot 0{,}00125 + 12{,}50\,€ = 15{,}00\,€$.
Bei einem Anlagebetrag unter 2000 € ist Angebot Zwei offensichtlich günstiger.

Bei einem Anlagebetrag von 22 000 € zahlt man für beide Angebote gleich viel.
Angebot Eins: 40,00 €
Angebot Zwei: $22\,000\,€ \cdot 0{,}00125 + 12{,}50\,€ = 40{,}00\,€$.
Bei einem Anlagebetrag über 22 000 € ist Angebot Eins offensichtlich günstiger.

Bestimmung des Schnittpunkts der beiden Geraden zwischen 2000 € und 22 000 €:
Bei einem Anlagebetrag über 4000 € hat Angebot Eins die Funktionsgleichung $f(x) = 0{,}002x + 7$.
Die maximale Gebühr beträgt 40 €, daraus folgt: $40 = 0{,}002x + 7$

$$0{,}002x = 33$$
$$x = 16\,500$$

Angebot Eins hat im Bereich von 4000 € bis 16 500 € die Funktionsgleichung $f(x) = 0{,}002x + 7$.
Angebot Zwei hat die Funktionsgleichung $g(x) = 0{,}00125x + 12{,}5$.

Punkte:

Die maximale Gebühr beträgt 42,50 €, daraus folgt: $42{,}5 = 0{,}00125x + 12{,}5$

$0{,}00125x = 30$

$x = 24\,000$

Angebot Zwei hat im Bereich von 0 € bis 24 000 € die Funktionsgleichung $g(x) = 0{,}00125x + 12{,}5$.

Berechnung des Schnittpunktes im Bereich von 4000 € bis 16 500 €:

$f(x) = g(x)$

$0{,}002x + 7 = 0{,}00125x + 12{,}5 \quad | -0{,}00125x \quad | -7$

$0{,}00075x = 5{,}5 \quad | : 0{,}00075$

$x \approx 7333{,}33$

Angebot Zwei ist ab 7333,33 € günstiger als Angebot Eins. 3 ☐

2

Variable: Anzahl der blauen Kugeln m

Terme: Anzahl der roten Kugeln 12

Anzahl aller Kugeln $12 + m$

Wahrscheinlichkeit für das Ziehen einer roten Kugel:

$P(\text{Rot}) = \frac{12}{12 + m}$

Wahrscheinlichkeit für das Ziehen einer blauen Kugel:

(1) $P(\text{Blau}) = \frac{m}{12 + m}$

Wahrscheinlichkeit für das Ziehen einer blauen Kugel:

(2) $P(\text{Blau}) = P(\text{Rot}) + \frac{1}{7} = \frac{12}{12 + m} + \frac{1}{7}$

Rechnung: (1) $P(\text{Blau}) = \frac{m}{12 + m}$

(2) $P(\text{Blau}) = \frac{12}{12 + m} + \frac{1}{7}$

(1) = (2) $\frac{m}{12 + m} = \frac{12}{12 + m} + \frac{1}{7} \quad | \cdot (12 + m)$

$m = 12 + \frac{1}{7} \cdot (12 + m)$

$m = 12 + \frac{12}{7} + \frac{1}{7}m \quad | -\frac{1}{7}m$

$\frac{6}{7}m = \frac{96}{7} \quad | \cdot 7$

$6m = 96 \quad | : 6$

$m = 16$

Antwort: In dem Behälter befinden sich 16 blaue Kugeln. 4 ☐

3

a) Bestimmung der Anzahl nicht gefärbter Würfel:

Jeder Würfel, der im Innern des großen Würfels liegt ist nicht gefärbt. Da sich auf jeder Außenkante des großen Würfels fünf kleine Würfel befinden, liegen im Innern $3 \cdot 3 \cdot 3 = 27$ Würfel.

Berechnung der Wahrscheinlichkeit, einen nicht gefärbten Würfel zu ziehen:

$P(\text{keine gefärbte Fläche}) = \frac{27}{125} = 0{,}216 = 21{,}6\,\%$ 2,5 ☐

b) $P(\text{mindestens eine gefärbte Fläche}) = 1 - P(\text{keine gefärbte Fläche})$

$= 1 - \frac{27}{125} = \frac{98}{125} = 0{,}784 = 78{,}4\,\%$

Alternative

Sind 27 Würfel nicht gefärbt, so ist bei $125 - 27 = 98$ Würfeln mindestens eine Seite gefärbt.

$P(\text{mindestens eine Seite gefärbt}) = \frac{98}{125}$ 1,5 ☐

Jahrgangsarbeit 2 – Lösungen

Punkte:

4

a) $\sqrt{16} - \sqrt{8}$

☐ $\sqrt{8}$
☐ $\sqrt{2}$
☒ $4 - 2\sqrt{2}$
☐ 1,17157
☐ Keine Antwort ist richtig.

2 ☐

b) $\frac{1}{3} - \sqrt{\left(-\frac{1}{9}\right)^2}$

☒ $0,\overline{2}$
☐ $\frac{4}{9}$
☐ $\frac{2}{3}$
☐ 0
☐ Keine Antwort ist richtig.

2 ☐

c) $\frac{1}{\sqrt{2} - 1}$

☐ 2,41421
☒ $1 + \sqrt{2}$
☐ $\frac{1}{\sqrt{2}} - 1$
☐ $\sqrt{2} - 1$
☐ Keine Antwort ist richtig.

2 ☐

5

a) Gegeben: Anzahl der roten Blutkörperchen $n = 25 \cdot 10^{12}$
Masse eines roten Blutkörperchens $m = 3,0 \cdot 10^{-11}\,g$
Anteil des Hämoglobins 35 %

Gesucht: Masse des Hämoglobins M

Rechnung: $M = n \cdot m \cdot \frac{35}{100}$
$M = 25 \cdot 10^{12} \cdot 3,0 \cdot 10^{-11} \cdot \frac{35}{100}$
$M = 75 \cdot 10 \cdot \frac{35}{100}$
$M = 262,5$

Antwort: Im Blut eines Erwachsenen befinden sich 262,5 g Hämoglobin.

2 ☐

b) Gegeben: Anzahl der roten Blutkörperchen $n = 25 \cdot 10^{12}$
Lebensdauer $t = 120$ Tage $= 120 \cdot 24\,h = 2880\,h$

Gesucht: Anzahl der pro Stunde neu zu bildenden Erythrozyten a

Rechnung: Da die roten Blutkörperchen nur 120 Tage leben, müssen in dieser Zeit alle 25 Billionen Erythrozyten neu gebildet werden.
$a = \frac{n}{t} = \frac{25 \cdot 10^{12}}{2,88 \cdot 10^3} \approx 8,681 \cdot 10^9$

Antwort: In jeder Stunde werden ungefähr 8,681 Milliarden rote Blutkörperchen neu gebildet.

2 ☐

c) Gegeben: Die Form des roten Blutkörperchens wird als Zylinder betrachtet.
Durchmesser des roten Blutkörperchens $d = 7,5 \cdot 10^{-6}\,m$
Höhe des roten Blutkörperchens h = Randdicke $= 2,5 \cdot 10^{-6}\,m$

Gesucht: Oberfläche O

Rechnung: $O = 2\pi r(r + h)$
Berechnung von r:
$r = \frac{d}{2} = \frac{7,5 \cdot 10^{-6}}{2} = 3,75 \cdot 10^{-6}$

Punkte:

Berechnung der Oberfläche O:
$O = 2\pi \cdot 3{,}75 \cdot 10^{-6} (3{,}75 \cdot 10^{-6} + 2{,}5 \cdot 10^{-6})$
$O = 2\pi \cdot 3{,}75 \cdot 10^{-6} \cdot 6{,}25 \cdot 10^{-6}$
$O = 147{,}262 \cdot 10^{-12}$
$O \approx 1{,}47 \cdot 10^{-10}$

Antwort: Der berechnete Wert von $1{,}47 \cdot 10^{-10}\,m^2$ stimmt größenordnungsmäßig (10^{-10}) mit dem Wert im „Steckbrief" überein. 2 ☐

6

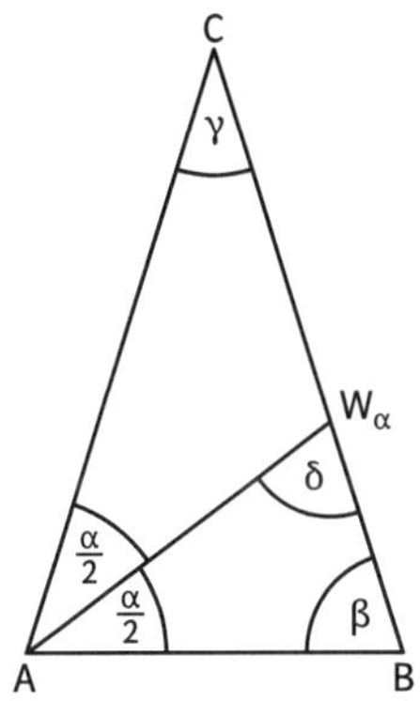

Eine Skizze hilft, den Nachweis zu führen.

Gegeben: Gleichschenkliges Dreieck ABC mit $\gamma = 36°$
Das Dreieck ABC ist gleichschenklig, somit ist $\overline{AC} = \overline{BC}$ und $\alpha = \beta$.
$∡\, BAW_\alpha = ∡\, W_\alpha AC = \frac{\alpha}{2}$

Zwei Dreiecke sind ähnlich, wenn sie in ihren Winkeln übereinstimmen.

Berechnung der Winkel α und β:
$\alpha + \beta + \gamma = 180°$ (Winkelsumme im Dreieck)
$\alpha + \alpha + 36° = 180°$ | $-36°$
$2\alpha = 144°$ | $:2$
$\alpha = 72°$
$\beta = \alpha = 72°$

Das Dreieck ABC hat die Winkel $\gamma = 36°$, $\alpha = 72°$ und $\beta = 72°$.

Berechnung des Winkels δ im Dreieck ABW_α:
$\beta + \delta + \frac{\alpha}{2} = 180°$ (Winkelsumme im Dreieck)
$72° + \delta + \frac{72°}{2} = 180°$
$72° + \delta + 36° = 180°$ | $-(72° + 36°)$
$\delta = 180° - 108°$
$\delta = 72°$

Das Dreieck ABW_α hat die Winkel $\frac{\alpha}{2} = 36°$, $\beta = 72°$ und $\delta = 72°$.
Die beiden Dreiecke ABC und ABW_α stimmen in ihren Winkeln überein und sind damit ähnlich. 5 ☐

7

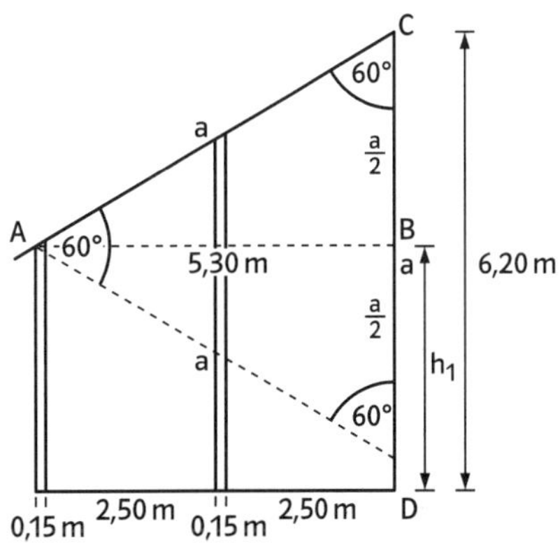

Das Dreieck ADC ist gleichseitig, da alle Winkel 60° groß sind.
Das Dreieck ABC lässt sich als Teildreieck des gleichseitigen Dreiecks ADC auffassen.
Deshalb gilt:
$\left(\frac{a}{2}\right)^2 + 5{,}3^2 = a^2$ | $-\left(\frac{a}{2}\right)^2$
$5{,}3^2 = a^2 - \left(\frac{a}{2}\right)^2 = \frac{3}{4}a^2$ | $\cdot \frac{4}{3}$
$\frac{4}{3} \cdot 5{,}3^2 = a^2$ | $\sqrt{\ }$
$a = 6{,}12$
$\frac{a}{2} = \frac{6{,}12}{2} = 3{,}06$

Damit beträgt die Höhe $h_1 = 6{,}20 - 3{,}06 = 3{,}14$.

Punkte:

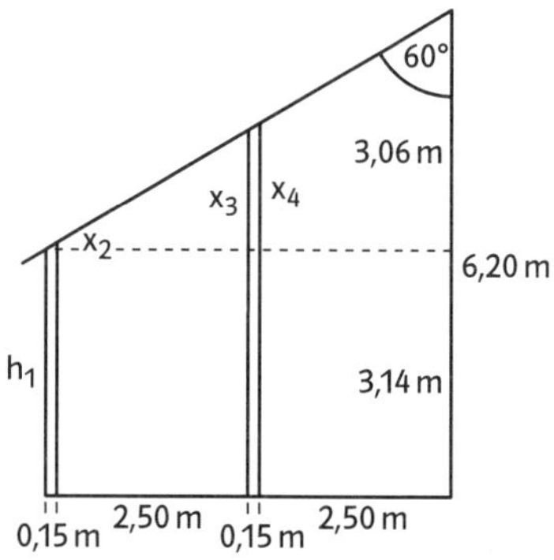

Mithilfe des zweiten Strahlensatzes werden die Abschnitte x_2 bis x_4 bestimmt.

$\frac{x_2}{0{,}15} = \frac{3{,}06}{5{,}30}$

$x_2 = \frac{3{,}00}{5{,}30} \cdot 0{,}15 \approx 0{,}087$

$\frac{x_3}{2{,}65} = \frac{3{,}06}{5{,}30}$

$x_3 = \frac{3{,}06}{5{,}30} \cdot 2{,}65 = 1{,}530$

$\frac{x_4}{2{,}80} = \frac{3{,}06}{5{,}30}$

$x_4 = \frac{3{,}00}{5{,}30} \cdot 2{,}80 \approx 1{,}617$

Somit ergeben sich die gesuchten Höhen:

$h_1 = 3{,}14\,m$

$h_2 = 3{,}14\,m + 0{,}087\,m = 3{,}227\,m$

$h_3 = 3{,}14\,m + 1{,}530\,m = 4{,}670\,m$

$h_4 = 3{,}14\,m + 1{,}617\,m = 4{,}757\,m$

5 ☐

8

Flächeninhalt des Quadrats $A_Q = a^2$

Berechnung des Flächeninhalts der vier Möndchen:

Die Fläche der vier Möndchen setzt sich zusammen aus der Quadratfläche zuzüglich vier Halbkreisflächen über der Quadratseite a abzüglich der Fläche des Umkreises um das Quadrat.

Die Diagonale d des Quadrats ist der Durchmesser des Umkreises, die Seite a ist der Durchmesser der Halbkreise.

Berechnung der Länge der Diagonalen d:

$d^2 = a^2 + a^2 = 2a^2 \qquad | \sqrt{\ }$

$d = \sqrt{2a^2} = a\sqrt{2}$

Berechnung des Radius r des Umkreises:

$r = \frac{d}{2} = \frac{a}{2}\sqrt{2}$

Berechnung des Flächeninhalts A_U des Umkreises:

$A_U = r^2\pi = \left(\frac{a}{2}\sqrt{2}\right)^2\pi = \frac{a^2}{4} \cdot 2\pi = \frac{a^2}{2}\pi$

Berechnung des Flächeninhalts A_H eines Halbkreises:

$A_H = \frac{\left(\frac{a}{2}\right)^2\pi}{2} = \frac{\frac{a^2}{4}\pi}{2} = \frac{a^2\pi}{8}$

Berechnung des Flächeninhalts A_M der Möndchen:

$A_M = A_Q + 4 \cdot A_H - A_U$

$A_M = a^2 + 4 \cdot \frac{a^2\pi}{8} - \frac{a^2}{2}\pi = a^2 + \frac{a^2}{2}\pi - \frac{a^2}{2}\pi = a^2$

Somit ist gezeigt, dass $A_M = A_Q$ ist.

5 ☐

Punkte:

9

a) Gegeben: Bohrlänge $h = 28\,m$
Durchmesser $d = 1{,}8\,m$
Gesucht: Volumen V
Rechnung: $V = \left(\frac{d}{2}\right)^2 \pi h = \left(\frac{1{,}8}{2}\right)^2 \pi \cdot 28 = 71{,}251$
Antwort: Es müssen mindestens $71{,}3\,m^3$ Erde entfernt werden. 2 ☐

b) Gegeben: siehe Teilaufgabe a)
Ein Liter Farbe reicht für $20\,m^2$.
Gesucht: benötigte Farbmenge f in Liter
Rechnung: Es wird nur der Mantel des Zylinders gestrichen.
Berechnung der Mantelfläche M:
$M = d\pi h = 1{,}8\pi \cdot 28 = 158{,}336$
Berechnung der Farbmenge f:
$f = \frac{M}{20} = \frac{158{,}336}{20} \approx 7{,}917$
Antwort: Es werden ungefähr 8 Liter Farbe benötigt. 2 ☐

c) Gegeben: siehe Teilaufgabe a)
Wandstärke des Rohrs $s = 175\,mm = 0{,}175\,m$
Artgewicht $\rho = 2{,}4\frac{kg}{dm^3} = 2{,}4\frac{t}{m^3}$
Gesucht: Masse m
Rechnung: Berechnung des Innenradius r_i:
$r_i = r - s = \frac{d}{2} - s = 0{,}9 - 0{,}175 = 0{,}725$
Berechnung der Ringfläche A_R:
$A_R = \pi(r^2 - r_i^2) = \pi(0{,}9^2 - 0{,}725^2)$
Berechnung des Wandvolumens V_W:
$V_W = A_R \cdot h = \pi(0{,}9^2 - 0{,}725^2) \cdot 28$
Berechnung der Masse m:
$m = V_W \cdot \rho = \pi(0{,}9^2 - 0{,}725^2) \cdot 28 \cdot 2{,}4$
$m = 60{,}036$
Antwort: Die verlegten Rohre wiegen insgesamt etwa 60 t. 2 ☐

Jahrgangsarbeit 3 – Lösungen

Punkte:

1

Die Zuordnung von °C zu °F ist eine lineare Zuordnung mit der Gleichung $f(x) = mx + b$.

Somit gilt: $f(20\,°C) = m \cdot 20\,°C + b = 68\,°F$

und $f(40\,°C) = m \cdot 40\,°C + b = 104\,°F$.

Dies ergibt das Gleichungssystem

(1) $68 = 20m + b$

(2) $104 = 40m + b$

(2) – (1) $36 = 20m \quad | : 20$

$m = 1{,}8$

Einsetzen in (1):

$68 = 20 \cdot 1{,}8 + b$

$68 = 36 + b \quad | -36$

$b = 32$

Die Funktionsgleichung lautet $f(x) = 1{,}8x + 32$.

Mithilfe der Funktionsgleichung werden die beiden Fragen beantwortet.

$f(0) = 1{,}8 \cdot 0 + 32 = 32$

Bei 0 °C hat man 32 °F.

5 ☐ Pro 1°C steigt die Temperatur um $m = 1{,}8\,°F$ (da $m = 1{,}8$). Also entspricht eine Temperaturänderung von 1 °C einer Temperaturänderung von 1,8 °F.

Alternative

Grafische Lösung:

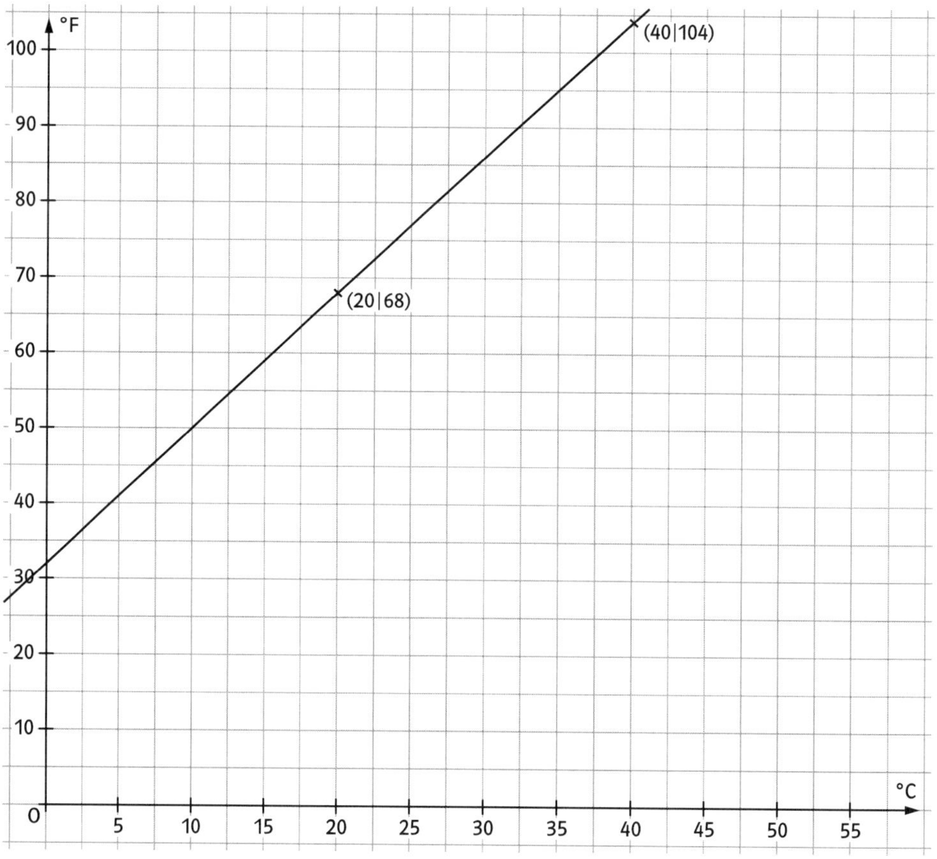

Aus dem Graphen lassen sich die gesuchten Größen ablesen.

- *Pro 1°C ändert sich die Temperatur um 1,8 °F.*
- *Bei 0 °C liegt eine Temperatur von 32 °F vor.*

Punkte:

Alternative
Da die Zuordnung linear ist und die Koordinaten A(20|68) und B(40|104) bekannt sind, lässt sich die Steigung m (Änderung in Fahrenheit pro Grad Celsius) mit der Zweipunkteformel berechnen.

$m = \frac{y_2 - y_1}{x_2 - x_1} = \frac{108 - 68}{40 - 20} = \frac{36}{20} = 1{,}8$

Der Wert für 0°C liegt beim Schnitt der Geraden mit der y-Achse. Der Achsenabschnitt b berechnet sich durch Einsetzen der Koordinaten eines Punktes in die Funktionsgleichung $f(x) = 1{,}8x + b$

$f(20) = 1{,}8 \cdot 20 + b = 68$

$36 + b = 68 \quad | -36$

$b = 32$

Also entspricht die Temperaturänderung von 1°C der Temperaturänderung von 1,8°F und bei 0°C liegt eine Temperatur von 32°F vor.

2

Variable: Goldanteil in g: x
Silberanteil in g: y

Terme: Gesamtmenge in g: 10
Gesamtmenge in g: x + y
(1) $x + y = 10$
Gesamtgewicht im Wasser in g: 9,375
Gesamtgewicht im Wasser in g: $\frac{18}{19}x + \frac{9}{10}y$
(2) $\frac{18}{19}x + \frac{9}{10}y = 9{,}375$

Rechnung:
(1) $x + y = 10 \quad | -x$
(2) $\frac{18}{19}x + \frac{9}{10}y = 9{,}375$

(1′) $y = 10 - x$
(2) $\frac{18}{19}x + \frac{9}{10}y = 9{,}375$

(1′) in (2):

$\frac{18}{19}x + \frac{9}{10}(10 - x) = 9{,}375$

$\frac{18}{19}x + 9 - \frac{9}{10}x = 9{,}375 \quad | -9$

$\frac{18}{19}x - \frac{9}{10}x = 0{,}375 \quad | \cdot 190$

$180x - 171x = 71{,}25$

$9x = 71{,}25 \quad | :9$

$x \approx 7{,}917$

Einsetzen in (1′):

$y = 10 - 7{,}917 = 2{,}083$

Antwort: Die Krone enthält 7,917 kg Gold und 2,083 kg Silber. 5 ☐

Jahrgangsarbeit 3 – Lösungen

Punkte:

3*

a) *In der Tabelle ist der Gewinn bzw. Verlust und die Wahrscheinlichkeit für jedes mögliche Ergebnis eingetragen.*
Da bei den Zahlen 9 bzw. 10 der angegebene Wert in Euro ausgezahlt wird, gewinnt man in diesem Fall 8 € bzw. 9 €, da man zuvor 1 € einsetzen musste.

Kugelnummer	1	2	3	4	5	6	7	8	9	10
Gewinn/Verlust in Euro	−1	−1	−1	−1	−1	−1	−1	−1	8	9
Wahrscheinlichkeit	$\frac{1}{10}$	$\frac{1}{10}$	$\frac{1}{10}$	$\frac{1}{10}$	$\frac{1}{10}$	$\frac{1}{10}$	$\frac{1}{10}$	$\frac{1}{10}$	$\frac{1}{10}$	$\frac{1}{10}$

Berechnung des Erwartungswertes E:

$E = \left(-1 \cdot \frac{1}{10}\right) \cdot 8 + 8 \cdot \frac{1}{10} + 9 \cdot \frac{1}{10}$

$E = \frac{9}{10}$

Man kann sich auf dieses Spiel gut einlassen, da man auf lange Sicht pro Spiel $\frac{9}{10}$ € = 0,90 € gewinnt.

3 ☐

b) *Damit das Spiel fair wird, muss der Erwartungswert 0 sein. Der gesuchte Einsatz x geht bei jedem Ergebnis des Spiels verloren. Deshalb lautet die Gleichung*

$0 = \left(-x \cdot \frac{1}{10}\right) \cdot 8 + (9 - x) \cdot \frac{1}{10} + (10 - x) \cdot \frac{1}{10}$

$0 = -x \cdot \frac{8}{10} + \frac{9}{10} - \frac{1}{10}x + 1 - \frac{1}{10}x$

$0 = -x + \frac{19}{10} \quad \mid -\frac{19}{10}$

$-\frac{19}{10} = -x \quad \mid \cdot (-1)$

$x = \frac{19}{10} = 1{,}90$

Wird der Einsatz auf 1,90 € erhöht, so ist das Spiel bei gleichen Spielregeln fair.

3 ☐

4

a) Sind die angegebenen Zahlen rational? Kreuze an.

	Ja	Nein
$-\frac{1}{2}$	☒	☐
$\sqrt{2}$	☐	☒
$\sqrt{(-5)^2}$	☒	☐
0,707	☒	☐
$\sqrt{9 + 25}$	☐	☒

2,5 ☐

b) Sind die angegebenen Zahlen irrational? Kreuze an.

	Ja	Nein
$\frac{1}{2}\sqrt{5}$	☒	☐
0	☐	☒
$\frac{1}{\sqrt{3}}$	☒	☐
−0,303 030 …	☐	☒
0,303 003 000 300 003 …	☒	☐

2,5 ☐

5

2 ☐ a) $\sqrt{\frac{2a^2}{21b}} \cdot \frac{\sqrt{6b}}{\sqrt{9a}} = \sqrt{\frac{2a^2 \cdot 6b}{21b \cdot 9a}} = \sqrt{\frac{2a \cdot 2}{7 \cdot 9}} = \sqrt{\frac{4a}{7 \cdot 9}} = \frac{2}{3}\sqrt{\frac{a}{7}}$

2 ☐ b) $\frac{1}{\sqrt{(xy)^3}} : \frac{1}{\sqrt{2xy}} \cdot \sqrt{8x^3} = \frac{\sqrt{2xy}}{\sqrt{x^3y^3}} \cdot \sqrt{8x^3} = \sqrt{\frac{2xy \cdot 8x^3}{x^3y^3}} = \sqrt{\frac{16x}{y^2}} = \frac{4}{y}\sqrt{x}$

2 ☐ c) $\frac{\sqrt{125}}{\sqrt{18}} \cdot \sqrt{\frac{45a}{2b}} \cdot \frac{\sqrt{27b}}{\sqrt{25}} = \sqrt{\frac{125 \cdot 45a \cdot 27b}{18 \cdot 2b \cdot 25}} = \sqrt{\frac{5 \cdot 45a \cdot 3}{2 \cdot 2}} = \sqrt{\frac{225a \cdot 3}{4}} = \frac{15}{2}\sqrt{3a}$

Punkte:

6

Zwei Dreiecke sind ähnlich, wenn sie in zwei Winkeln übereinstimmen.
Die beiden Dreiecke ABC und ADE stimmen im gemeinsamen Winkel im Punkt A und im rechten Winkel überein. Somit sind die beiden Dreiecke ähnlich. 4 ☐

7

Berechnung des Flächeninhalts des Dreiecks ABC:
Das Dreieck ABC ist nach dem Satz des Thales rechtwinklig bei C. Daher kann BC als Grundseite und AC als Höhe des Dreiecks aufgefasst werden.
Berechnung der Höhe AC:
Nach dem Satz des Pythagoras gilt:

$\overline{AB}^2 = \overline{BC}^2 + \overline{AC}^2 \qquad | -\overline{BC}^2$

$\overline{AC}^2 = \overline{AB}^2 - \overline{BC}^2$

$\overline{AC}^2 = 5^2 - 3^2 = 16 \qquad | \sqrt{\ }$

$\overline{AC} = \sqrt{16} = 4$

Berechnung des Flächeninhalts des Dreiecks ABC:

$A_{ABC} = \frac{1}{2} \cdot 3 \cdot 4 = 6$

Der Flächeninhalt des Dreiecks ABC beträgt $6\,cm^2$.
Berechnung des Flächeninhalts des Dreiecks AMC:
Das Dreieck ABC mit der Grundseite AB hat dieselbe Höhe wie das Dreieck AMC mit der Grundseite $\overline{AM}$. Da $\overline{AM} = \frac{1}{2}\overline{AB}$ ist, hat das Dreieck AMC auch die halbe Fläche des Dreiecks ABC.

$A_{AMC} = \frac{1}{2} \cdot A_{ABC}$

$A_{AMC} = \frac{1}{2} \cdot 6 = 3$

Das Dreieck AMC hat einen Flächeninhalt von $3\,cm^2$. 5 ☐

8

Der Flächeninhalt der schraffierten Fläche A_a ergibt sich aus dem Flächeninhalt A_s des Kreisausschnitts abzüglich des Flächeninhalts A_D des Dreiecks.

Gegeben: Radius $r = 5\,cm$
Seite $s = 8\,cm$
Bogen $b = 9{,}3\,cm$

Gesucht: Flächeninhalt der schraffierten Fläche A_a

Rechnung: Berechnung des Flächeninhalts des Kreisausschnitts A_s:

$A_s = \frac{rb}{2} = \frac{5 \cdot 9{,}3}{2} = 23{,}25$

Berechnung der Höhe h im Dreieck:

$h^2 = r^2 - \left(\frac{s}{2}\right)^2$

$h^2 = 5^2 - \left(\frac{8}{2}\right)^2$

$h^2 = 25 - 16 = 9 \qquad | \sqrt{\ }$

$h = 3$

Berechnung des Flächeninhalts des Dreiecks A_D:

$A_D = \frac{sh}{2} = \frac{8 \cdot 3}{2} = 12$

Berechnung des Flächeninhalts der schraffierten Fläche A_a:

$A_a = A_s - A_D = 23{,}25 - 12 = 11{,}25$

Antwort: Die schraffierte Fläche hat einen Flächeninhalt von $11{,}25\,cm^2$. 6 ☐

Jahrgangsarbeit 3 – Lösungen

Punkte:

9

a) Gegeben: Der Flächeninhalt der Grundfläche G ist genau so groß wie der Flächeninhalt des Mantels M.

Gesucht: Das Verhältnis Radius r zur Höhe h

Rechnung: (1) $G = \pi r^2$

(2) $M = 2\pi r h$

(1) = (2) $\pi r^2 = 2\pi r h \quad | : \pi r$

$r = 2h \quad | : h$

$\frac{r}{h} = 2 = \frac{2}{1}$

2 ☐ Antwort: Das Verhältnis vom Radius zur Höhe beträgt 2 : 1.

b) Aus Teilaufgabe a) folgt $r = 2h$ bzw. $h = \frac{r}{2}$

Es gilt $V = r^2\pi h$:

Setze für h den Wert $\frac{r}{2}$ ein.

$V = r^2\pi\frac{r}{2} = \underline{\underline{\frac{\pi}{2}r^3}}$

Setze für r den Wert 2h ein.

2 ☐ $V = (2h)^2\pi h = 4h^2\pi h = \underline{\underline{4\pi h^3}}$

c) Aus Teilaufgabe a) folgt $r = 2h$ bzw. $h = \frac{r}{2}$

Es gilt $O = 2\pi r^2 + r\pi h$:

Setze für h den Wert $\frac{r}{2}$ ein.

$O = 2\pi r^2 + \pi \cdot r \cdot \frac{r}{2} = 2\pi r^2 + \frac{1}{2}\pi r^2 = \underline{\underline{\frac{5}{2}\pi r^2}}$

Setze für r den Wert 2h ein.

2 ☐ $O = 2\pi(2h)^2 + 2h\pi h = 8\pi h^2 + 2\pi h^2 = \underline{\underline{10\pi h^2}}$